.NET 开发经典名著

ASP.NET Core 开发实战

[意] 迪诺·埃斯波西托(Dino Esposito) 著
赵利通 译

清华大学出版社
北 京

北京市版权局著作权合同登记号 图字：01-2019-3037

图书在版编目(CIP)数据

ASP.NET Core 开发实战 / (意) 迪诺 • 埃斯波西托(Dino Esposito) 著，赵利通 译. —北京：清华大学出版社，2019

(.NET 开发经典名著)

书名原文：Programming ASP.NET Core

ISBN 978-7-302-52887-6

Ⅰ. ①A…　Ⅱ. ①迪…　②赵…　Ⅲ. ①网页制作工具—程序设计　Ⅳ. ①TP393.092.2

中国版本图书馆 CIP 数据核字(2019)第 083667 号

责任编辑： 王　军
装帧设计： 思创景点
责任校对： 牛艳敏
责任印制： 丛怀宇

出版发行： 清华大学出版社
网　　址： http://www.tup.com.cn，http://www.wqbook.com
地　　址： 北京清华大学学研大厦 A 座　　**邮　　编：** 100084
社 总 机： 010-62770175　　**邮　　购：** 010-62786544
投稿与读者服务： 010-62776969，c-service@tup.tsinghua.edu.cn
质 量 反 馈： 010-62772015，zhiliang@tup.tsinghua.edu.cn
印 装 者： 三河市金元印装有限公司
经　　销： 全国新华书店
开　　本： 170mm×240mm　　**印　　张：** 24.5　　**字　　数：** 508 千字
版　　次： 2019 年 7 月第 1 版　　**印　　次：** 2019 年 7 月第 1 次印刷
定　　价： 79.80 元

产品编号：074815-01

译者序

ASP.NET 是 Web 开发的主要工具之一，构建在.NET Framework 之上。自微软推出这种技术，至今已经有将近二十年的时间。为了紧跟技术和应用环境的最新发展，微软在 ASP.NET 的基础上开发出了轻量级、跨平台的 ASP.NET Core。

ASP.NET Core 是微软新的宠儿，其开源性、跨平台性和轻量级特性意味着它会受到开发社区的欢迎，并且之前由于种种原因没有选择 ASP.NET 的公司和个人，可能从此选择 ASP.NET Core。无论从哪个角度看，ASP.NET Core 很快将会流行起来，并且预计在未来很长一段时期内会是业界的领头羊。因此，从现在开始了解 ASP.NET Core，不仅能接触到 Web 开发的前沿技术，满足开发人员的好奇心，也有助于将来需要使用 ASP.NET Core 进行开发时迅速上手。

选择阅读本书，读者必将受益匪浅。本书由点及面，将 ASP.NET Core 开发的理念和技术进行具体分析，寻根究底，力求深入，而后从生态系统的角度，讲解如何部署自己的 ASP.NET Core 应用程序。

本书作者对.NET 开发有着丰富的经验和深刻的认识，相信读者在阅读本书的过程中，经常会有醍醐灌顶的感觉。例如，作者开宗明义，一开始就解释了为什么在 ASP.NET 技术已经十分成熟的情况下，微软还要开发 ASP.NET Core。理解这个原因后，读者就对 ASP.NET Core 的理念、技术需求和应用场景有了总体认识。这种认识就像指路明灯，不仅使读者在学习 ASP.NET Core 的具体技术和实际应用时不会走入歧途，而且使理解 ASP.NET Core 的技术和具体应用变得容易许多。

之后本书通过一个基本的 ASP.NET Core 项目，帮助读者认识 ASP.NET Core 的结构、特点和基本应用。形成了总体认识，就能够更有目的地学习 ASP.NET Core。于是，在前面内容的基础上，作者分成几个部分讲解 ASP.NET Core 的方方面面。首先讲解 ASP.NET Core 的应用模型，细致探讨了 MVC 模型、控制器和视图部分，并对 Razor 语法进行了介绍。然后，讲解了一些普遍适用的问题，如设计上的一些考虑、应用安全、如何访问应用的数据等。Web 应用不只涉及后台，所以作者还讲解了前端的一些问题，包括如何设计 Web API，以及与客户端有关的一些问题。最后，作者从实用的角度出发，介绍了 ASP.NET Core 的生态系统，如何部署自己的 ASP.NET Core 应用，并分析了如何将现有的应用迁移到 ASP.NET Core。

在本书的翻译过程中，同事翟会昌给予了很大的帮助，另外刘治国、王惠良、韩江华、曹慕云、张海霞和李明明也耐心为我解答了一些有困惑的地方，帮助我保证技术翻译的准确性，在此一并致谢！

作 者 简 介

Dino Esposito 是 BaxEnergy 的一名数字策略师，迄今已经撰写了超过 20 本图书和 1000 篇文章。他的编程生涯已有 25 年。大家都公认，他撰写的图书和文章促进了全世界数千名.NET 开发人员和架构师的职业发展。Dino 的编程生涯始于 1992 年，当时他是一名 C 开发人员。他见证了.NET 的问世、Silverlight 的兴衰，以及各种架构模式的起起伏伏。他现在很期待人工智能 2.0 和区块链。他创作了 *The Sabbatical Break*——这是一部戏剧风格的作品，讲述了游历未被污染的想象空间，将软件、文学、科学、体育、技术和艺术融合在一起。可以通过 http://youbiquitous.net 联系他，也可以访问：

http://twitter.com/despos

http://instagram.com/desposofficial

http://facebook.com/desposofficial

前　言

ASP.NET Core 发展历程的某些方面让我想起了 15 年前 ASP.NET 刚问世的时候。1999 年秋天，当时还很年轻的 Scott Guthrie——现在担任 Microsoft 的副总裁——在伦敦向一小群 Web 开发人员展示了一个被称为 ASP+的新东西。当时还是 Active Server Pages 居于统治地位的时代，ASP+试图引入一种新语法，将 VBScript 代码放回服务器，并用一种编译语言来表达这种语法。ASP+是一项重大的成就。

Scott 进行展示时，公众还不知道有.NET，它要到第二年夏天才会正式公布。Scott 在一个独立的运行环境中进行演示(演示内容包括一个令人惊叹的 Web Service 示例)，这个运行时环境基于一个能够监听端口 80 的自定义工作进程(一个控制台应用程序)。最早的演示使用了普通的 Visual Basic 和 C++代码，以及 Win32 API。很快，ASP+被吸收到了新的.NET Framework 中，并最终蜕变为 ASP.NET。

ASP.NET Core 在一开始被展示时，同样作为一个新的独立框架，这是一个从头编写的框架，将 Microsoft 的 Web 堆栈的可扩展性和性能提升到了新高度。但在这个过程中，ASP.NET Core 的开发团队看到了一个诱人的机会来让 ASP.NET Core 框架在多个平台上可用。为实现这个目标，必须使.NET Framework 的一个子集在目标平台上可用，这意味着必须创建一个新的.NET Framework。最终，一个新的.NET Framework 被开发出来了。

在很长时间内，ASP.NET Core 是一个移动的目标，而移动这个目标的机制没有人清楚，并且没有被及时、有效地沟通。大约 20 年前，我们还没有如今这种社交媒体带来的即时分享的态度。而且，虽然 ASP+很可能也是一个移动的目标，但是 Microsoft 以外的人们(甚至 Microsoft 内没有直接参与 ASP+项目的人们)并不知道这一点。

虽然 ASP.NET 和 ASP.NET Core 的发展过程在关键方面可能看上去是相同的，但是它们的发展环境有很大区别。ASP.NET 之前的 Web 是新生阶段的 Web，可扩展的服务器端技术有限，而且可扩展性并不像今天这样是一个严峻的问题。同时，有大量应用程序需要针对 Web 重写，只是在等待由可靠的供应商提供的一个可靠的平台。

如今，即使不使用 ASP.NET Core，也仍然有许多框架可供使用。但是，ASP.NET Core 并不只是前端技术；它也是后端技术、Web API 以及要独立部署或者部署到 Service Fabric 的小型简洁的 Web(容器化)整体式应用程序。ASP.NET Core 还可以用在多个硬件/软件平台上。

很难说在近期甚至目前，ASP.NET Core 会不会成为每个公司和团队必须使用的技术。但可以肯定，ASP.NET Core 是 ASP.NET 开发人员需要了解的一种技术，是在多种平台上进行 Web 开发时可供使用的另一种全栈解决方案。

本书面向的读者对象

完全的新手(至少是对 Web 开发没有一点了解的新手)不适合阅读本书。本书针对的是 ASP.NET 开发人员，尤其是具有 MVC 背景的 ASP.NET 开发人员。同时，本书适合有丰富开发经验的 Web 开发人员，特别是具有 MVC 开发背景但是新接触 ASP.NET 的 Web 开发人员。虽然 ASP.NET Core 是一种全新的框架，但是它与 ASP.NET MVC 有许多共同点，与 Web Forms 也有少量共同点。

如果读者使用 Microsoft 技术或者计划使用 Microsoft 技术，那么对于全栈开发，ASP.NET Core 提供了一个出色的选择，包括与 Azure 云紧密结合起来。

本书的假定

本书假定读者对 Microsoft 堆栈(其他平台也可以)上的 Web 开发有基本了解，最好有成熟的理解。

本书不适合的读者对象

如果读者是 Web 编程的新手，从来没有听说过 ASP.NET，想要寻找一本 ASP.NET Core 的分步骤指南，那么本书可能不是一个理想选择。

本书结构

本书分为 5 个部分。

- 第 I 部分概述 ASP.NET Core 的基础知识，并介绍 hello-world 应用程序。
- 第 II 部分关注 MVC 应用程序模型，并介绍其核心组成，如控制器和视图。
- 第 III 部分介绍一些公共的开发问题，如身份验证、配置和数据访问。

- 第 IV 部分介绍用于构建可用的、有效的表示层的技术和其他框架。
- 第 V 部分介绍运行时管道、部署和迁移策略。

系统需求

要完成本书的练习，需要配备下面列出的硬件和软件：

- Windows 7 或更高版本，macOS 10.12 或更高版本。
- 或者，可使用众多 Linux 发行版中的一种，请参考 https://docs.microsoft.com/en-us/dotnet/core/linux-prerequisites。
- Visual Studio 2015 或更高版本的任意版本；Visual Studio Code。
- Internet 连接，以下载软件或者章节示例。

代码示例下载

本书中的所有代码，可在 https://aka.ms/ ASPNetCore/downloads 上找到，也可扫描封底二维码获取。

勘误、更新和图书支持

我们已经尽最大努力来确保本书及其配套内容的准确性。在以下网址，可以查阅本书的更新列表，其中列举了提交的勘误及对应的更正：

https://aka.ms/ASPNetCore/errata

如果读者发现了列表中没有列出的错误，请在该页面上把错误提交给我们。

如果需要额外的支持，请给 Microsoft Press Book Support 发送邮件，地址为 mspinput@microsoft.com。

请注意，上面列出的地址不提供对 Microsoft 的软件和硬件产品的支持。要想获得关于 Microsoft 的软件和硬件的帮助，请访问 http://support.microsoft.com。

保持联系

让我们保持对话！在 Twitter 上可以联系到我们：http://twitter.com/MicrosoftPress。

目　　录

第 V 部分 ASP.NET Core 生态系统

第 I 部分

新 ASP.NET 一览

欢迎来到 ASP.NET Core 的世界。

自 Microsoft 开发出 ASP.NET 和.NET Framework，已有超过 15 年的时间。在此期间，Web 开发已经发生了天翻地覆的变化。开发人员在这段时期学到了很多，客户则想让开发人员以新的方式把截然不同的解决方案交付到新的设备上。ASP.NET Core 反映了这些变化，而且考虑到了未来有可能发生的变化。本书第 I 部分依托背景介绍 ASP.NET Core，将帮助读者快速入门。

第 1 章解释了 ASP.NET Core 出现的原因、读者(特别是 ASP.NET MVC 开发人员)可能感到熟悉的地方，以及截然不同的地方。我们将在简洁的、模块化的、开源的、跨平台的.NET Core Framework 环境中探索 ASP.NET Core，并了解 ASP.NET Core 如何为极简 Web 服务和完整网站提供更好的支持。另外，第 1 章还会简单介绍 ASP.NET Core 的命令行接口(Command-Line Interface，CLI)开发工具。

在第 2 章，我们将快速创建自己的第一个应用程序。一些东西似乎从不会改变，如第一个开发的应用程序是 Hello World。我们将延续这个大家熟知的传统。但是即便如此，读者也会了解到 ASP.NET Core 令人惊讶的极简性，以及是什么在支持着这种极简风格。

第 1 章

为什么又开发一个 ASP.NET

如果我们希望事情保持原状，就到了必须发生改变的时候了。

——朱塞佩·托马西·迪·兰佩杜萨，《豹》

时间大概要回到1999年夏天。当时，为Windows操作系统编写软件需要具备C/C++技能和一些庞大的库，如 Microsoft Foundation Classes(MFC)和 ActiveX Template Library(ATL)，帮助简化开发。组件对象模型(Component Object Model，COM)正在成为 Windows 系统上运行的所有应用程序的根本基础。所有应用程序功能(包括数据访问)都将被重新设计为符合且能够感知COM。但是，选择什么编程语言和开发工具仍然是重要的考虑因素，如果数据访问或复杂的用户界面在要开发的Windows应用程序中必不可少，就尤为如此。如果选择了 Visual Basic，那么数据库访问是很容易实现的，也能够快速实现美观的用户界面，但缺点是不能使用函数指针，也不能访问(至少不能很容易、很可靠地访问)Windows SDK 的所有函数。另一方面，如果选择了 C 或 C++，就没有高层的数据访问工具可用，而且相比 Visual Basic，构建菜单或工具栏就困难多了。

对软件从业人员来说，当时的环境并不轻松，但是我们最终都设法找到了适合自己的领地，并能够运营壮大自己的业务。然而，突然间，.NET 出现了，一切都变得更好了。

1.1　.NET 平台现状

.NET 平台于 2000 年夏天公布，一年后进入第二个 beta 阶段。2002 年初，.NET 1.0 发布，不过从软件行业的角度看，那已经是几个地质时代之前了。

1.1.1　.NET 平台的亮点

.NET 平台由一个类框架和一个名为公共语言运行时(Common Language Runtime，CLR)的虚拟机组成。CLR 在本质上是一个执行环境，负责执行在概念上用类似于 Java 字节码的中间语言(Intermediate Language，IL)编写的代码。CLR 为运行代码提供了各种服务，例如内存管理和垃圾回收、异常处理、安全、版本管理、调试和分析。最重要的是，CLR 能以一种跨语言的方式提供这些服务。

在 CLR 之上是语言编译器和“托管语言”。托管语言即存在对应编译器的一种普通的编程语言；编译器能生成 IL 代码供 CLR 执行。所有.NET 编译器都会生成 IL 代码，但是 IL 代码不能直接在 Windows 操作系统上运行。因而，另一个工具被开发出来：实时(just-in-time)编译器。这种编译器将 IL 代码转换成能够直接在特定硬件/软件平台上运行的二进制代码。

1.1.2　.NET Framework

在当时，.NET 最令我感到震撼的是其在同一个项目中混合不同编程语言的能力。例如，可以用 Visual Basic 创建一个库，然后在使用其他任何托管语言编写的代码中调用这个库。另外，.NET 还提供了一个新的、极为强大的语言，也就是如今普遍使用的 C#语言，它在 Java 语言的灰烬上浴火重生。

总的来看，对开发人员来说，最大的变化是能用类访问底层 Windows SDK 的大部分功能。这些类构成了基类库(Base Class Library，BCL)，是任何.NET 应用程序都能够使用的公共基础代码。BCL 是与 CLR 紧密集成在一起的可重用类型的集合，包括基本类型、LINQ，以及对常见操作有帮助的类和类型，如 I/O、日期、集合和诊断。

BCL 得到了额外的一组针对性很强的库的补充，如用于数据库访问的 ADO.NET、用于桌面 Windows 应用程序的 Windows Forms、用于 Web 应用的 ASP.NET，以及 XML 等。这些额外的库逐渐壮大，吸收了一些庞大的框架，例如 Windows Presentation Foundation (WPF)、Windows Communication Foundation(WCF)和 Entity Framework(EF)。

BCL 与这些额外的框架一起构成了.NET Framework。

1.1.3 ASP.NET Framework

1999 年秋天，Microsoft 揭开了一个新 Web 框架的面纱，计划用其取代 Active Server Pages(ASP)。在最初的公开演示中，这个新框架被称为 ASP+，基于其自己的 C/C++引擎，后来被纳入.NET 平台，成为如今的 ASP.NET。

ASP.NET 框架包含 Internet Information Server(IIS)的一个扩展，能够捕捉传入的 HTTP 请求，并通过 ASP.NET 的运行时环境处理它们。在运行时框架中，通过找到能够处理该请求的特定组件，然后为浏览器准备一个 HTTP 响应包，来解析请求。运行时环境的结构就像一个管道：请求进入这个管道，经历不同的阶段，直到被完整处理，之后其响应被写回到输出流中。

与竞争对手不同的是，ASP.NET 提供一个有状态的、基于事件的编程模型，允许隐含的上下文从一个请求传递到另一个请求。桌面应用程序的开发人员很熟悉这种模型，而这种模型也将 Web 编程世界向诸多只有有限 HTML 和 JavaScript 技能(甚至完全不具备这些技能)的开发人员打开。由于最初的 ASP.NET 在 HTTP 和 HTML 之上添加了厚厚的抽象层，因此它吸引了众多 Visual Basic、Delphi、C/C++甚至 Java 程序员。

1. Web Forms 模型

ASP.NET 运行时环境在最初设计时有两个主要目标：

- 第一个目标是提供一个编程模型，尽可能使开发人员不必接触 HTML 和 JavaScript。Web Forms 模型受到经典的客户机/服务器请求的影响，应用效果极好，创建出了一个既包含免费服务器组件，又包含商用服务器组件的生态系统，提供了越来越高级的功能，如智能数据网格、输入表单、向导、日期选取器等。
- 第二个目标是尽量将 ASP.NET 和 IIS 混合到一起。ASP.NET 被设想为 IIS 的左膀右臂，而不只是一个插件，其运行时环境将成为 IIS 结构的一部分。2008 年发布的 IIS 7 是一个里程碑。在 IIS 7 及更高版本的集成管道(Integrated Pipeline)工作模式下，IIS 和 ASP.NET 共享相同的管道。请求在进入 IIS 时采取的路径与在 ASP.NET 中采取的路径相同。ASP.NET 代码只是负责处理请求，以及按照自己的需要拦截和预处理任何请求。

大约在 2009 年，Web Forms 编程模型得到 ASP.NET MVC 的补充。ASP.NET MVC 的出现受到与 ASP.NET 最初设想的目标完全不同的一种原则的启发。在 Web Forms 模型中，ASP.NET 页面通过服务器控件生成自己的 HTML，这也是 ASP.NET 能够取得成功并被快速接受的主要原因。这些服务器控件是黑盒组件(以声明的方式或者编程的方式配置)，为浏览器生成 HTML 和 JavaScript。但是，开发人员对于生成的 HTML 只有程度有限的控制，而人们的需求在随着时间改变。

2. ASP.NET MVC 模型

ASP.NET MVC 是全新设计的，旨在更加接近 HTTP 协议工作；ASP.NET MVC 没有尝试隐藏 HTTP 的任何功能，而是要求开发人员熟悉 HTTP 请求和响应的机制。理想情况下，使用 ASP.NET MVC 的开发人员应该具备 JavaScript 和 CSS 技能。ASP.NET MVC 是在新的跨领域需求(例如关注点隔离、模块化和可测试性)的推动下，对编程模型进行重新设计的结果。

ASP.NET MVC 做出了一个也许并不容易的决定：不建立自己的运行时环境，而是作为现有 ASP.NET 运行时的一个插件。这既是一个好消息，也是一个坏消息。说是好消息，是因为可以选择通过 Web Forms 模型或者 ASP.NET MVC 模型来处理传入的请求，这样一来就很容易在一开始建立一个 Web Form 应用程序，然后逐渐将其演化成一个 ASP.NET MVC 应用程序。说是坏消息，是因为这样一来就不能解决 ASP.NET 在结构上的(按照现代需求来说)缺点。例如，ASP.NET MVC 团队尽力做到了能够模拟整个 HTTP 上下文，却无法在框架中建立完整的、规范的依赖注入基础结构。

对于处理必须返回 HTML 内容的 Web 请求，ASP.NET MVC 编程模型是最灵活、最容易理解的方式。但是，从某个时间开始，伴随着移动空间的爆炸式发展，HTML 不再是 HTTP 请求唯一可能的输出。

1.1.4　Web API 框架

移动设备出现后，能够请求 Web 端点，向任意类型的客户端提供任意类型的内容，如 JSON、XML、图片和 PDF。任何能够发出 HTTP 请求的一段代码都是 Web 端点的潜在客户端。而且，某些解决方案的可扩展性变得至关重要。

在 ASP.NET 的空间中，并没有多少余地来扩展其基础结构，进而适应新的场景：高度可扩展性、云和平台无关性。Web API 框架的出现旨在提供一个临时解决方案，应对瘦服务器的高需求，这种服务器能够提供 RESTful 接口，并与任意 HTTP 客户端进行对话，而不作任何假定或限制。Web API 框架是另外一组类，用于创建只知道完整的 HTTP 语法和语义的 HTTP 端点。Web API 框架提供的编程接口与 ASP.NET MVC 几乎相同，包括控制器、路由和模型绑定，但是在一个全新的运行时环境中运行它们。

在 ASP.NET Web API 中，让创建的 Web 框架与 Web 服务器解除耦合的观念开始生根，导致了 Open Web Interface for .NET(OWIN)标准被定义出来。OWIN 是一套规范，设定了 Web 服务器与 Web 应用程序的互操作规则。随着 OWIN 的问世，ASP.NET 最初的第二个目标(即 Web 宿主与 Web 应用程序的强耦合)成为往事。

任何遵守 OWIN 标准的应用程序都能够成为 Web API 的潜在宿主，但是 Web API 要想做到有用，就必须托管到 IIS 中，这就需要有一个 ASP.NET 应用程序。在 ASP.NET 应用程序(无论是 Web Forms 还是 MVC)中使用 Web API 会导致应用程序使用的内存量增加，因为使用了两个运行时环境。

1.1.5　对极简 Web 服务的需求

近年来，软件行业出现了另一个重要的变化，开始需要极简 Web 服务，也就是包围一段业务逻辑的一个薄薄的 Web 服务器层。

极简 Web 服务器是一个 HTTP 端点，客户端可调用这个端点来获取基本的、主要基于文本的内容。这样的 Web 服务器不需要运行复杂的、定制的管道，而是只需要接受 HTTP 请求，根据情况进行处理，然后返回一个 HTTP 响应。这个过程不应该有开销，或者应该只有上下文要求的开销。对客户端编程模型(如 Angular)的运用进一步增加了对这种 Web 服务的需求。

ASP.NET 及其所有运行时环境都不是针对类似的场景设计的。虽然 ASP.NET 运行时(既支持 Web Forms 应用，也支持 MVC 应用)在一定程度上可定制(禁用会话、输出缓存甚至身份验证)，但是并没有达到如今的一些业务场景所要求的粒度和控制级别。例如，ASP.NET 几乎无法转变为有效的静态文件服务器。

1.2　15 年过去后的.NET

对于任何软件来说，15 年都不是一个很短的时间，.NET Framework 也不例外。ASP.NET 是在 20 世纪 90 年代后期设计出来的，而 Web 的变化非常迅速。大约在 2014 年，ASP.NET 团队开始计划一个新的 ASP.NET，并按照 OWIN 规范，设计了一个全新的运行时环境。

该团队的主要目的是移除对旧有的 ASP.NET 运行时——system.web 程序集是其象征的依赖。不过，该团队还有一个关键目标：使开发人员能够完全控制管道，从而既能够构建极简 Web 服务，又能够构建完整的网站。在这个过程中，该团队面临着一个难题：确保吞吐量，并在保证成本较低的前提下通过云平台有效地提供任意解决方案，使应用的内存占用显著减少。不止如此，当时的.NET Framework 还必须接受特殊处理，以实现减重。

新的 ASP.NET 的指导原则可归结如下：

- 使 ASP.NET 既能够访问完整的现有.NET Framework，又能够访问其精简的版本，这种版本去除了所有很少使用的、用途也不大的依赖。
- 使新的 ASP.NET 环境与宿主 Web 服务器解耦。

然而，当实现了这个计划后，又出现了其他许多问题和机遇。机遇如此诱人，让人不能白白错过。

1.2.1　更简洁的.NET Framework

新的 ASP.NET 的设计伴随着一个新的.NET Framework，后者最终被命名为.NET Core Framework。可以把这个新的框架视为原来的.NET Framework 的一个子集，它被专门设计成更加细粒度、更加精简，更重要的是，被设计为能够支持跨平台使用。这个设计目标通过两种方式实现：移除一些功能并重写其他功能，以提高在某些情况下的有效性，补偿对所移除功能的依赖。

.NET Core Framework 主要被设计为用于 ASP.NET 应用程序。这个因素最终引导着在.NET Core Framework 中包含哪些库和丢弃哪些库。.NET Core Framework 为执行应用程序提供了一个新的运行时，称为 CoreCLR。CoreCLR 的布局和架构与目前的.NET CLR 相同，负责加载 IL 代码，编译成机器代码，以及回收垃圾。CoreCLR 不支持目前的 CLR 的某些功能，例如应用程序域和代码访问安全，这些功能被证明并非是必要的，或者是专门针对 Windows 平台的，所以难以移植到其他平台。不止如此，.NET Core Framework 的类库用包的形式提供，而包的粒度很小，比目前的.NET Framework 小得多。

.NET Core 平台是完全开源的。表 1-1 给出了相关存储库的链接。

表 1-1　.NET Core 源代码的 Github 链接

平台	描述	链接
CoreCLR	CLR 及相关工具	http://github.com/dotnet/coreclr
CoreFX	.NET Core Framework	http://github.com/dotnet/corefx

简言之，完整的.NET Framework 与.NET Core Framework 之间的区别可归结如下：

- .NET Core Framework 更加精简，模块化程度更高。
- .NET Core Framework(及相关工具)是开源的。
- .NET Core Framework 只能用来编写 ASP.NET 和控制台应用程序。
- .NET Core Framework 可与应用程序一同部署，而完整的.NET Framework 只能安装到目标机器上，由所有应用程序共享。可以看到，这一点为版本管理带来了很大的问题。

去掉了平台依赖性以后，就能够修改新的、更加精简的.NET Framework，使其能够在其他操作系统上工作。这是.NET Core Framework 与现有的.NET Framework 的又一大区别。.NET Core Framework 可用于编写跨平台的应用程序，让它们也能运行在 Linux 和 Mac 操作系统上。

注意：

.NET Core 2.0 发布后，完整的.NET Framework 和.NET Core Framework 之间的功能差异正在缩小，因为 Core Framework 中已经移植了更多的类和名称空间(如 System.Drawing 和数据表类)。但是，并不能认为.NET Core Framework 是完整的.NET Framework 的复制品。.NET Core Framework 是从头开始重新设计的一个新框架，看上去与完整的.NET Framework 很类似，但是能够跨平台工作。

1.2.2　将 ASP.NET 与宿主解耦

为了使 Web 应用程序模型既能够用于编写极简 Web 服务，又能够用于编写完整的网站，将 ASP.NET 与 IIS 解耦被证明是必要的一步。OWIN 的理念(参见 http://owin.org)是：

- 将 Web 服务器的功能与 Web 应用程序的功能隔离开。
- 鼓励为.NET Web 开发设计出更简单的模块，当这些模块结合起来时，能够实现真实网站的强大力量。

图 1-1 显示了 OWIN 的整体架构。

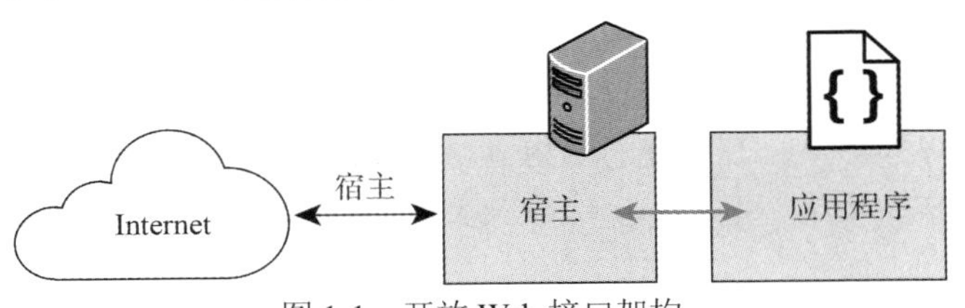

图 1-1　开放 Web 接口架构

在基于 OWIN 的架构中，宿主 Web 服务器不再必须是 IIS。而且，宿主接口可用控制台应用程序或者 Windows 服务实现。在满足了这些限制后，采用 OWIN 开放接口的 Web 应用程序模型的真正威力就会展现：同一个应用程序可以在任何符合 OWIN 的 Web 服务器上托管，系统平台是什么并不重要。

HTTP 协议是平台无关的，所以当构建出一个新的.NET Framework 版本，使其不再紧密依赖特定的平台(如 Windows)时，构建一个能够跨平台工作的 Web 应用程序模型就成了一个可行的、很有吸引力的项目。

当 IIS 在 2008 年开始支持集成管道模式时，Microsoft 对 Web 的观念与如今全然不同。在某种程度上，环境也不同了。按照集成管道的观念，IIS 和 ASP.NET 需要密切合作，看起来就像一个统一的引擎。为新的 ASP.NET 构建的模型推翻了集成管道的观念，认为 ASP.NET 是一个独立的环境，可以在任何 Web 服务器上托管。这种模型认为，在某些情况下，这种独立的环境甚至在直接呈现给外界时也能够工作。

1.2.3　新的 ASP.NET Core

ASP.NET Core 是一个新的框架，用于构建多种基于 Internet 的应用程序，主要是(但不限于)Web 应用程序。事实上，可以把特殊的 Web 应用程序看成内置 IoT 的服务器和面向 Web 的服务，例如移动应用程序的后台。

在编写 ASP.NET Core 应用程序时，可使其针对.NET Core Framework，也可以使其针对完整的.NET Framework。ASP.NET Core 被设计为跨平台的，使开发人员能够创建运行在 Windows、Mac 和 Linux 上的应用程序。ASP.NET Core 包含一个内置的 Web 服务器和一个运行应用程序代码的运行时环境。应用程序代码是用稍作调整的 ASP.NET MVC 框架编写的，并依赖于一组系统模块。这些系统模块被设计为极小的模块，从而提供更多的机会来构建只要最小开销就能运行的应用程序。图 1-2 显示了 ASP.NET Core 的整体架构。

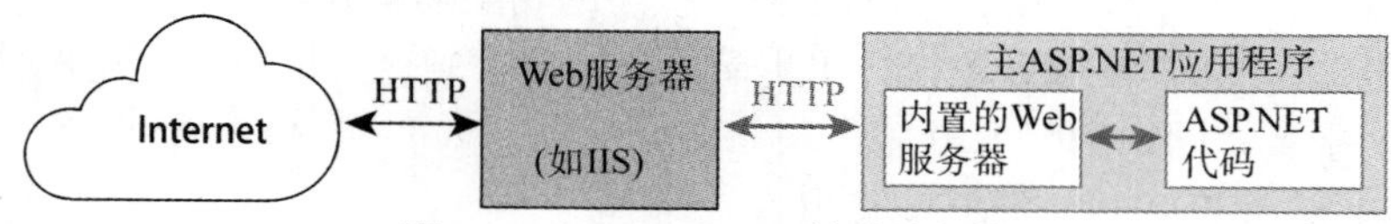

图 1-2　ASP.NET Core 的整体架构

注意：

并不是严格需要 Web 服务器(如 IIS 或 Apache)，因为内置的 Web 服务器(Kestrel)能够被直接公开给外界。是否需要一个独立的 Web 服务器主要取决于 Kestrel 能否满足需要。

新的 ASP.NET 依赖于.NET Core SDK 的工具来构建和运行应用程序。下一节将详细介绍.NET SDK 和命令行工具。第 14 章将详细介绍 ASP.NET Core 运行时。

1.3　.NET Core 的命令行工具

在.NET Core 中，所有的基本开发工具(即用于构建、测试、运行和发布应用程序的工具)也作为命令行应用程序提供。这些应用程序统称为.NET Core 命令行接口(CLI)。

1.3.1　安装 CLI 工具

在能够开发和部署.NET Core 应用程序的所有平台上都可以使用 CLI 工具。CLI 工具通常提供了针对具体平台定制的安装包，例如 Linux 上的 RPM 或 DEB 包，或者 Windows 上的 MSI 包。运行安装程序后，CLI 工具将安全地存储到磁盘上一个可全局访问的位置。图 1-3 显示了一台 Windows 计算机上 CLI 工具的存储文件夹。

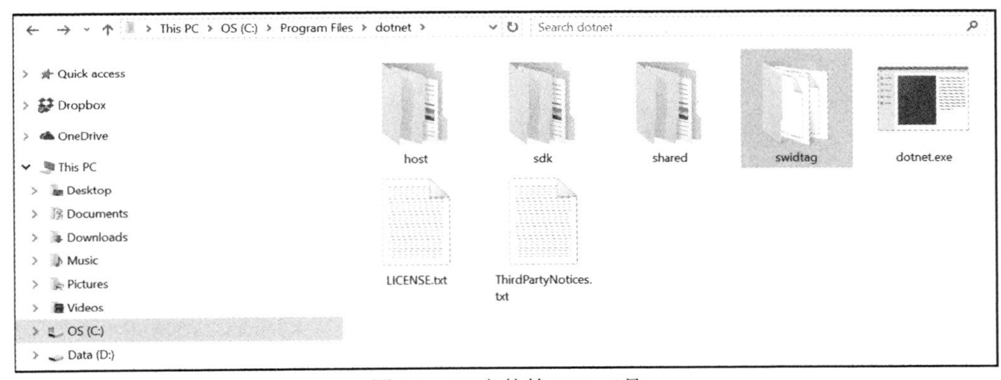

图 1-3　已安装的 CLI 工具

注意，可以同时运行多个版本的 CLI 工具。当安装多个版本的时候，默认情况下运行的是最新版本。

1.3.2　dotnet 驱动程序工具

CLI 一般被称为一组工具，但实际上，它是由一个宿主工具(称为驱动程序)运行的一组命令。这个宿主工具就是 dotnet.exe(参见图 1-3)。命令行指令的格式如下所示：

```
dotnet [host-options] [command] [arguments] [common-options]
```

[command]占位符代表将在驱动程序工具中执行的命令，而[arguments]代表传递给该命令的参数。稍后将介绍宿主选项和公共选项。

当安装了 CLI 的多个版本，但是不想运行最新的版本时，可以在应用程序所在的文件夹中创建一个 global.json 文件，在其中至少添加下面的内容。

```
{
 "sdk": {
   "version": "2.0.0"
 }
}
```

version 属性的值决定了使用哪个版本的 CLI 工具。

注意：

CLI 工具的版本不同于应用程序使用的.NET Core 运行时的版本。运行时的版本是在项目文件中指定的，也可以在使用的 IDE 界面内进行编辑。如果想手动编辑这个项目文件，那么只需要编辑.csproj XML 文件，修改 TargetFramework 元素的值。

这个值的名称就代表了版本(如 netcoreapp2.0)。

1. 宿主选项

在 dotnet 工具的命令行中，宿主选项代表的是 dotnet 工具的配置。先传递了宿主选项之后，才会传递命令。宿主选项支持 3 个值，分别用于获得关于 CLI 工具和运行时环境的常规信息、获得 CLI 的版本号，以及启用诊断(参见表 1-2)。

表 1-2　CLI 的宿主选项

平台	描述
-d 或--diagnostics	启用诊断输出
--info	显示运行时环境和.NET CLI 的信息
--version	显示.NET CLI 的版本号

2. 公共选项

表 1-3 中的公共 CLI 选项是所有命令共有的选项，例如获得帮助和启用详细输出。

表 1-3　CLI 的公共选项

平台	描述
-v 或--verbose	启用详细输出
-h 或--help	显示关于如何使用 dotnet 工具的常规帮助

1.3.3　dotnet 的预定义命令

默认情况下，安装 CLI 工具后，就可以使用表 1-4 中列出的命令。注意，表 1-4 尽量按照真实使用这些命令的顺序介绍它们。

表 1-4　常用的 CLI 命令

命令	描述
new	使用某个可用的模板创建一个新的.NET Core 应用程序。默认的模板包括控制台应用程序，以及 ASP.NET MVC 应用程序、测试项目和类库。还有额外的选项可指定目标语言和项目的名称
restore	恢复项目的所有依赖。从项目文件读取依赖后，将其恢复为从配置好的源使用的 NuGet 包
build	构建项目及其全部依赖。应在项目文件中指定编译器的参数(如构建的是库还是应用程序)

(续表)

命令	描述
run	编译源代码(如有必要)，生成可执行文件并执行。执行此命令前，必须先执行 build 命令
test	使用配置好的测试运行程序在项目内执行单元测试。单元测试是依赖于特定单元测试框架及其运行程序的类库
publish	编译应用程序(如有必要)，从项目文件中读取依赖列表，然后将得到的一组文件发布到一个输出目录
pack	使用项目的二进制文件创建一个 NuGet 包
migrate	将原来的基于 project.json 的项目迁移为基于 msbuild 的项目
clean	清理项目的输出文件夹

要详细了解如何调用上述命令，可在命令行中输入下面的命令：

```
dotnet <command> --help
```

通过在项目中引用可移植的控制台应用程序或者将可执行文件复制到 PATH 环境变量关联着的某个目录中(可全局使用)，可添加更多命令。

1.4　小结

.NET 平台问世已经超过 15 年了，在这段时间内，它吸引了大量投入，变得非常流行。然而，世界总在不断地变化，朱塞佩·托马西·迪·兰佩杜萨的小说《豹》中有一句话说得再准确不过：如果我们希望事情保持原状，就到了必须发生改变的时候了。因而，原来的.NET 平台——那个围绕着一个庞大的类库和一些应用程序模型(ASP.NET、Windows Forms 和 WPF)设计出来的.NET 平台——如今也正在经历着深刻的重新设计。之所以说“正在经历”，是因为重新设计的工作在 2014 年开始，到版本 2.0 实现第一个里程碑，但是在未来仍将继续进行下去。

从业务上来说，你可能想也可能还不想现在就拥抱这个新的平台，但是我相信，在几年内，新的平台将成为首选的平台和要迁移到的平台。新平台的亮点在于高度模块化和跨平台的本质。基于.NET Core 的任何代码将能够运行在 Linux、Mac 或 Windows 平台上，只是需要不同的运行时。由于非常侧重跨平台的开发，因此操作对应平台的所有核心工具(生成、运行、测试和发布)都作为命令行工具提供，在这些命令行工具的基础上可构建 IDE。.NET Core 的命令行接口被称为 CLI 工具。

在第 2 章，我们将开始介绍本书的核心主题：ASP.NET 和 Web 开发。

第 2 章

第一个 ASP.NET Core 项目

所有动物生来平等，但有些动物比其他动物更平等。

——乔治·奥威尔，《动物庄园》

ASP.NET Core 是基于.NET Core 平台的一个面向 Web 的应用程序模型。虽然名称中带有熟悉的 ASP.NET 字样，但是 ASP.NET Core 与前一个 ASP.NET 版本并不相同。最重要的是，ASP.NET Core 有一个全新的运行时环境，只支持一种应用程序模型：ASP.NET MVC。这意味着这个新的 Web 框架与 Web Forms 全然不同，甚至与 Web API 也不完全相同。ASP.NET Core 是全新的框架，只有 ASP.NET MVC 编程模型(控制器、视图和路由)中的一部分代码和技能能够在这个框架中重用。

在本章和本书剩余内容中，我们将提到非.NET Core ASP.NET(包括 Web Forms、ASP.NET MVC 和 Web API)的特点和实现细节，并将之与 ASP.NET Core 的特点进行比较。为避免混淆，我们使用术语“经典 ASP.NET”指代 ASP.NET Core 出现之前的 ASP.NET 中可用的任意应用程序模型。

2.1 ASP.NET Core 项目的分析

有几种不同的方式可创建一个新的 ASP.NET Core 项目。首先，可以使用 Visual Studio 中提供的某个标准项目模板。其次，可在 CLI 工具中使用 New 命令。如果使用的是另一种 IDE，如 JetBrains's Rider，那么有另一组 ASP.NET 项目模板可用。最后，如果只是想生成文件并放到自己完全控制的一个项目下，那么 Yeoman 中的 ASP.NET 生成器可能是最好的选择。

Yeoman 是一个语言无关的项目生成器，如果配置正确，可以生成所有必要的文件来构成一个 Web 应用程序(包括 ASP.NET Core 应用程序)的基本骨架。更多信息请访问 http://yeoman.io/learning。

注意：

使用 Visual Studio、Rider、CLI 工具和 Yeoman 得到的项目文件稍有区别。Visual Studio 提供两个选项：基本项目，以及包含成员系统和 Bootstrap 的完整项目。CLI 工具的 New 命令也会生成一个丰富的 ASP.NET 项目。使用 Rider 生成的默认 ASP.NET Core 应用程序介于一个空项目和一个完全配置但没有应用程序逻辑的项目之间。Yeoman 可能是最灵活的生成器，提供了一些选项供选择使用。

2.1.1　项目结构

从图 2-1 可以看到，Visual Studio 提供了预定义模板，用于创建经典的非.NET Core Web 应用(基于完整的.NET Framework)，以及 ASP.NET Core 应用。图中选中的选项——ASP.NET Core Web Application(.NET Core)，创建一个针对.NET Core 框架的 ASP.NET Core 应用程序。

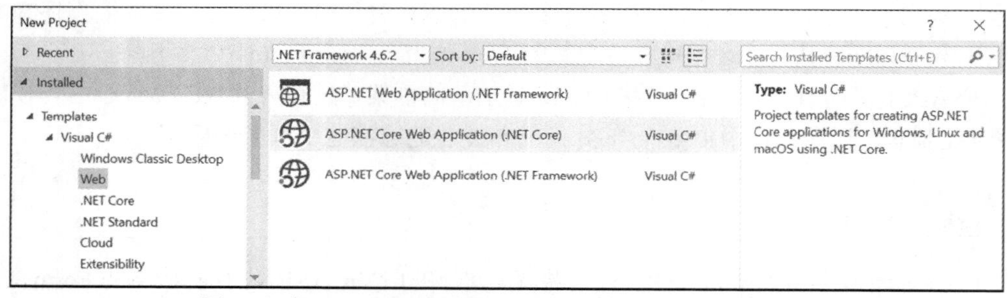

图 2-1　在 Visual Studio 中创建一个新的 ASP.NET Core 项目

向导的下一步要求指定为第一次运行应用程序生成的代码量。我认为，至少对于学习目的，最好的方法是先生成一个基本的但是能够工作的项目。在这个方面，Visual Studio 的 Empty 选项十分理想，如图 2-2 所示。

确认选择的选项后，Visual Studio 会创建一些文件并配置新项目。接下来，我们将检查这些文件，并把它们构建成一个可执行文件。

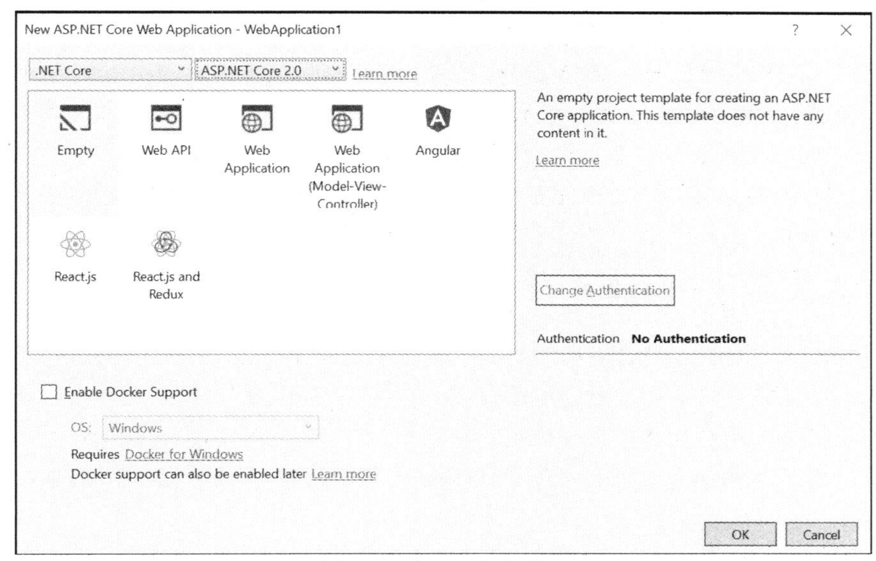

图 2-2　选择一个空项目

1. 空项目速览

对于具有不同开发背景的读者，选择 Empty 选项生成的解决方案的内容可能引发不同的反应。例如，ASP.NET 开发人员会注意到，wwwroot 项目文件夹有些反常，并且解决方案中缺少 global.asax(一个对过去的 ASP.NET 来说非常重要的文件)。另一个对过去的 ASP.NET 配置来说非常重要的文件(web.config 文件)仍然出现在解决方案中，但其内容却发生了较大变化(如图 2-3 所示)。

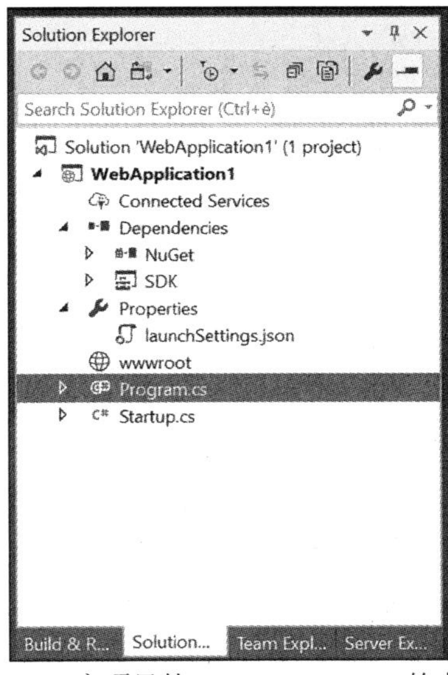

图 2-3　空项目的 Solution Explorer 的内容

如图 2-3 所示，解决方案中包含两个新文件：Startup.cs 和 Program.cs。如果之前用过基于 OWIN 的框架，如 Web API 或 ASP.NET SignalR，那么看到 Startup.cs 也许不会感到特别奇怪。但是，在 Web 应用程序中看到 Program.cs 可能会让你大吃一惊。在 Web 应用程序中有一个控制台程序文件？这怎么可能？

原因在于托管和运行 ASP.NET Core 应用程序的新运行时基础结构。接下来会更详细地介绍一个基本 ASP.NET Core 项目的构成。

2. wwwroot 文件夹的用途

就静态文件而言，ASP.NET Core 运行时会区分内容根文件夹和 Web 根文件夹。

内容根文件夹一般是项目当前的目录，在生产中就是部署的根文件夹。它代表代码需要执行的所有文件搜索和访问的基础路径。与之相对，Web 根文件夹是应用程序可能提供给 Web 客户端的所有静态文件的基础路径。一般来说，Web 根文件夹是内容根文件夹的子文件夹，被命名为 wwwroot。

有趣的是，在生产机器上必须创建 Web 根文件夹，但是这个文件夹对于请求静态文件的客户端浏览器来说是完全透明的。换句话说，如果在 wwwroot 下有一个 images 子文件夹，其中有一个名为 banner.jpg 的文件，那么获取这个横幅的有效 URL 为：

```
/images/banner.jpg
```

但是，真实的图片文件必须放到服务器上的 wwwroot 文件夹中；否则，将无法检索到该文件。通过编写代码，能够在 Program.cs 文件中修改两个根文件夹的位置(稍后将详细介绍这一点)。

注意：

在经典的 ASP.NET 中，内容根文件夹和 Web 根文件夹并不存在一个清晰的、系统级的区别。其中内容根文件夹被自动定义为安装应用程序的根文件夹。但是，有一个明确定义的 Web 根文件夹是一个很好的做法(被大部分团队采用)，如今已成为 ASP.NET Core 的一个系统特性。个人而言，我喜欢把我的 Web 根文件夹称为 Content，但是我发现很多人喜欢把它称为 Assets。无论如何，在经典的 ASP.NET 中，Web 根文件夹的定义是虚拟的，在指向该文件夹内包含的一个静态文件的 URL 中必须包含该文件夹。

3. Program 文件的用途

虽然听起来可能很奇怪，但是 ASP.NET Core 应用程序只不过就是第 1 章介绍过的 dotnet 驱动程序工具启动的一个控制台应用程序。这个不可缺少的控制台应用程序的源代码就包含在 Program.cs 文件中。图 2-4 很好地演示了这个控制台应用程序的角色。

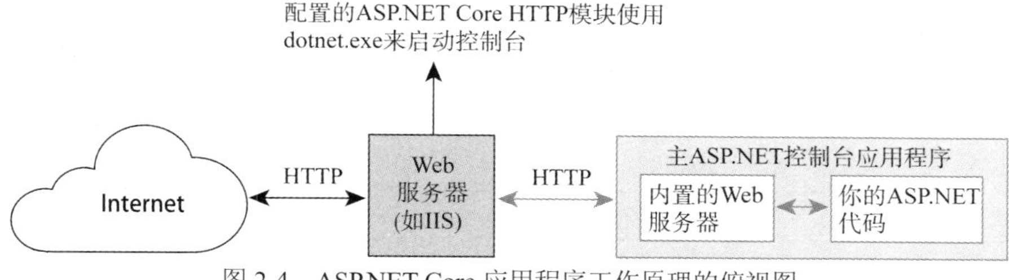

图 2-4　ASP.NET Core 应用程序工作原理的俯视图

Web 服务器(如 IIS)通过一个配置的端口与完全解耦的可执行文件通信，并将传入的请求转发给控制台应用程序。这个控制台应用程序由一个必要的 HTTP 模块从 IIS 进程空间生成，该 HTTP 模块使 IIS 能够支持 ASP.NET Core。要将 ASP.NET Core 应用程序托管到其他 Web 服务器(如 Apache 或 NGINX)上，必须有类似的扩展模块。

重要

值得注意的是，图 2-4 给出的 ASP.NET Core 架构与最初的架构(即 2003 年将 ASP.NET 1.x 与 IIS 连接起来的架构)有类似之处。当时，ASP.NET 有自己的工作进程，通过命名管道与 IIS 通信。后来，ASP.NET 工作进程的任务被内置的 IIS 工作进程(w3wp.exe)接过，从而有了应用程序池的概念。在 ASP.NET Core 中，两个独立的、无关的、完全解耦的可执行文件进行通信，但是 ASP.NET 可执行文件并不是一个多租户工作进程，而只是托管一个基本的异步服务器来处理传入请求的应用程序的一个实例。

在内部，控制台应用程序基于 Program.cs 文件中的如下几行代码：

```
public static void Main(string[] args)
{
    var host = new WebHostBuilder()
         .UseKestrel()
         .UseContentRoot(Directory.GetCurrentDirectory())
         .UseIISIntegration()
         .UseStartup<Startup>()
         .Build();
    host.Run();
}
```

ASP.NET Core 应用程序需要在一个宿主中执行。宿主负责该应用程序的启动和生命周期管理。WebHostBuilder 类负责构建一个有效的 ASP.NET Core 宿主的完全配置实例。表 2-1 简要解释了上面代码段中调用的方法所执行的任务。

表 2-1　ASP.NET Core 宿主的扩展方法

方法	效果
UseKestrel	告诉宿主要使用的内置 Web 服务器。内置的 Web 服务器负责在宿主上下文中接受和处理 HTTP 请求。Kestrel 是默认的跨平台 ASP.NET 内置 Web 服务器
UseContentRoot	告诉宿主内容根文件夹的位置
UseIISIntegration	告诉宿主使用 IIS 作为反向代理，IIS 将从公共 Internet 抓取请求，然后传递给内置服务器(注意，对于 ASP.NET Core 应用程序，出于安全和流量原因，可能推荐使用一个反向代理，但是纯粹从功能的角度来看，反向代理并不是必须要有的)
UseStartup<T>	告诉宿主包含应用程序初始化设置的类型
Build	构建 ASP.NET Core 宿主类型的一个实例

WebHostBuilder 类有许多扩展方法，可用来进一步定制行为。

而且，ASP.NET Core 2.0 为构建 Web 宿主实例提供了一种更加简单的方式。通过使用“默认的”生成器，一次调用就能够返回新创建的 Web 宿主实例。下面演示了如何编写 Program.cs 文件。

```
public class Program
{
    public static void Main(string[] args)
    {
        BuildWebHostInstance(args).Run();
    }

    public static IWebHost BuildWebHostInstance(string[] args) =>
       WebHost.CreateDefaultBuilder(args)
           .UseStartup<Startup>()
           .Build();
}
```

静态方法 CreateDefaultBuilder 替我们完成所有工作，如添加 Kestrel、IIS 配置、内容根文件夹以及其他选项(如日志提供程序和配置数据)，而在 ASP.NET Core 1.1 之前，只能在启动类中添加它们。要理解 CreateDefaultBuilder 方法完成的工作，最好的方法是查看其源代码：http://github.com/aspnet/MetaPackages/blob/dev/src/Microsoft.AspNetCore/WebHost.cs#L150。

4. 启动文件的用途

Startup.cs 文件包含的类用来配置请求管道，而请求管道则处理发送给应用程序的所有请求。该类至少包含两个方法，供宿主在初始化应用程序的时候回调。第一个方法是 ConfigureServices，用于添加应用程序需要使用的依赖注入机制服务。在启动类中，ConfigureServices 方法是可选的，但是在大部分现实场景中，都必须使用该方法。

第二个方法是 Configure。顾名思义，该方法用于配置前面请求的服务。例如，如果在 ConfigureServices 方法中声明了要使用 ASP.NET MVC 服务，那么在 Configure 方法中可以调用 IApplicationBuilder 参数的 UseMvc 方法，指定想要处理的有效路由的列表。Configure 方法是一个必须具有的方法。注意，启动类不需要实现任何接口或者继承任何基类。事实上，Configure 和 ConfigureServices 方法都是通过反射来发现并调用的。

注意：

也许听起来很奇怪，但是 ASP.NET Core 允许使用控制器、视图和路由来编写 Web 应用程序，而不一定是 ASP.NET MVC 应用程序。因此，如果想编写规范的 ASP.NET MVC，就必须先请求 MVC 特定的服务。

在某种程度上，启动类中所执行的操作与经典 ASP.NET 中的 global.asax 的 Application_Start 方法和 web.config 文件的某些片段中编写的操作十分相似。

注意，启动类的名称并不是不可改变的。Startup 这个名称是一个很合理的选择，但是我们可以根据喜好加以修改。显然，如果重命名了启动类，那么在调用 UseStartup<T>时必须传入正确的类型。另外，注意 UseStartup 扩展方法提供了一些额外的重载，供指定启动类。例如，可以将启动类的名称作为类-程序集字符串或一个 Type 对象传入，如下所示：

```
// Using a non-conventional and nostalgic name
// for the startup class (GlobalAsax)
// ...
var host = new WebHostBuilder()
         .UseKestrel()
         .UseContentRoot(Directory.GetCurrentDirectory())
         .UseIISIntegration()
         .UseStartup<GlobalAsax>()
         .Build();
```

重要

如前所述，本章只是触及了 ASP.NET 运行时和宿主环境的冰山一角。本章的目的是直奔主题，介绍如何构建应用程序，以及如何使应用程序符合预期。但是，深入了解 ASP.NET Core 的运行时环境对于理解这个平台的潜力以及使用这个平台的最佳方式是极有必要的，即使要在不同的操作系统上使用 ASP.NET Core。因此，全面了解 ASP.NET 系统十分必要，第 14 章将完成这项工作。

2.1.2　与运行时环境交互

所有的 ASP.NET Core 应用程序都托管在一个运行时环境中，并使用一些可用的服务。好消息是，使用多少服务以及服务的质量如何完全由开发团队决定。你不会得到自己不想使用的服务。而且，要让应用程序工作，必须显式声明需要先运行哪些服务。

注意：

在最初使用 ASP.NET Core 平台的时候，我常犯的一个错误是忘记请求静态文件服务，导致系统拒绝提供任何图片或 JavaScript 文件，即使这些文件常被部署到了 Web 根文件夹中。

接下来，将更详细地介绍应用程序和宿主环境之间发生的交互。

1. 解析启动类型

宿主首要执行的任务之一是解析启动类型。有两种方式可显式指定任意名称的启动类型：使用 UseStartup<T>泛型扩展方法，或者将该启动类型作为非泛型版本的参数。另外，也可以传入包含 Startup 类型的引用程序集的名称。

启动类的惯用名称是 Startup，但是可以根据自己的喜好进行修改。不过，采用惯用名称有额外的一些好处。特别是，在应用程序中能够配置多个启动类，每个开发环境一个。可以在开发环境中使用一个启动类，在暂存环境或生产环境中使用其他的启动类。另外，如果愿意，还可以自定义开发环境。

假设项目中有两个类—— StartupDevelopment 和 StartupProduction，并使用下面的代码来创建宿主：

```
var host = new WebHostBuilder()
    .UseKestrel()
    .UseContentRoot(Directory.GetCurrentDirectory())
    .UseIISIntegration()
    .UseStartup(Assembly.GetEntryAssembly().GetName().Name)
    .Build();
```

代码告诉宿主，从当前的程序集解析启动类。在这里，宿主尝试找出符合下面模式的一个可加载的类：Startup*XXX*，其中 *XXX* 是当前宿主环境的名称。默认情况下，宿主环境被设置为 Production，但是可将其改为任意字符串。例如，可以改为 Staging、Development 或你认为合理的其他名称。如果没有设置宿主环境，系统将尝试找到一个 Startup 类，如果找不到，就抛出错误。

简言之，可以重命名启动类，但是更现实的做法是，让宿主根据当前的宿主环境解析启动类。这自然很好，但是如何设置当前的宿主环境呢？

2. 宿主环境

环境变量 ASPNETCORE_ENVIRONMENT 的值指定了开发环境。在 Visual Studio 项目中，这个变量默认被设为 Development，但也可将其设为其他任意字符串，如 Production 或 Staging。

在给定操作系统上设置环境变量的任何方式都可以用来设置 ASPNETCORE_ENVIRONMENT 变量。例如，在 Windows 上，可以使用控制面板、PowerShell 或者在命令行上使用 set 工具。当然，还可以通过编程进行设置，或者在 Visual Studio 中使用项目的 Properties 对话框进行设置，如图 2-5 所示。记住，如果出于某种原因，未能设置 ASPNETCORE_ENVIRONMENT 变量，将假定宿主环境是 Production。

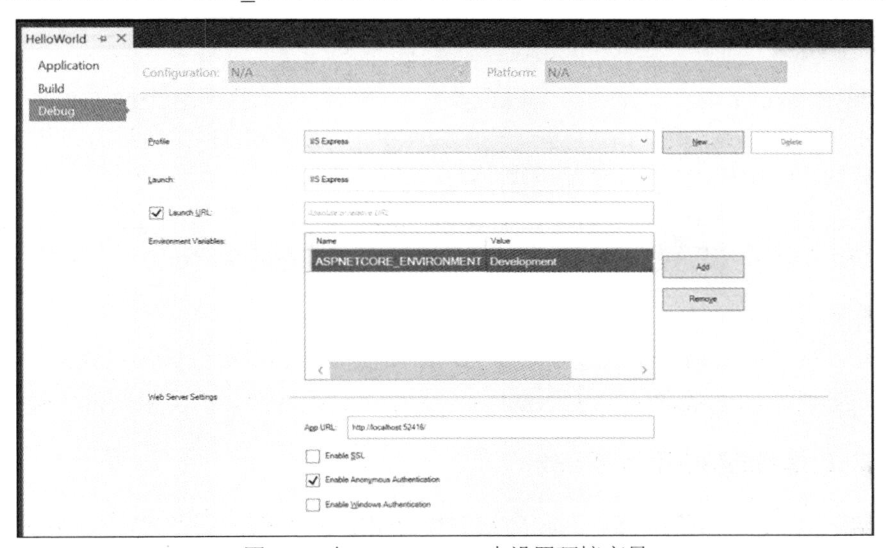

图 2-5　在 Visual Studio 中设置环境变量

要通过编程方式配置宿主环境，需要使用 IHostingEnvironment 接口的成员(参见表 2-2)。

表 2-2　IHostingEnvironment 接口

成员	描述
ApplicationName	获取或设置应用程序的名称。宿主将此属性的值设为包含应用程序入口的程序集
EnvironmentName	获取或设置环境的名称，这个名称会覆盖 ASPNETCORE_ENVIRONMENT 变量的值。可在程序中使用此属性的 setter 设置环境
ContentRootPath	获取或设置包含应用程序文件的目录的绝对路径。此属性常被设为根安装路径

(续表)

成员	描述
ContentRootFileProvider	获取或设置一个在获取内容文件时必须使用的组件。此组件可以是实现了 IFileProvider 接口的任意类。默认的文件提供程序使用文件系统来获取文件
WebRootPath	获取或设置一个目录的绝对路径，此目录包含客户端可通过 URL 请求的静态文件
WebRootFileProvider	获取或设置一个在获取 Web 文件时必须使用的组件。此组件可以是实现了 IFileProvider 接口的任意类。默认的文件提供程序使用文件系统来获取文件

IFileProvider 接口代表一个只读的文件提供程序，它接受一个描述文件或目录名称的字符串，然后返回内容的一个抽象结果。IFileProvider 接口还有一种实现，能够从数据库中检索文件和目录的内容。

宿主会创建一个实现了 IHostingEnvironment 接口的对象，并通过依赖注入将其公开给启动类和应用程序中的其他所有类。接下来将详细介绍这方面的内容。

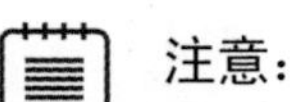

注意：

可以选择向启动类的构造函数传递两个系统服务的引用：IHostingEnvironment 和 ILoggerFactory。后者是 ASP.NET Core 为创建记录器组件的实例做出的抽象。

3. 启用系统和应用程序服务

如果定义了 ConfigureServices 方法，将在调用 Configure 方法之前先调用它，给开发人员提供机会将系统和应用程序服务连接到请求管道。可以在 ConfigureServices 中直接配置连接的服务，也可以推迟到调用 Configure 的时候再进行配置。最终选择哪一种方法取决于服务的编程接口。ConfigureServices 方法的原型如下：

```
public void ConfigureServices(IServiceCollection services)
```

可以看到，这个方法接受一个服务集合，然后添加自己的服务。一般来说，需要做大量设置的服务会在 IServiceCollection 中提供一个 Add*XXX* 扩展方法，并接受一些参数。下面的代码片段演示了如何把 Entity Framework 的 DbContext 添加到可用服务列表中。AddDbContext 方法接受几个选项，例如要使用的数据库提供程序和实际的连接字符串。

```
public void ConfigureServices(IServiceCollection services)
{
   var connString = "...";
   services.AddDbContext<YourDbContext>(options => options.
```

```
        UseSqlServer(connString));
}
```

将服务添加到 IServiceCollection 容器后，通过 ASP.NET Core 内置的依赖注入系统，该服务也将对应用程序的其余部分可用。

4. 配置系统和应用程序服务

Configure 方法用于配置 HTTP 请求管道，以及指定一些有机会处理传入的 HTTP 请求的模块。能够添加到 HTTP 请求管道的模块和松散代码合称为中间件。

Configure 方法接受一个实现了 IApplicationBuilder 接口的系统对象的实例，然后通过该接口的扩展方法来添加中间件。另外，Configure 方法还可以接受 IHostingEnvironment 和 ILoggerFactory 组件的实例。下面是一个声明该方法的例子。

```
public void Configure(IApplicationBuilder app, IHostingEnvironment env)
{
    ...
}
```

在 Configure 方法中，常见的一个操作是启用提供静态文件的能力和集中的错误处理程序。

```
public void Configure(IApplicationBuilder app, IHostingEnvironment env)
{
   app.UseExceptionHandler("/error/view");
   app.UseStaticFiles();
}
```

扩展方法 UseExceptionHandler 是一个集中的错误处理程序，当遇到无法处理的异常时，会重定向到指定的 URL。其总体行为与经典 ASP.NET 的 global.asax 中的 Application_Error 方法类似。如果想在发生异常时收到开发人员提供的友好消息，则需要改用 UseDeveloperExceptionPage 方法。然而，你可能只想在开发模式下看到开发人员提供的友好消息。这个场景为 IHostingEnvironment 接口的一些扩展方法提供了很好的用例。

```
public void Configure(IApplicationBuilder app, IHostingEnvironment env)
{
    if (env.IsDevelopment())
    {
        app.UseDeveloperExceptionPage();
    }
    else
    {
        app.UseExceptionHandler("/Error/View");
    }

    app.UseStaticFiles();
}
```

IsDevelopment、IsProduction 和 IsStaging 等方法是预定义的扩展方法，用来检查当前的开发模式。如果自定义了一个环境，那么可以通过 IsEnvironment 方法进行检查。需要注意，在 Windows 和 Mac 上，环境名称不区分大小写，但在 Linux 上则区分。

因为在 Configure 中编写的任何代码最终都用于配置运行时管道，所以配置服务的顺序十分重要。因此，在 Configure 中，要做的第一项工作就是在静态文件后设置错误处理。

5. 环境特定的配置方法

在启动类中，也可以使 Configure 和 ConfigureServices 方法的名称反映出具体的环境。此时，这些方法的名称为 Configure*Xxx* 和 Configure*Xxx*Services，*Xxx* 代表环境名称。

在配置 ASP.NET Core 应用程序的启动类时，使用默认的名称 Startup 创建单个启动类，然后通过 UseStartup<T>向宿主注册这个类，可能是最理想的方式。之后，在启动类中，创建环境特定的方法，如 ConfigureDevelopment 和 ConfigureProduction。

宿主将根据当前设置的环境解析方法。注意，如果重命名启动类，使其名称不再是 Startup，那么内置的类型自动解析逻辑将会失败。

6. ASP.NET 管道

IApplicationBuilder 接口提供了定义 ASP.NET 管道结构的方法。管道是一个可选模块链，这些模块可预处理和后处理传入的 HTTP 请求，如图 2-6 所示。

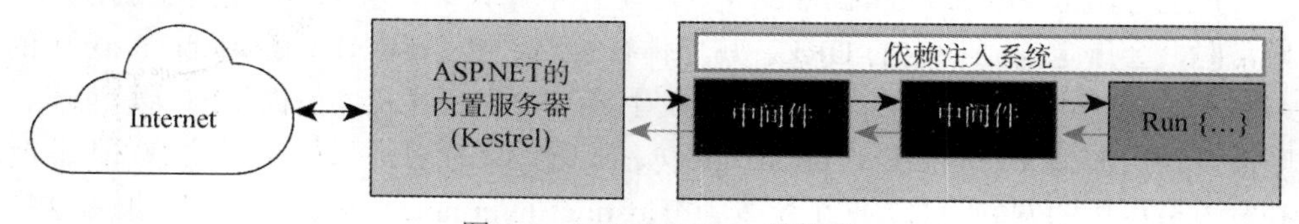

图 2-6 ASP.NET Core 的管道

管道由中间件组件构成，这些组件在 Configure 中注册，对于每个请求，按照注册的顺序调用它们。每个中间件组件都基于下面的模式：

```
app.Use(async (httpContext, next) =>
{
    // Pre-process the request
    ...

    // Yield to the next middleware module in the chain
    await next();

    // Post-process the request
    ...
});
```

在 ASP.NET 代码实际处理请求之前，所有中间件组件都有一次机会来处理它。通过调用下一个模块，每个中间件组件将请求向下推送给队列中的下一个模块。当最后一个注册的模块预处理完请求后，请求就会执行。之后，反向遍历中间件组件链，所有的注册模块有机会对请求进行后处理，这通常是通过查看更新后的上下文及其响应实现的。在返回到客户端的过程中，按照反向顺序调用中间件模块。

可以使用如前所示的代码段，并使用 Lambda 表达式编写代码，来注册自己的中间件。或者，可以把自己的逻辑放到一个类中，然后创建一个 Use*Xxx* 方法，在 Configure 方法中向管道注册这个类。第 14 章将继续介绍 ASP.NET 管道及其定制。

在中间件组件链的最后是请求运行程序，即实际执行请求的代码。这段代码也常被称为终止中间件。在经典 ASP.NET 中，请求运行程序是动作调用者，它选择合适的控制器类，决定正确的方法，然后调用这个方法。不过，如前面所述，在 ASP.NET Core 中，MVC 编程模型只是一个选项。这意味着请求运行程序的形式更加抽象：

```
app.Run(async context =>
{
    await context.Response.WriteAsync("Courtesy of 'Programming ASP.
     NET Core'");
});
```

终止中间件处理的代码是如下形式的代理：

```
public delegate Task RequestDelegate(HttpContext context);
```

终止中间件接受一个 HttpContext 对象实例作为参数，返回一个任务。HTTP 上下文对象是基于 HTTP 信息的一个容器，这些信息包括响应流、身份验证声明、输入参数、会话状态和连接信息。

如果通过 Run 方法显式定义终止中间件，那么将在该方法中直接处理任何请求，而不需要控制器和视图。实现了 Run 中间件方法后，就能够以最快的方式处理任何请求，几乎没有开销，而且占用的内存量也极小。下一节将演示这个功能。

2.2　依赖注入子系统

如果不介绍依赖注入(Dependency Injection，DI)子系统，那么对 ASP.NET 运行时环境的概述就不能算完整的。

2.2.1　依赖注入一览

DI 是一种设计原则，推崇类之间的松散耦合。例如，假设有下面的一个类：

```
public class FlagService
```

```
{
  private FlagRepository _repository;

  public FlagService()
  {
    _repository = new FlagRepository();
  }

  public Flag GetFlagForCountry(string country)
  {
    return _repository.GetFlag(country);
  }
}
```

类 FlagService 依赖于类 FlagRepository，考虑到这两个类实现的任务，紧密耦合无法避免。DI 原则帮助 FlagService 与其依赖之间存在松散的关系。DI 的核心理念是让 FlagService 只依赖于 FlagRepository 提供的函数的抽象。在 DI 原则的指导下，可以像下面这样重写 FlagService 类：

```
public class FlagService
{
  private IFlagRepository _repository;

  public FlagService(IFlagRepository repository)
  {
    _repository = repository;
  }

  public Flag GetFlagForCountry(string country)
  {
    return _repository.GetFlag(country);
  }
}
```

现在，任何实现了 IFlagRepository 的类都能安全地与 FlagService 类的实例共同使用。通过使用 DI，我们把 FlagService 和 FlagRepository 之间的紧密依赖转变成 FlagService 与其需要从外部导入的服务的一个抽象之间的松散关系。创建存储库抽象的实例的职责就从服务类中移除了。这意味着其他代码现在负责接受接口(抽象)的引用，返回一个具体类型(类)的可用实例。每次需要时，可以手动编写这种代码：

```
var repository = new FlagRepository();
var service = new FlagService(repository);
```

或者，可以让一个专门的代码层运行这段代码，这个代码层检查服务的构造函数并解析其所有的依赖。

```
var service = DependencyInjectionSubsystem.Resolve(FlagService);
```

采用这种注入模式重构类型也有助于编写单元测试，因为能够在任意时刻把模拟实现传递给构造函数。

ASP.NET Core 提供了自己的 DI 子系统，所以任何类(包括控制器)都能在构造函数(或成员)中声明所有必要的依赖；系统将确保创建和传递有效的实例。

2.2.2　ASP.NET Core 中的依赖注入

要使用 DI 系统，系统必须能够实例化一些类型，而你需要注册这些类型。ASP.NET Core 的 DI 系统已经知道一些类型，如 IHostingEnvironment 和 ILoggerFactory，但是它还需要知道应用程序特定的类型。接下来介绍如何在 DI 系统中添加新类型。

1. 在 DI 系统中注册类型

ConfigureServices 方法收到的 IServicesCollection 参数是访问 DI 系统中当前注册的所有类型的句柄。要注册一个新类型，需要在 ConfigureServices 方法中添加代码。

```
public void ConfigureServices(IServiceCollection services)
{
   // Register a custom type with the DI system
   services.AddTransient<IFlagRepository, FlagRepository>();
}
```

AddTransient 方法告诉 DI 系统，每次请求一个抽象(如 IFlagRepository 接口)时，提供 FlagRepository 类型的一个全新实例。添加这行代码后，由 ASP.NET Core 负责实例化的任何类都能够简单地声明 IFlagRepository 类型的一个参数，由系统提供一个全新实例。下面显示了 DI 系统的常见用法：

```
public class FlagController
{

  private IFlagRepository _flagRepository;
  public FlagController(IFlagRepository flagRepository)
  {
     _flagRepository = flagRepository;
  }

  ...
}
```

控制器和视图类是使用 DI 系统的 ASP.NET Core 类的常见例子。

2. 根据运行时条件解析类型

有时，我们想要在 DI 系统中注册一个抽象类型，但是需要在验证了一些运行时条件(如追加的 cookie、HTTP 头或查询字符串参数)后，才决定具体的类型。下面给出了具体做法：

```
public void ConfigureServices(IServiceCollection services)
{
```

```
    services.AddTransient<IFlagRepository>(provider =>
    {
        // Create the instance of the actual type to return
        // based on the identity of the currently logged user.
        var context = provider.GetRequiredService<IHttpContextAccessor>();
        return new FlagRepositoryForUser(context.HttpContext.User);
    });
}
```

注意，通过让 DI 容器注入 IHttpContextAccessor 的一个实例，可以在一个 HTTP 上下文不是原生可用的编程上下文中注入一个 HTTP 上下文。

3. 按照需要解析类型

有些类型有自己的依赖，在一些情况下，需要为这样的类型创建实例。FlagService 是一个很好的例子，前面在讨论依赖注入时引入了这个类(参见 2.2.1 节)。

```
public class FlagService
{
    public FlagService(IFlagRepository repository)
    {
        _repository = repository;
    }
    ...
}
```

如何在创建一个类实例的时候不首先手动解析这个类的所有依赖？注意，依赖可以多层嵌套，所以有可能要实例化一个实现了 IFlagRepository 的类型，必须先实例化其他许多类型。任何 DI 系统都能够帮助解决这个问题，ASP.NET Core 系统也不例外。

通常，一个 DI 系统基于一个称为“容器”的根对象，容器负责遍历依赖树并解析抽象类型。在 ASP.NET Core 系统中，IServiceProvider 接口代表容器。为了解析 FlagService 实例，有两个选项：使用经典的 new 运算符并提供 IFlagRepository 实现依赖的一个有效实例；或者使用 IServiceProvider，如下所示。

```
var flagService = provider.GetService<FlagService>();
```

要获得 IServiceProvider 容器的一个实例，只需要在有需要的地方把 IServiceProvider 定义为构造函数的一个参数，DI 就会注入期望的实例。下面给出了一个控制器的例子：

```
public class FlagController
{
    private FlagService _service;
    public FlagController(IServiceProvider provider)
    {
      _service = provider.GetService<FlagService>();
    }
```

```
    ...
}
```

注入 IServiceProvider 或者注入实际的依赖对于代码来说会产生相同的效果。我们没有办法获得对服务提供程序的静态、全局引用。不过，在 ASP.NET Core 中，也不需要这么做。事实上，代码将始终在一个支持依赖注入的 ASP.NET Core 类中运行。对于自定义类，只需要将这些类设计为通过构造函数接受依赖即可。

4. 控制对象的生存期

有三种不同的方法可以在 DI 系统中注册一种类型，在每种方法中，所返回的实例的生存期各不相同。表 2-3 介绍了这三种方法。

表 2-3　DI 创建的对象的生存期选项

方法	行为
AddTransient	每个调用者会收到为指定类型新创建的实例
AddSingleton	所有请求都将收到同一个实例，即应用程序启动后为指定类型第一次创建的那个实例。如果由于某种原因，不存在可用的缓存实例，就会重新创建实例。这种方法有一个重载方法，允许自己传递实例，以根据需要缓存和返回
AddScoped	给定请求中对 DI 系统的每一次调用会收到同一个实例，即在开始处理请求时创建的实例。这个选项与创建单例类似，但是其作用域被限定为请求的生存期

下面的代码显示了如何把用户创建的实例注册为一个单例。

```
public void ConfigureServices(IServiceCollection services)
{
    services.AddSingleton<ICountryRepository>(new CountryRepository());
}
```

每个抽象类型可映射到多个具体的类型。发生这种情况时，系统会使用最后注册的具体类型来解析依赖。如果找不到具体类型，则返回 null。如果找到一个具体类型，但是无法实例化这个类型，则抛出一个异常。

2.2.3　与外部 DI 库集成

多年来，经典 ASP.NET MVC 逐渐增加了自带功能的定制程度。例如，在最新版本中，IDependencyResolver 接口定义了方法来寻找可用的服务以及解析依赖。相比依赖注入框架，它更像是有一个服务定位器，却提供了需要的功能。服务定位器与依赖注入最大的区别是，前者提供了一个全局对象，即服务定位器，必须显式请求这个对象来解析依赖。在依赖注入模式中，类型解析是隐式进行的，类要做的就是通过注入点声明依赖。服务定位器模式更容易添加到现有框架中。依赖注入模式则是从头构建的框架的理想选择。

ASP.NET Core 中的 DI 框架并不是完善的 DI 框架，无法与业界顶尖的框架一争。它只是做一些基本的任务，但做得很好，能满足 ASP.NET Core 平台的需要。其与其他流行的 DI 框架最大的区别在于注入点。

1. 注入点

一般来说，可通过三种不同的方式把依赖注入类中：作为构造函数中的一个参数、在公共方法中注入或者通过公共属性注入。但是，ASP.NET Core 中的 DI 实现故意保持很简单，不像其他流行的 DI 框架(包括 Microsoft 的 Unity、AutoFac、Ninject、StructureMap 等)那样完整支持高级的用例。

在 ASP.NET Core 中，故意设计成只能通过构造函数注入依赖。

但是，当在完全启用的 MVC 环境中使用 DI 时，可以使用 FromServices 特性，将类的某个公共属性或者某个方法参数标记为注入点。缺点是，FromServices 特性属于 ASP.NET 的模型绑定层，从技术上讲不是 DI 系统的一部分。因此，只有当启用了 ASP.NET MVC 引擎时才能使用 FromServices，并只能在控制器类内使用。第 3 章将在介绍 MVC 控制器之后演示此功能。

注意：

大部分行业领先的 DI 框架都具备的但是 ASP.NET Core 实现不支持的另一个功能是将同一个抽象类型映射到多个具体类型，每个具体类型都有不同的唯一键。通过将这个键(通常是一个任意的字符串)传递给服务提供程序，可以按特定的方式解析抽象类型。在 ASP.NET Core 中，通过为抽象类型使用工厂类或者(如果可以)通过基于回调的类型解析，可以模拟这种功能。

2. 使用外部 DI 框架

如果你认为 ASP.NET Core 的 DI 基础结构太过简单，不能满足你的需要，或者如果你的代码库很庞大，但是基于另外一种 DI 框架，那么可以配置 ASP.NET Core 系统，改为使用你选择的一种外部 DI 框架。不过，使用外部 DI 框架的前提条件是，这个外部框架必须支持 ASP.NET Core，并且提供一种方式来连接到 ASP.NET Core 的基础结构。

支持 ASP.NET Core 意味着提供一个与.NET Core 框架兼容的类库，以及 IServiceProvider 接口的一个自定义实现。不止如此，外部 DI 框架还必须能够导入在 ASP.NET Core 的 DI 系统中原生注册或者通过代码注册的服务集合。

```
public IServiceProvider ConfigureServices(IServiceCollection services)
```

```
{
    // Add some services using the ASP.NET Core interface
    services.AddTransient<IFlagRepository, FlagRepository>();

    // Create the container of the external DI library
    // Using StructureMap here.
    var structureMapContainer = new Container();

    // Add your own services using the native API of the DI library
    // ...

    // Add services already registered with the ASP.NET Core DI system
    structureMapContainer.Populate(services);

    // Return the implementation of IServiceProvider using internally
    // the external library to resolve dependencies
    return structureMapContainer.GetInstance<IServiceProvider>();
}
```

需要重点注意，在 ConfigureServices 中可以注册外部 DI 框架。不过，在注册时，必须在启动类中把方法的返回类型从 void 改为 IServiceProvider。最后要记住，只有少数的 DI 框架被移植到了.NET Core 中，其中包括 Autofac 和 StructureMap。通过 Autofac.Extensions.DependencyInjection NuGet 包可获得 Autofac for .NET Core。如果对 StructureMap 感兴趣，可从 Github 中获取该框架，地址为 http://github.com/structuremap/StructureMap.Microsoft.DependencyInjection。

2.3　构建极简网站

如前所述，ASP.NET Core 是一个构建 Web 应用程序的框架，但是不支持经典 ASP.NET 的一些应用程序模型，最明显的是 Web Forms 应用程序模型。不过，ASP.NET Core 支持 ASP.NET MVC 应用程序模型，并且兼容程度很高。事实上，大部分现有的控制器和 Razor 视图都可原样不动地移植到使用 MVC 服务的 ASP.NET Core 应用程序中。

实际上，不使用 MVC 和 Razor 引擎，也可以构建功能完整的网站。ASP.NET Core 平台的这个方面使你能够创建管道很短、内存占用量很小的极简网站。

注意：

使用经典 ASP.NET 时，创建一个内存占用量小的极简网站并不容易。在经典 ASP.NET 中，可禁用一些不想使用的 HTTP 模块，从而减小请求管道的长度，但是在代码运行前会发生很多事情。据我所知，要让自定义代码在经典 ASP.NET 中运行，最快捷的方法是使用 HTTP 处理程序。使用 ASPX 文件或 MVC 控制器是做不到这一点的。对于 Web API 来说，把 Web API 服务器托管在 ASP.NET 网站内并不会改变什么。

2.3.1　创建单端点网站

本书后面将会详细讲到，添加到管道的任何中间件组件都可以检查和修改请求的每个方面，而且任何中间件组件都能够添加响应 cookie 和头，甚至写入输出流，从而为客户端生成一些实际的输出。

1. Hello World 应用程序

下面来看看使用 ASP.NET Core 如何创建一个 hello-world Web 应用程序。使用经典 ASP.NET 是无法创建极简应用程序的，但是使用 ASP.NET Core 的话，则能够创建极简应用程序，只输出一条简单的消息。代码如下：

```
public void Configure (IApplicationBuilder app, IHostingEnvironment env)
{
    app.Run(async (context) =>
    {

      await context.Response
         .WriteAsync("Courtesy of <b>Programming ASP.NET Core</b>!" +
         "<hr>" +
         "ENVIRONMENT=" + env.EnvironmentName);
    });
}
```

上面的代码放在启动类中。除了这段代码，还需要的只是 Program.cs 文件和一个项目文件。图 2-7 显示了代码在浏览器中的输出效果。

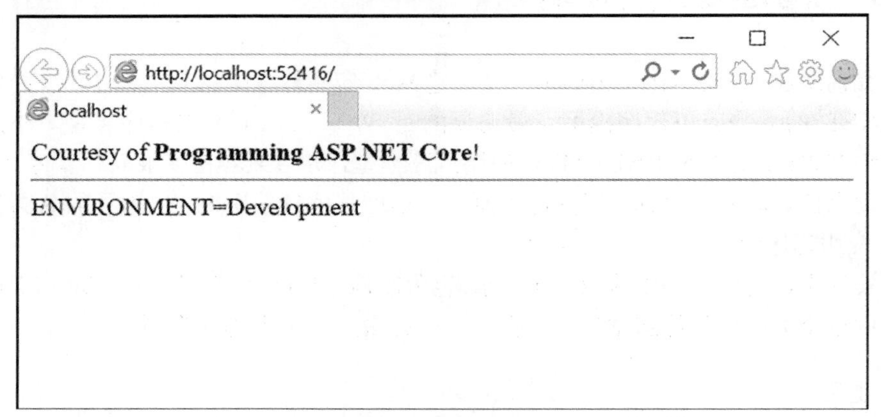

图 2-7　ASP.NET Core 中的 hello-world 应用程序

生成图中的输出所需的代码并不长，但是我们可以让这段代码更短。下面这个简单的 Echo 网站将服务器名后面的 URL 片段写了出来：

```
using Microsoft.AspNetCore.Hosting;
using Microsoft.AspNetCore.Builder;
```

```
using Microsoft.AspNetCore.Http;

namespace Echo
{
    public class Program
    {
        public static void Main(string[] args)
        {
            var host = new WebHostBuilder()
                .UseKestrel()
                .UseIISIntegration()
                .Configure(app => {
                    app.Run(async (context) => {
                        var path = context.Request.Path;
                        await context.Response.WriteAsync(path); });
                })
                .Build();
            host.Run();
        }
    }
}
```

甚至不需要启动类和启动文件。事实上，终止中间件直接连接到了宿主实例。而我们仍然能够访问 HTTP 请求的内部信息来确认源 URL 和请求字符串参数(如图 2-8 所示)。终止中间件中还有空间来放入一些极简的业务逻辑。

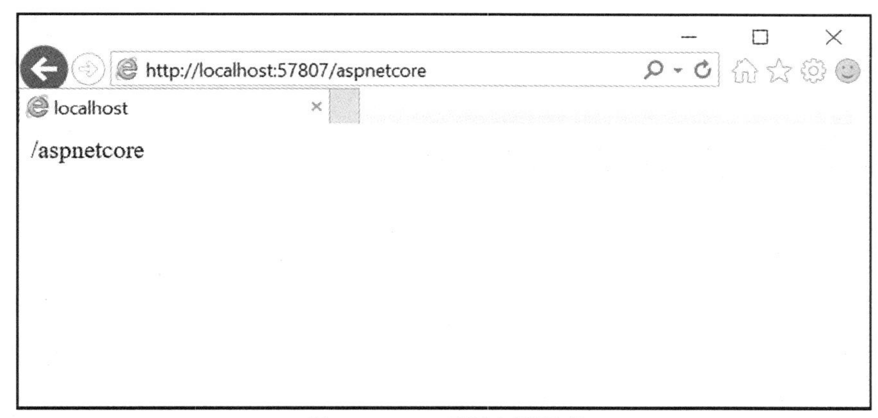

图 2-8　Echo 示例应用程序

2. 启动网站

在 Visual Studio 中，可以通过 IIS(包括 IIS Express)或者通过直接启动控制台应用程序来测试网站(如图 2-9 所示)。

直接启动控制台应用程序时，应用程序将会启动，并开始监听配置好的端口(默认为端口 5000)。同时，将打开一个浏览器窗口供发出请求(如图 2-10 所示)。

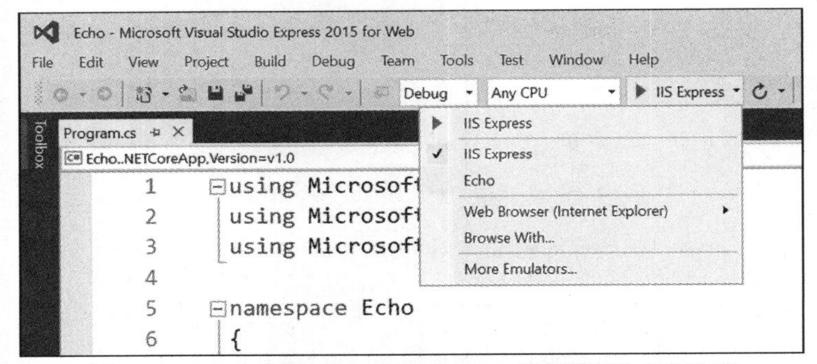

图 2-9　Visual Studio 中 ASP.NET Core 应用程序的启动选项

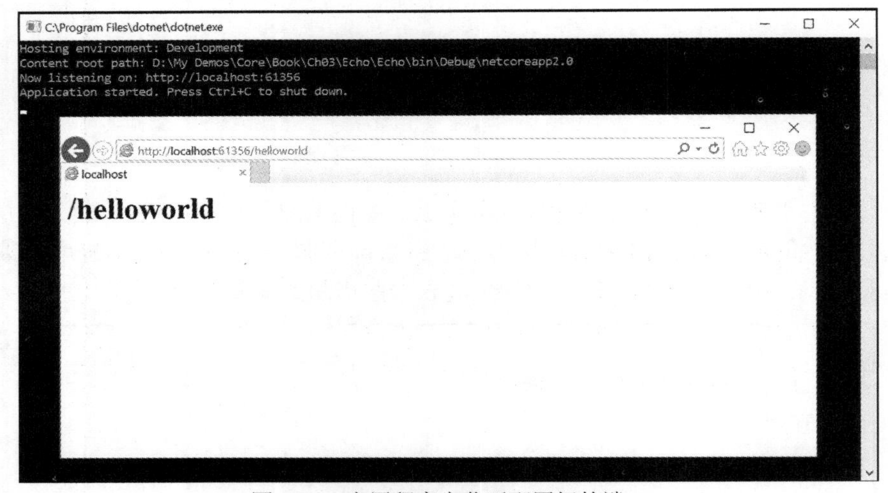

图 2-10　应用程序在监听配置好的端口

3. 国家服务器

我们接下来扩展这种方法，尝试构建一个很瘦但是可以工作的极简网站。在示例中，网站将托管一个 JSON 文件，其中包含一个世界各国的列表，并根据请求字符串提供的提示，返回一个过滤后的列表。

建立 Country 极简网站需要的业务逻辑就是将 JSON 文件的内容加载到内存中，并对这些内容运行几个 LINQ 查询。JSON 文件作为项目文件被添加到内容根文件夹中，并保持对 Web 通道不可见。有一个存储库类管理着极简网站与国家列表之间的交互。这个存储库被抽象为 ICountryRepository 接口：

```
namespace CoreBook.MiniWeb.Persistence.Abstractions
{
    public interface ICountryRepository
    {
        IQueryable<Country> All();
        Country Find(string code);
```

```
        IQueryable<Country> AllBy(string filter);
    }
}
```

坦白说，从尽可能减少代码的角度看，在这里使用接口来抽象国家存储库可能是大材小用。但是，演示代码中采用的方法是真实代码中高度推荐的一种做法，至少对于测试目的而言如此。存储库注册到了 DI 系统中，并且作为一个单例公开。

```
public void ConfigureServices(IServiceCollection services)
{
    services.AddSingleton<ICountryRepository>(new CountryRepository());
}
```

存储库的完整代码如下。可以看到，这段代码与在经典 ASP.NET 应用程序中为完整的.NET Framework 编写的代码几乎完全相同。唯一能够注意到的微小区别是读取文本文件的内容所需要使用的 API。在.NET Core 框架中，仍然有流读取器，但是没有能够接受文件名的重载。相反，现在有一个 File 单例对象，可更加直接地访问文件内容。

```
public class CountryRepository : ICountryRepository
{
    private static IList<Country> _countries;

    public IQueryable<Country> All()
    {
        EnsureCountriesAreLoaded();
        return _countries.AsQueryable();
    }

    public Country Find(string code)
    {
        return (from c in All()
                where c.CountryCode.Equals(code, StringComparison.
                 CurrentCultureIgnoreCase)
               select c).FirstOrDefault();
    }

    public IQueryable<Country> AllBy(string filter)
    {
        var normalized = filter.ToLower();
        return String.IsNullOrEmpty(filter)
            ? All()
            : (All().Where(c => c.CountryName.ToLower().StartsWith(normalized)));
    }

    #region PRIVATE
    private static void EnsureCountriesAreLoaded()
    {
       if (_countries == null)
          _countries = LoadCountriesFromStream();
    }
```

```
    private static IList<Country> LoadCountriesFromStream()
    {
        var json = File.ReadAllText("countries.json");
        var countries = JsonConvert.DeserializeObject<Country[]>(json);
        return countries.OrderBy(c => c.CountryName).ToList();
    }
    #endregion
}
```

完整的解决方案如图 2-11 所示。

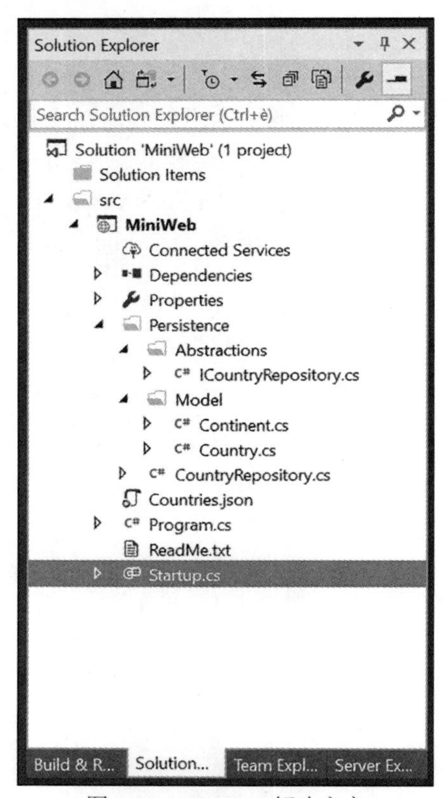

图 2-11　MiniWeb 解决方案

除了获取国家信息的业务逻辑，整个应用程序都基于启动类中的终止中间件。

```
public void Configure(IApplicationBuilder app,
            IHostingEnvironment env,
            ICountryRepository country)
{
     // NOTE
     // You can inject ICountryRepository through the method's signature or
     // request the DI container (IServiceProvider) through the signature and
     // ask it to resolve ICountryRepository.
     //
     // var country = provider.GetService<ICountryRepository>();
     app.Run(async (context) =>
```

```
        {
            var query = context.Request.Query["q"];
            var listOfCountries = country.AllBy(query).ToList();
            var json = JsonConvert.SerializeObject(listOfCountries);
            await context.Response.WriteAsync(json);
        });
    }
```

通过请求字符串传递的国家提示是直接从 HTTP Request 对象获取的，然后用来过滤国家。接下来，匹配条件的 Country 对象列表被序列化为 JSON。另外，HTTP Request 对象用来读取查询字符串的 API 与经典 ASP.NET 中稍有不同。图 2-12 显示了这个极简网站。

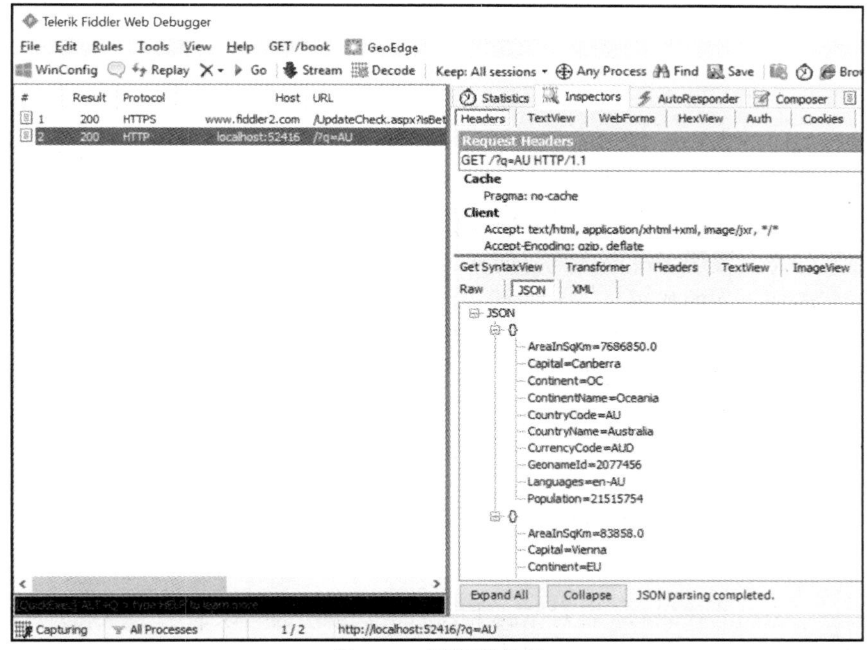

图 2-12　国家服务器

4. 微服务简介

极简网站在概念上类似于专用的、公司范围内的内容交付网络。想象这种场景：你有大量的客户端代码，分布在多个 Web 和移动应用程序中，并且这些代码在连续地获取相同的信息，例如天气预报、用户图片、邮政编码或国家信息。

在所有的 Web 应用程序中包含相同的数据检索逻辑是一种方法，但是将这种逻辑隔离到一个 Web API 中可以提高可重用性和模块化程度。隔离这种逻辑就是微服务的核心原则。如何编写这种网站呢？在经典 ASP.NET 中，实际的请求被处理之前，会发生很多我们无法控制的事情。在 ASP.NET Core 中，将能构建一个极简网站或 Web 微服务。

2.3.2　访问 Web 服务器上的文件

在 ASP.NET Core 中，对于任何功能，都必须先启用该功能，然后才能使用。启用功能的意思是，将合适的 NuGet 包添加到项目中，向 DI 系统注册该服务，然后在启动类中配置服务。这个规则没有例外，对于必须注册的 MVC 引擎也不例外。类似地，必须注册一个服务来确保能够访问 Web 根文件夹下的静态文件。

1. 启用静态文件服务

为了能够检索静态文件，如 HTML 页面、图片、JavaScript 文件或 CSS 文件，需要在启动类的 Configure 方法中添加下面一行代码。

```
app.UseStaticFiles();
```

这行代码要求先安装 Microsoft.AspNetCore.StaticFiles NuGet 包。现在，就可以请求已经配置好的 Web 根文件夹下的任何文件了，包括任何必须原样提供给客户端，而不需要被任何动态代码(如控制器方法)处理的文件。

启用静态文件服务并不会允许用户浏览指定目录的内容。如果也想启用目录浏览，需要添加下面的代码。

```
public void ConfigureServices(IServiceCollection services)
{
   services.AddDirectoryBrowsing();
}
public void Configure(IApplicationBuilder app)
{
   app.UseStaticFiles();
   app.UseDirectoryBrowser();
}
```

添加了上面的代码后，就对 Web 根文件夹下的所有目录启用了目录浏览，也可以限制为只允许用户浏览几个目录。

```
public void Configure(IApplicationBuilder app)
{
   app.UseDirectoryBrowser(new DirectoryBrowserOptions()
   {
       FileProvider = new PhysicalFileProvider(
       Path.Combine(Directory.GetCurrentDirectory(), @"wwwroot", "pics"))
   });
}
```

中间件添加了一个目录配置，只启用了对 wwwroot/pics 文件夹的浏览。如果也想启用对其他目录的浏览，只需要再写一次 UseDirectoryBrowser 调用，改为期望的目录即可。

注意，静态文件和目录浏览是独立的设置。可以同时启用二者，也可以都不启用，或者只启用一个。不过，从现实的角度看，在任何 Web 应用程序中，至少应该启用静态文件。

我们并不建议启用目录浏览，因为这会让用户能够查看你的文件，进而知道你的网站的秘密。

2. 启用多个 Web 根文件夹

有时，除了 wwwroot 中的静态文件，还想提供其他目录中的静态文件。这在 ASP.NET Core 中是可以实现的，只需要多次调用 UseStaticFiles，如下所示。

```
public void Configure(IApplicationBuilder app)
{
    // Enable serving files from the configured web root folder (i.e., WWWROOT)
    app.UseStaticFiles();

    // Enable serving files from \Assets located under the root folder of the site
    app.UseStaticFiles(new StaticFileOptions()
    {
      FileProvider = new PhysicalFileProvider(
          Path.Combine(Directory.GetCurrentDirectory(), @"Assets")),
      RequestPath = new PathString("/Public/Assets")
    });
}
```

这段代码包含对 UseStaticFiles 的两个调用。第一个调用使应用程序只从已经配置好的 Web 根文件夹(默认为 wwwroot)提供文件。第二个调用使应用程序也能够从网站根目录下的 Assets 文件夹提供文件。但是，在这种情况下，使用什么 URL 来获取 Assets 文件夹中的文件呢？这正是 StaticFileOptions 类的 RequestPath 属性的作用。例如，要访问 Assets 中的 test.jpg 文件，浏览器应该调用下面的 URL：/public/assets/test.jpg。

```
<!DOCTYPE html>
<html>
<head>
    <meta charset="utf-8" />
    <title>Programming ASP.NET Core -- Ch03</title>
    <link rel="stylesheet" href="/css/site.css" />
</head>
<body>
    <h1>FILE SERVER demo</h1>
    <hr />
    <img alt="test" src="/public/assets/test.jpg" />
</body>
</html>
```

如果 HTML 页面是静态文件，而不是控制器提供的动态标记，那么甚至 HTML 页面也受到静态文件服务的控制，如图 2-13 所示。

图 2-13　在 ASP.NET Core 中提供文件

注意，对于静态文件而言，并不存在一个授权层来让你控制哪个用户可获得哪些文件。所有受静态文件服务控制的文件均被认为是可公共访问的。大部分网站都是这样工作的，并不是 ASP.NET Core 应用程序独有的特征。

如果需要对某些静态文件应用一定程度的授权，那么只有一个选项：把实际文件存储到 wwwroot 以及使用静态文件服务配置的其他任何目录的外部，然后通过一个控制器操作提供它们。第 3 章将更详细地讨论这一点。

提示：

在 Windows 系统上，文件名区分大小写，但是在 Mac 和 Linux 上则不区分。如果开发的 ASP.NET Core 应用程序可在 IIS 和 Windows 平台以外托管，那么应该记住这一点区别。

注意：

IIS 有自己的 HTTP 模块来处理静态文件，名为 StaticFileModule。当一个 ASP.NET Core 应用程序托管在 IIS 中时，ASP.NET Core Module 将绕过默认的 StaticFileModule。但是，如果错误地配置或者丢失了 ASP.NET Core Module，将不会绕过 StaticFileModule，你将无法控制如何提供文件。为避免出现这种情况，作为一种额外的措施，建议为 ASP.NET Core 应用程序禁用 IIS 的 StaticFileModule。

3. 支持默认文件

默认 Web 文件是当用户导航到网站的一个文件夹中时自动提供的一个 HTML 页面。默认页面常被命名为 index.*或 default.*，可用的扩展名为.html 和.htm。这些文件应该放到 wwwroot 文件夹中，但是除非添加了下面的中间件，否则会忽略它们。

```
public void Configure(IApplicationBuilder app)
{
    app.UseDefaultFiles();
    app.UseStaticFiles();
}
```

注意，必须在启用静态文件中间件之前，先启用默认文件中间件。特别是，默认文件中间件将按下面的顺序检查文件：default.htm、default.html、index.htm 和 index.html。在找到第一个匹配结果后就停止搜索。

完全可以重新定义默认文件名列表，方法如下所示。

```
var options = new DefaultFilesOptions();
options.DefaultFileNames.Clear();
options.DefaultFileNames.Add("home.html");
options.DefaultFileNames.Add("home.htm");
app.UseDefaultFiles(options);
```

如果不喜欢处理与文件相关的不同类型的中间件，那么可以考虑使用 UseFileServer 中间件，它将静态文件和默认文件的功能结合起来。注意，UseFileServer 默认不启用目录浏览，但是支持修改此行为，并且支持添加与 UseStaticFiles 和 UseDefaultFiles 中间件相同程度的配置。

4. 添加自己的 MIME 类型

静态文件中间件可识别和提供超过 400 种不同的文件类型。但是，如果网站缺少某种 MIME 类型，可以将其添加进来，方法如下所示。

```
public void Configure(IApplicationBuilder app)
{
    // Set up custom content types -associating file extension to MIME type
    var provider = new FileExtensionContentTypeProvider();

    // Add a new mapping or replace if it exists already
```

```
        provider.Mappings[".script"] = "text/javascript";

        // Remove JS files
        provider.Mappings.Remove(".js");

        app.UseStaticFiles(new StaticFileOptions()
        {
            ContentTypeProvider = provider
        });
    }
```

对于经典 ASP.NET Web 应用程序，添加缺少的 MIME 类型是在 IIS 内执行的一个配置任务。但是，在 ASP.NET Core 应用程序中，IIS(以及其他平台上的 Web 服务器)只是作为反向代理，将传入的请求简单地转发给 ASP.NET Core 内置的 Web 服务器(Kestrel)，请求将从这里开始穿过请求管道。不过，必须通过代码来配置这个管道。

2.4　小结

本章介绍了一些示例 ASP.NET Core 项目。ASP.NET Core 应用程序是一个普通的控制台应用程序，通常在完善的 Web 服务器(如 IIS、Apache Server 或 NGINX)内触发。但是，严格来说，并不需要一个完整的 Web 服务器来运行 ASP.NET Core 应用程序。所有 ASP.NET Core 应用程序都配有自己的一个基本 Web 服务器(Kestrel)，可通过配置的端口接受 HTTP 请求。

控制台应用程序构建了一个宿主环境，在这个环境中，通过一个管道来处理请求。本章只介绍了 HTTP 管道和 Web 服务器架构的冰山一角，并讨论了如何创建极简网站，以及可提供静态文件的网站。下一章将介绍动态处理请求，以及路由、控制器和视图。

第Ⅱ部分

ASP.NET MVC 应用程序模型

在前面的内容中，已经看到了 ASP.NET Core 的开发过程，以及能够实现的效果。在本部分中，我们将探索其强大的 ASP.NET 模型-视图-控制器(Model-View-Controller，MVC)应用程序模型。

如果你使用过 ASP.NET MVC 编写代码，会在这里发现很多熟悉的信息。事实上，ASP.NET Core 所实现的 MVC 概念不会让 Rails 和 Django 等平台或者 Angular 等前端框架的用户感到惊奇。当然，细节很重要，所以本部分将深入讨论细节，无论你具有什么样的背景，这都能帮助你充分利用 ASP.NET Core 的现代应用程序模型。

第 3 章帮助建立 MVC 基础结构。我们将启用 MVC 应用程序模型，注册 MVC 服务，启用并配置路由，并了解路由如何纳入 ASP.NET MVC 请求的工作流。

第 4 章介绍 ASP.NET MVC 应用程序模型的要素，说明控制器如何控制请求处理，包括从捕捉输入一直到生成有效的响应。

第 5 章介绍框架的视图引擎。视图引擎负责生成浏览器能够处理的 HTML 标记。最后，第 6 章介绍 Microsoft 改进过的 Razor 标记语言，它能够更加简单、更加高效地构建现代 HTML 页面。

第 3 章

启动 ASP.NET MVC

它不在任何地图上，真正的地方从来都不在地图上。

——赫尔曼·梅尔维尔，《白鲸》

ASP.NET Core 完整支持 ASP.NET 模型-视图-控制器(MVC)应用程序模型。在这种模型中，传入请求的 URL 被解析为一个控制器/操作项对。控制器项标识一个类名；操作项标识控制器类上的一个方法。因此，处理请求就是执行给定控制器类的给定操作方法。

ASP.NET Core 中的 ASP.NET MVC 应用程序模型与经典 ASP.NET 中的 MVC 应用程序模型几乎完全相同，甚至与其他 Web 平台(如 CakePHP for PHP、Rails for Ruby 和 Django for Python)上相同 MVC 模式的实现也没有太大区别。MVC 模式在前端框架(主要是 Angular 和 KnockoutJS)中也非常流行。

在最终建立 ASP.NET MVC Core 管道并选择负责实际处理任何传入请求的处理程序之前，有一些预备步骤要做，本章将介绍这些预备步骤。

3.1 启用 MVC 应用程序模型

如果在接触 ASP.NET Core 之前，你一直在使用 ASP.NET，那么在 ASP.NET Core 中必须显式启用 MVC 应用程序模型这一点可能让你感到很奇怪。首先，ASP.NET Core 是一个通用性相当好的 Web 框架，允许通过一个集中的端点——终止中间件——来处理请求。

而且，ASP.NET Core 还支持一种基于控制器操作的更复杂的端点。但是，如果想使用这种应用程序模型，那么必须启用该模型，以便能够绕过终止中间件，即我们在第 2 章讨论过的 Run 方法。

3.1.1　注册 MVC 服务

MVC 应用程序模型的核心是 MvcRouteHandler 服务。虽然有公开的文档，但是不应该在应用程序代码中直接使用这个服务。这个服务扮演的角色在整个 ASP.NET MVC 机制中至关重要。MVC 路由处理程序负责将 URL 解析为 MVC 路由，调用选择的控制器方法，以及处理操作的结果。

注意：

MvcRouteHandler 也是经典 ASP.NET MVC 实现中使用的一个类名。然而，在经典 ASP.NET MVC 中，这个类的作用要比在 ASP.NET Core 中更有局限性。要从整体上理解这个类在 ASP.NET Core 中扮演的角色，最好直接查看其实现(网址为 http://bit.ly/2kOrKcJ)，而不是简单地依赖搜索引擎。

1. 添加 MVC 服务

要将 MVC 路由处理程序服务添加到 ASP.NET 宿主，方式与添加其他应用程序服务(如静态文件、身份验证或 Entity Framework Core)相同。只需要向启动类的 ConfigureServices 方法添加一行代码。

```
public void ConfigureServices(IServiceCollection services)
{
    // Package required: Microsoft.AspNetCore.Mvc or Microsoft.AspNetCore.All
      (only in 2.0)
    services.AddMvc();
}
```

注意，代码要求引用额外的一个包，IDE(如 Visual Studio)一般会提出替你恢复这个包。AddMvc 方法有两个重载。无参数的重载方法接受 MVC 服务的所有默认设置。下面显示的是第二个重载，允许选择专用的选项。

```
// Receives an instance of the MvcOptions class
services.AddMvc(options =>
{
   options.ModelBinderProviders.Add(new SmartDateBinderProvider());
   options.SslPort = 345;
});
```

选项是通过 MvcOptions 类的实例来指定的。这个类是一个容器，包含能够在 MVC 框架中修改的配置参数。例如，上面的代码片段添加了一个新的模型绑定器，将特定的字符串解析为有效日期，并指定了用 RequireHttpsAttribute 修饰控制器类时使用的 SSL 端口。在以下网址可找到可配置选项的完整列表：http://docs.microsoft.com/en-us/aspnet/core/api/microsoft.aspnetcore.mvc.mvcoptions。

2. 其他启用的服务

AddMvc 是一个综合性方法，在这个方法中可以初始化其他许多方法，并把它们添加到管道中。完整列表如表 3-1 所示。

表 3-1　AddMvc 方法启用的 MVC 服务列表

服务	描述
MVC Core	MVC 应用程序模型的一组核心服务，包括路由和控制器
API Explorer	负责收集和公开关于控制器和操作的信息，供动态发现功能和帮助页面的服务
授权	提供身份验证和授权的服务
默认的框架部件	将输入标记帮助程序和 URL 解析帮助程序添加到应用程序部件列表的服务
格式化程序映射	设置默认媒体类型映射的服务
视图	将操作结果处理为 HTML 视图的服务
Razor 引擎	在 MVC 系统中注册 Razor 视图和页面引擎
标记帮助程序	引用框架中关于帮助程序的部分的服务
数据注释	引用框架中关于数据注释的部分的服务
JSON 格式化程序	将操作结果处理为 JSON 流的服务
CORS	引用框架中关于跨域资源共享(Cross-Origin Resource Sharing，CORS)的部分的服务

要了解更多细节，请查看该方法的源代码：http://bit.ly/2l3H8QK。

如果存在内存约束，例如在云中托管应用程序，那么可能想让应用程序只引用最基本的框架部分。表 3-1 中的服务列表可进一步简化，简化多少要取决于应用程序应该实际具备的功能。下面的代码足以提供简单的、没有高级功能(如用于表单验证的数据注释和标记帮助程序)的 HTML 视图。

```
public void ConfigureServices(IServiceCollection services)
{
    var builder = services.AddMvcCore();
    builder.AddViews();
    builder.AddRazorViewEngine();
}
```

但是，上面的代码不足以返回格式化的 JSON 数据。如果想添加此功能，只需要添加下面的代码：

```
builder.AddJsonFormatters();
```

注意，只有在公开 Web API 时，表 3-1 中的一些服务才是有用的，包括 API Explorer、格式化程序映射和 CORS。如果你满足于获得经典 ASP.NET MVC 那样的编程体验，那么也可以去掉标记帮助程序和默认的应用程序部件。

3. 激活 MVC 服务

在启动类的 Configure 方法中，调用 UseMvc 方法来配置 ASP.NET Core 管道，以支持 MVC 应用程序模型。此时，除了传统路由以外，MVC 应用程序模型的其他部分都设置好了。稍后将看到，传统路由由一组模式规则构成，这些规则标识了应用程序想要处理的所有有效的 URL。

在 MVC 应用程序模型中，这并不是唯一能够将操作与 URL 绑定起来的方法。例如，如果选择通过特性(第 4 章将介绍)把操作与 URL 关联起来，那么工作就完成了。否则，要使 MVC 服务有效，必须列出应用程序想要处理的 URL 路由列表。

路由就是应用程序能够识别和处理的 URL 模板。它最终将映射到一对控制器和操作名称。稍后将看到，可添加任意数量的路由，并且这些路由可以是任意形式。有一个内部的 MVC 服务负责路由请求；启用 MVC Core 服务时，会自动注册这个 MVC 服务。

3.1.2　启用传统路由

应用程序要想有用，应该提供规则，用来选择其想处理的 URL。但是，并非必须列举出所有可行的 URL；只要列举一个或多个使用了占位符的 URL 模板就足够了。存在一个默认的路由规则，它有时被称为传统路由。通常情况下，对于整个应用程序使用默认路由就足够了。

1. 添加默认路由

如果对于路由没有要特别注意的地方，那么最简单的方法是只使用默认路由。

```
public void Configure(IApplicationBuilder app)
{
    app.UseMvcWithDefaultRoute();
}
```

下面显示了 UseMvcWithDefaultRoute 方法背后的实际代码。

```
public void Configure(IApplicationBuilder app)
{
    app.UseMvc(routes =>
    {
        routes.MapRoute(
            name: "default",
```

```
            template: "{controller=Home}/{action=Index}/{id?}");
    });
}
```

根据上面的代码，任何请求的 URL 都将被解析为以下几个片段：

- 服务器名后的第一个片段将匹配到一个名为 controller 的路由参数。
- 第二个片段将匹配到一个名为 action 的路由参数。
- 第三个片段(如果有)将匹配到一个名为 id 的可选路由参数。

据此而言，URL Product/List 将匹配到一个名为 Product 的控制器和一个名为 List 的操作方法。如果 URL 包含的片段少于两个，则将应用默认值。例如，网站的根 URL 将匹配到一个名为 Home 的控制器和一个名为 Index 的操作方法。默认路由还支持另一个可选的片段，其内容匹配到命名的值 Id。注意，?符号表明参数是可选的。

路由参数(特别是名为 controller 和 action 的路由参数)在处理传入请求的整个过程中扮演着关键角色，因为它们通过某种方式指向了实际生成响应的代码。当请求成功地映射到一个路由时，将通过执行控制器类的一个方法来处理该请求。名为 controller 的路由参数指出了控制器类，名为 action 的路由参数指出了要调用的方法。下一章将详细讨论控制器。

2. 未配置任何路由时

调用 UseMvc 方法时，也可以不提供任何参数。此时，ASP.NET MVC 应用程序可以工作，但是没有能够处理的已配置路由。

```
public void Configure(IApplicationBuilder app)
{
    app.UseMvc();
}
```

注意，上面的代码与下面的代码完全等效：

```
app.UseMvc(routes => { });
```

没有配置路由时，会发生什么呢？为了实际看到其效果，我们先简单介绍简单的控制器类是怎样的。假设在项目中添加了一个新类，名为 HomeController.cs，然后在地址栏中调用 URL home/index。

```
public class HomeController : Controller
{
    public IActionResult Index()
    {
        // Writes out the Home.Index text
        return new ContentResult { Content = "Home.Index" };
    }
}
```

传统路由将把 URL home/index 映射到 Home 控制器的 Index 方法。结果，应该看到一个空白页面，其中显示了文本 Home.Index。但是，如果使用传统路由和上面的配置，只会得到一个 HTTP 404 页面未找到错误。

现在我们在管道中添加一个终止中间件，然后重新尝试。图 3-1 显示了新的输出。

```
app.Run(async (context) =>
{
    await context.Response.WriteAsync(
         "I'd rather say there are no configured routes here.");
});
```

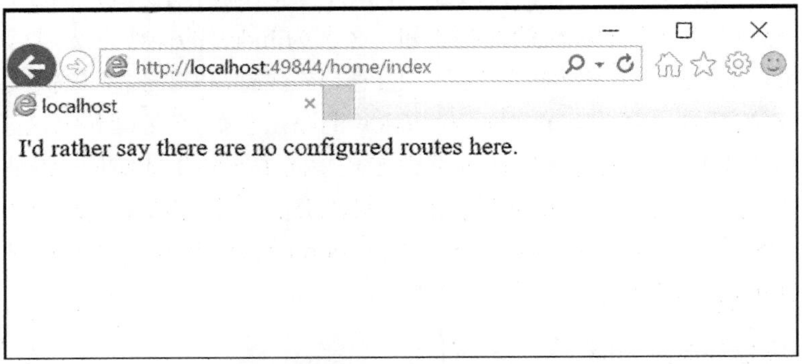

图 3-1　应用程序中没有配置任何路由

现在回到默认路由并再次尝试。图 3-2 显示了结果。

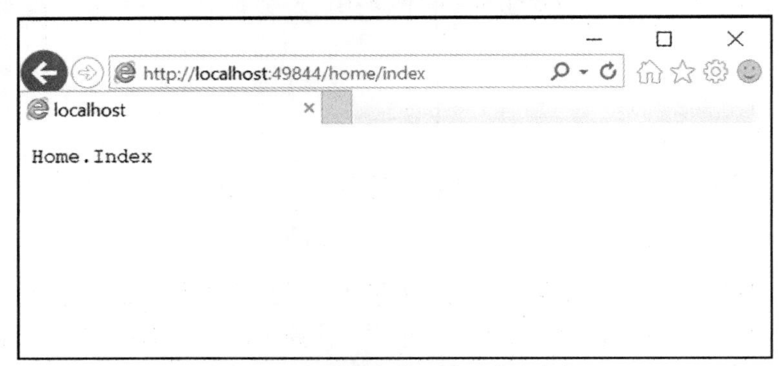

图 3-2　应用程序中配置了默认路由

```
public void Configure(IApplicationBuilder app)
{
    app.UseMvcWithDefaultRoute();
    app.Run(async (context) =>
    {
        await context.Response.WriteAsync(
             "I'd rather say there are no configured routes here.");
    })
}
```

结论是两面的。一方面，我们可以说，使用 UseMvc 改变了管道的结构，绕过了可能已经定义的任何终止中间件。另一方面，如果找不到匹配的路由或者匹配的路由无法工作(可能是因为缺少控制器或方法)，那么终止中间件在管道中重新占据自己的位置并按照预期那样工作。

下面来了解 UseMvc 方法的内部行为。

3. 路由服务与管道

在内部，UseMvc 定义了一个路由生成器服务，并将其配置为使用提供的路由和默认的处理程序。默认处理程序是 MvcRouteHandler 类的一个实例。该类负责找到匹配的路由，以及从模板中提取出控制器和操作方法的名称。

不止如此，MvcRouteHandler 类还会尝试执行操作方法。如果成功执行，它将把请求的上下文标记为已经处理，这样其他中间件就不会再处理已经生成的响应。如果没有成功执行，它将使请求在管道中继续前行，直到被完全处理。图 3-3 用一个示意图总结了这个工作流。

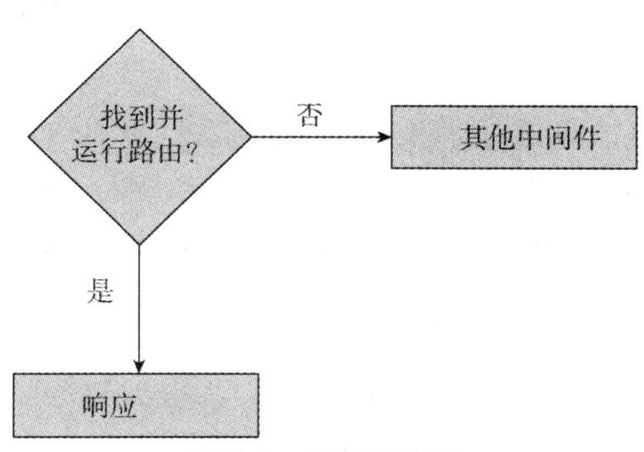

图 3-3 路由和管道

注意：

在经典 ASP.NET MVC 中，如果没有找到与 URL 匹配的路由，将得到 HTTP 404 状态码。但是，在 ASP.NET Core 中，任何终止中间件都将有机会来处理请求。

3.2 配置路由表

以前，在 ASP.NET MVC 中，定义路由的主要方法是在一个内存表中添加 URL 模板。需要注意，ASP.NET Core 也支持将路由定义为控制器方法的特性，在第 3 章中将介绍相关内容。

无论是通过表项还是通过特性来定义路由，在概念上来讲，路由始终是相同的，始终包含相同数量的信息。

3.2.1　路由的剖析

路由在本质上就是一个唯一名加上一个 URL 模式。URL 模式可以是静态文本，也可以包含动态参数，参数值是从 URL 甚或整个 HTTP 上下文中截取的。下面显示了定义路由的完整语法。

```
app.UseMvc(routes =>
{
   routes.MapRoute(
      name: "your_route",
      template: "...",
      defaults: new { controller = "...", action = "..." },
      constraints: { ... },
      dataTokens: { ... });
})
```

template 参数代表选择的 URL 模式。如前所述，对于默认的传统路由，它等同于：

```
{controller}/{action}/{id?}
```

定义额外的路由时，可采取你喜欢的任意形式，并且可以包含静态文本以及自定义的路由参数。defaults 参数指定了路由参数的默认值。template 参数可与 defaults 参数合并起来。此时，defaults 参数将被省去，template 参数则采用下面的形式：

```
template: "{controller=Home}/{action=Index}/{id?}"
```

如前所述，如果在参数名后面加上?符号，则说明该参数是可选的。

constraints 参数代表在特定路由参数上设定的约束，如参数可接受的值或者必须为什么类型。dataTokens 参数代表额外的自定义值，它们与路由关联在一起，但是不用于决定路由是否匹配 URL 模式。我们稍后将继续介绍路由的这些高级方面。

1. 定义自定义路由

传统路由从 URL 的片段中自动确定控制器和方法名称。自定义路由只是使用其他算法来确定相同的信息。更常见的情况是，自定义路由由显式映射到控制器/方法对的静态文本构成。

虽然传统路由在 ASP.NET MVC 应用程序中是相当常见的，但是并没有理由不能定义额外的路由。通常并不会禁用传统路由；相反，我们只是添加一些专用的路由，以便有一些自己控制的 URL 来调用应用程序的特定行为。

```
public void Configure(IApplicationBuilder app)
{
   // Custom routes
   app.UseMvc(routes =>
```

```
    {
        routes.MapRoute(name: "route-today",
            template: "today",
            defaults: new { controller="date", action="day", offset = 0 });
        routes.MapRoute(name: "route-yesterday",
            template: "yesterday",
            defaults: new { controller = "date", action = "day", offset = -1 });
        routes.MapRoute(name: "route-tomorrow",
            template: "tomorrow",
            defaults: new { controller = "date", action = "day", offset = 1 });
    });

    // Conventional routing
    app.UseMvcWithDefaultRoute();

    // Terminating middleware
    app.Run(async (context) =>
    {

        await context.Response.WriteAsync(
            "I'd rather say there are no configured routes here.");
    });
}
```

图 3-4 显示了新定义的路由的输出。

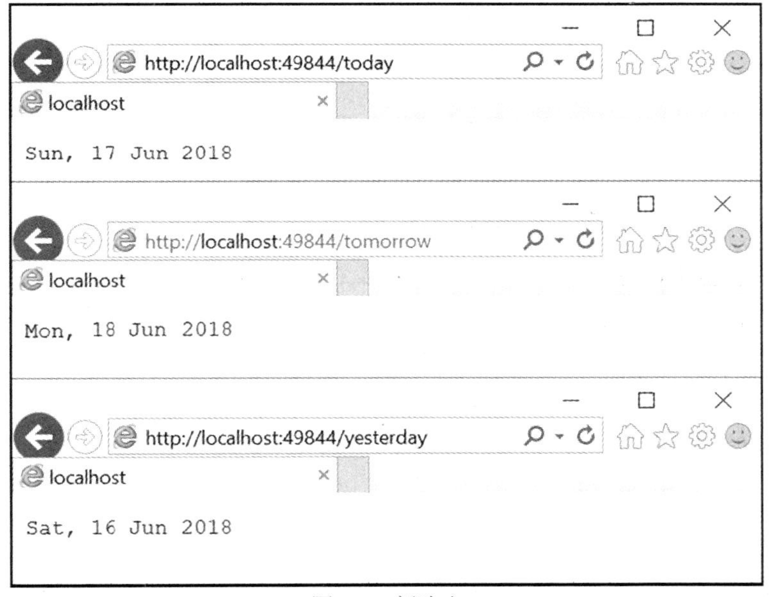

图 3-4　新路由

所有的新路由都基于一条静态文本，该文本映射到控制器 Date 的方法 Day。唯一区别在于额外的路由参数——offset 参数——的值。要使示例代码的结果如图 3-4 所示，必须在项目中添加 DateController 类。下面是一种可能的实现方式：

```
public class DateController : Controller
{
   public IActionResult Day(int offset)
   {
      ...
   }
}
```

当调用/date/day?offset=1 这样的 URL 时，会发生什么呢？不出所料，其输出与调用/tomorrow 相同。这就是同时具有自定义路由和传统路由的效果。/date/day/1 这个 URL 不会被恰当地识别，但不会得到一个 HTTP 404 错误或者终止中间件给出的一条消息。URL 将被解析为就像调用了/today 或/date/day 那样。

正如所期望的，/date/day/1 这个 URL 不会匹配任何自定义的路由。但是，它与默认路由完美匹配。控制器参数设为 Date，操作参数设置为 Day。默认路由还有一个可选的参数 id，其值是从 URL 的第三个片段提取的。于是，示例 URL 的值 1 被赋值给了变量 id，而不是变量 offset。传给控制器实现的 Day 方法的 offset 参数只会得到其类型的默认值，对于整型来说为 0。

为使/date/day/1 这个 URL 表示今天过后的下一天，必须调整自定义路由列表，在表的最后添加一个新路由。

```
routes.MapRoute(name: "route-day",
                template: "date/day/{offset}",
                defaults: new { controller = "date", action = "day", offset = 0 });
```

甚至可以像下面这样编辑 route-today：

```
routes.MapRoute(name: "route-today",
                template: "today/{offset}",
                defaults: new { controller = "date", action = "day", offset = 0 });
```

现在，/date/day/和/today/后面的任何文本将被赋值给 offset 路由参数，在控制器类的操作方法内可用(如图 3-5 所示)。

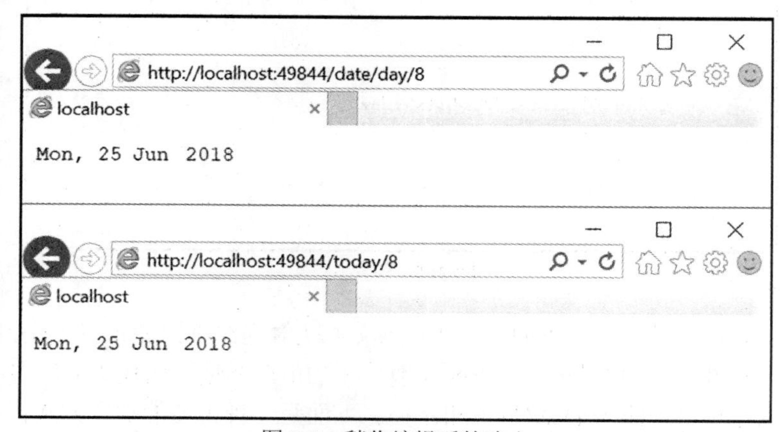

图 3-5　稍作编辑后的路由

现在，你可能会提出一个很好的问题：有没有办法强制让赋值给 offset 路由参数的文本是一个数字？这正是路由约束的作用。但是，在介绍路由约束之前，我们需要先介绍其他几个主题。

无论为请求使用了什么 HTTP 动词，MapRoute 方法都将 URL 映射到一个控制器/方法对。也可以使用其他映射方法，如 MapGet、MapPost 或 MapVerb，来映射到特定的 URL 动词。

2. 路由的顺序

使用多个路由时，它们在表中出现的顺序很重要。事实上，路由服务会从上至下扫描路由表，并评估其发现的每个路由。遇到第一个匹配的路由时，就停止扫描。换句话说，在路由表中，非常具体的路由应该出现在更高的位置，以便优先于更通用的路由被评估。

默认路由十分通用，因为它直接从 URL 确定控制器和操作。它如此通用，甚至可作为应用程序中使用的唯一路由。我在生产环境中创建的大部分 ASP.NET MVC 应用程序都只使用传统路由。

但是，如果你创建了自定义路由，要确保先列出它们，然后才启用传统路由；否则，捕捉到 URL 的可能会是控制欲更强的默认路由。但要注意，在 ASP.NET MVC Core 中，捕捉 URL 并不局限于提取控制器和方法的名称。只有应用程序中存在控制器类和相关的方法时，才会选择一个路由。例如，考虑这样一个场景：启用传统路由作为第一个路由，其后列出了我们在图 3-5 中看到的自定义路由。当用户请求 /today?时，会发生什么？默认路由将把它解析为 Today 控制器和 Index 方法。但是，如果应用程序没有 TodayController 类或者没有 Index 操作方法，那么将放弃默认路由，继续搜索下一个路由。

在表的最底部，在默认路由的后面添加一个普遍适用的路由是一个好主意。普遍适用的路由是一个通用性相当强的路由，在任何请求下都能够匹配，可作为一个恢复步骤，示例如下所示。

```
app.UseMvc(routes =>
{
    // Custom routes
});

// Conventional routing
app.UseMvcWithDefaultRoute();

// Catch-all route
app.UseMvc(routes =>
{
```

```
    routes.MapRoute(name: "catch-all",
        template: "{*url}",
        defaults: new { controller = "error", action = "message" });
});
```

普遍适用的路由映射到 ErrorController 类的 Message 方法，该方法接受一个名为 url 的路由参数。星号表示此参数将获取 URL 的剩余部分。

3. 通过编程访问路由数据

与请求的 URL 匹配的路由的相关信息保存在一个 RouteData 类型的数据容器中。图 3-6 给出了(在执行对 home/index 的请求时)RouteData 的内部数据。

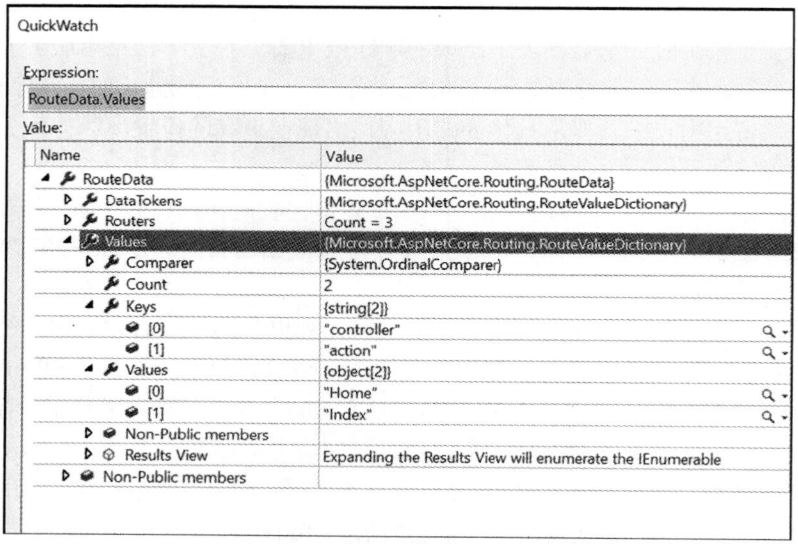

图 3-6　RouteData 的内部数据

传入的 URL 已经匹配到默认路由，而 URL 模式决定了第一个片段映射到 controller 路由参数，第二个片段映射到 action 路由参数。路由参数在 URL 模板中由{parameter}表示法定义。{parameter = value}表示法则定义了参数的默认值，当缺少给定的片段时，就会使用这个默认值。通过在程序中使用下面的表达式，可以访问路由参数：

```
var controller = RouteData.Values["controller"];
var action = RouteData.Values["action"];
```

如果控制器类是从 Controller 类继承的，那么这段代码的效果会很好。

不过，第 4 章将看到，ASP.NET Core 也支持普通传统 CLR 对象(Plain-Old CLR Object，POCO)控制器，即不从 Controller 继承的控制器类。在这种情况下，路由数据的获取会更复杂一些。

```
public class PocoController
{
    private IActionContextAccessor _accessor;
    public PocoController(IActionContextAccessor accessor)
    {
        _accessor = accessor;
    }
    public IActionResult Index()
    {
        var controller = _accessor.ActionContext.RouteData.Values["controller"];
        var action = _accessor.ActionContext.RouteData.Values["action"];
        var text = string.Format("{0}.{1}", controller, action);
        return new ContentResult { Content = text };
    }
}
```

需要在控制器中注入一个操作上下文访问器。ASP.NET Core 提供了一个默认的操作上下文访问器，但是将其绑定到服务集合是开发人员的责任。

```
public void ConfigureServices(IServiceCollection services)
{
    // More code may go here
    ...

    // Register the action context accessor
    services.AddSingleton<IActionContextAccessor, ActionContextAccessor>();
}
```

要在控制器内访问路由数据参数，并非必须使用这里介绍的任何一种技术。第 4 章将会看到，模型绑定基础结构将根据名称自动把 HTTP 上下文的值绑定到声明的参数。

重要

我们不建议注入 IActionContextAccessor 服务，因为其性能很差，而且更重要的是，很少真的需要注入该服务。即使在 POCO 控制器中，模型绑定也是获取 HTTP 输入数据的一种更清晰、更快速的方法。

3.2.2 路由的高级方面

约束和数据标记可进一步说明路由的特征。约束是一种与路由参数关联在一起的验证规则。如果无法通过约束验证，则不能匹配路由。数据标记则是与路由关联的简单信息，供控制器使用，但是不用于确定 URL 是否匹配路由。

1. 路由约束

从技术上讲，约束是一个实现了 IRouteConstraint 接口的类，负责验证传递给特定路由参数的值。例如，可以使用约束，确保只有当给定参数收到期望类型的值时，才匹配路由。下面演示了如何定义一个路由约束：

```
app.UseMvc(routes =>
{
   routes.MapRoute(name: "route-today",
                   template: "today/{offset}",
                   defaults: new { controller="date", action="day", offset=0 }
                   constraints: new { offset = new IntRouteConstraint() });
});
```

在示例中，路由的 offset 参数受 IntRouteConstraint 类的操作的限制，IntRouteConstraint 是 ASP.NET MVC Core 框架中的一个预定义约束类。下面的代码显示了一个约束类的骨架：

```
// Code adapted from the actual implementation of IntRouteConstraint class.
public class IntRouteConstraint : IRouteConstraint
{
   public bool Match(
         HttpContext httpContext,
         IRouter route,
         string routeKey,
         RouteValueDictionary values,
         RouteDirection routeDirection)
   {
        object value;
        if (values.TryGetValue(routeKey, out value) && value != null)
        {
            if (value is int) return true;
            int result;
            var valueString = Convert.ToString(value, CultureInfo.InvariantCulture);
            return int.TryParse(valueString,
                                NumberStyles.Integer,
                                CultureInfo.InvariantCulture,
                                out result);
        }
        return false;
   }
}
```

约束类从路由值的字典中提取 routeKey 参数的值，并进行合理的检查。IntRouteConstraint 类只是简单地检查这个值是否能够被成功地解析为一个整数。

注意，约束可以关联一个唯一名称字符串，用来解释该约束的使用方法。约束名可用于更简洁地指定约束。

```
routes.MapRoute(name: "route-day",
                template: "date/day/{offset:int}",
                defaults: new { controller = "date", action = "day", offset = 0 });
```

IntRouteConstraint 类的名称是 int，表示{offset:int}将该类的操作与 offset 参数关联在一起。IntRouteConstraint 是 ASP.NET MVC Core 中的预定义路由约束类之一，

这些预定义约束类的名称在启动时设定并有完整的文档。如果创建自定义约束类，则应该在向系统注册该约束类时设置其名称。

```
public void ConfigureServices(IServiceCollection services)
{
    ...
    services.Configure<RouteOptions>(options =>
                options.ConstraintMap.Add("your-route",
                  typeof(YourRouteConstraint)));
}
```

现在可以使用{parametername:constraintprefix}表示法将约束绑定到给定的路由参数了。

2. 预定义路由约束

表 3-2 给出了预定义路由约束的列表以及这些约束的映射名。

表 3-2 预定义路由约束

映射名	类	描述
Int	IntRouteConstraint	确保路由参数被设为整数
Bool	BoolRouteConstraint	确保路由参数被设为布尔值
datetime	DateTimeRouteConstraint	确保路由参数被设为有效的日期
decimal	DecimalRouteConstraint	确保路由参数被设为小数
double	DoubleRouteConstraint	确保路由参数被设为双精度数
Float	FloatRouteConstraint	确保路由参数被设为浮点数
Guid	GuidRouteConstraint	确保路由参数被设为 GUID
Long	LongRouteConstraint	确保路由参数被设为长整型
minlength(N)	MinLengthRouteConstraint	确保路由参数被设为不小于指定长度的字符串
maxlength(N)	MaxLengthRouteConstraint	确保路由参数被设为不大于指定长度的字符串
length(N)	LengthRouteConstraint	确保路由参数被设为指定长度的字符串
min(N)	MinRouteConstraint	确保路由参数被设为大于指定值的整数
max(N)	MaxRouteConstraint	确保路由参数被设为小于指定值的整数
range(M,N)	RangeRouteConstraint	确保路由参数被设为指定值区间内的整数
alpha	AlphaRouteConstraint	确保路由参数被设为字母字符构成的字符串
regex(RE)	RegexInlineRouteConstraint	确保路由参数被设为符合指定正则表达式的字符串
required	RequiredRouteConstraint	确保路由参数在 URL 中被赋值

你可能已经注意到，预定义路由约束列表中未包含一个相当常见的约束：确保路由参数的值来自一个已知值的集合。要用这种方式约束参数，可以使用一个正则表达式，如下所示。

```
{format:regex(json|xml|text)}
```

只有当 format 参数的值为列出的子字符串之一时，URL 才会匹配包含此 format 参数的路由。

3. 数据标记

在 ASP.NET MVC 中，路由并不限于只使用 URL 内的信息。URL 片段用来确定路由是否与请求相匹配，但是路由也可以关联额外的信息，在以后通过编程获取。要在路由上附加额外的信息，需要使用数据标记。

数据标记是用路由定义的，本质上只是一个名称/值对。任何路由都可以有任意数量的数据标记。数据标记是自由选择的信息，不用于将 URL 匹配到路由。

```
app.UseMvc(routes =>
{
    routes.MapRoute(name: "catch-all",
        template: "{*url}",
        defaults: new { controller = "home", action = "index" },
        constraints: new { },
        dataTokens: new { reason = "catch-all" });
});
```

在 ASP.NET MVC 路由系统中，数据标记并不是关键的、必须具有的功能，但是有时它们十分有用。例如，假设普遍适用的路由映射到一个控制器/操作对，但是该控制器/操作对也用于其他目的。再假设，Home 控制器的 Index 方法用于一个不匹配任何路由的 URL。我们的想法是，如果不能确定比较具体的 URL，就显示主页。

如何区分直接请求的主页和普遍适用的路由显示的主页呢？数据标记是一种选择。下面显示了如何用代码获取数据标记。

```
var catchall = RouteData.DataTokens["reason"] ?? "";
```

数据标记是用路由定义的，但只能在代码中使用。

3.3　ASP.NET MVC 的机制

处理 HTTP 请求并生成响应是一个相当长的过程，路由只是这个过程的第一步。路由过程的最终结果是一个控制器/操作对，它将处理没有映射到物理静态文件的请求。第 4 章将详细介绍控制器类，这是任意 ASP.NET MVC 应用程序的中央控制台。但是，在那之前，我们需要先了解整体的 ASP.NET MVC 机制。

事实上，在本书的剩余部分，我们将关注这个机制的不同部分，说明如何配置和实现它们，但是从整体上了解这个机制以及各个组件之间的关系是很有帮助的，如图 3-7 所示。

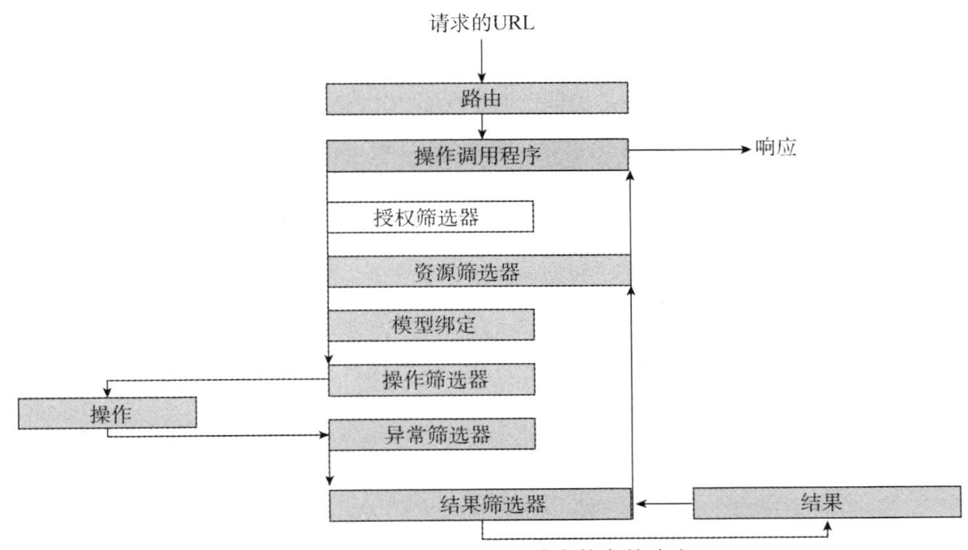

图 3-7　ASP.NET MVC 请求的完整路由

不能映射到静态文件的 HTTP 请求将触发此机制。首先，URL 将通过路由系统，映射到一个控制器名和一个操作名。

本章并未区分术语“操作”和“方法”。在目前的抽象级别上，互换使用这两个术语没有问题。但是，在 ASP.NET MVC 的整体架构中，“操作”的概念与“方法”的概念是相关但是不相同的。术语“方法”指的是在控制器类中定义但是没有用 NonAction 特性标记的一个普通公有方法。这种方法常被称为“操作方法”。术语“操作”指的是在控制器类上调用的操作方法的名称字符串。按照约定，action 路由参数的值通常匹配到控制器类的一个操作方法的名称。不过，在下一章将看到，可以实现一种间接匹配，将使用自定义名称的方法映射到一个特定的操作名称。

3.3.1　操作调用程序

操作调用程序是整个 ASP.NET MVC 基础结构的核心，负责协调所有必要的步骤来处理请求。操作调用程序接受控制器工厂和控制器上下文，后者是一个容器对象，包含路由数据和 HTTP 请求信息。如图 3-7 所示，操作调用程序运行自己的操作筛选器管道，并为一些专用的应用程序代码提供挂钩，使其在实际执行请求之前和之后运行。

操作调用程序使用反射来创建选定控制器类的实例以及调用选定的方法。在这个过程中，调用程序还会读取 HTTP 上下文、路由数据和系统的 DI 容器，以解析方法和构造函数的参数。

在下一章将会看到，任何控制器方法都应该返回一个包装到 IActionResult 容器中的对象。控制器方法只是返回数据，用于生成实际响应，而响应将被发回客户端。控制器方法并不负责直接写入响应输出流。控制器方法确实可通过代码访问响应输出流，但推荐的模式是让控制器方法将数据打包到一个操作结果对象中，然后告诉操作调用程序如何进行进一步处理。

注意：

关于 ASP.NET MVC 的操作调用程序的实际行为，可参考类 ControllerActionInvoker 的实现来获取更多信息，网址为 http://bit.ly/2kQfNAA。

3.3.2　处理操作结果

控制器方法的操作结果是一个实现了 IActionResult 接口的类。针对控制器方法可能想要返回的输出类型，如 HTML、JSON、纯文本、二进制内容和特定的 HTTP 响应，ASP.NET MVC 框架定义了几个这样的类。

该接口只有一个方法：ExecuteResultAsync。操作调用程序调用这个方法，将数据嵌入要处理的特定操作结果对象中。执行操作结果的最终效果是写入 HTTP 响应输出筛选器。

接下来，操作调用程序运行其内部管道并返回响应。客户端(通常是浏览器)将收到任何生成的输出。

3.3.3　操作筛选器

操作筛选器是围绕控制器方法运行的一段代码。最常见的操作筛选器是在控制器方法执行之前或者之后运行的筛选器。例如，可以让操作筛选器只是向一个请求添加一个 HTTP 头；也可以当请求不是来自 Ajax，或者来自一个未知的 IP 地址或来源 URL 时，让操作筛选器拒绝运行控制器方法。

可通过两种方式来实现操作筛选器：作为控制器类内的方法重写，或者更好的方法是，作为一个特性类。第 4 章将详细介绍操作筛选器。

3.4　小结

从架构上来讲，关于 ASP.NET Core 的最重要的事实是，这是一个真正的 Web 框架，只能用来构建 HTTP 前端。它并不限制你使用特定的应用程序模型。相比而言，经典 ASP.NET 是捆绑了特定应用程序模型的一个 Web 框架，这个模型可能是 Web Forms，也可能是 MVC。

ASP.NET Core 提供了开放的中间件，供你根据需要添加使用，以接受和处理传入的请求。在 ASP.NET Core 中，可以让代码监听通信端口，捕捉任何请求并返回响应。整个流程可以只涉及你、HTTP 和你的代码，不需要任何中介。然而，也可启用一个更复杂的应用程序模型，如 MVC。此时，必须完成一些相关的任务，例如定义应用程序能够识别的 URL 模板，以及负责处理请求的组件。本章关注的是 URL 模板和请求路由。第 4 章将介绍负责实际处理请求的控制器。

第 4 章

ASP.NET MVC 控制器

“哈克，每个人都是这样的。”

“汤姆，我跟别人不一样。”

——马克·吐温，《汤姆·索亚历险记》

虽然 ASP.NET MVC 应用程序模型在名称中明确提到了模型-视图-控制器模式，但是这个模型在本质上围绕着一个核心——控制器。控制器管理着请求的整个处理过程。它捕捉输入数据，协调业务层和数据层的活动，在为请求计算出原始数据后，最终将整个原始的数据包装成有效的响应返回给调用方。

任何经过 URL 路由筛选器的请求都被映射到一个控制器类，并通过执行该类的特定方法来处理。因此，开发人员在控制器类中编写代码来处理请求。我们将简单讨论控制器类的一些特征，包括其实现细节。

4.1 控制器类

编写控制器类的步骤可总结为两个：实现一个类，然后在该类中添加一些公有方法，在运行时该类可作为控制器被发现，而这些方法则可作为操作被发现。然而，还需要解释清楚两个重要的细节：系统如何知道实例化哪个控制器类，以及如何确定调用哪个方法。

4.1.1　发现控制器的名称

MVC 应用程序收到的只是一个待处理的 URL，这个 URL 必须以某种方式映射到一个控制器类和一个公有方法。无论采用了什么路由策略，你都可能选择(使用传统路由、特性路由或者二者均使用)来填写路由表。最终，将根据系统路由表中注册的路由将 URL 映射到控制器。

1. 通过传统路由发现

如果发现传入的 URL 匹配到某个预定义的传统路由，那么通过解析路由将得到控制器的名称。如前一章所述，默认路由的定义如下：

```
app.UseMvc(routes =>
{
    routes.MapRoute(
        name: "default",
        template: "{controller=Home}/{action=Index}/{id?}");
});
```

控制器名称是从 URL 模板参数推断出来的。URL 中在服务器名称之后的第一个片段就是控制器名称。传统路由通过显式的或者隐式的路由参数来设置控制器参数的值。显式路由参数被定义为 URL 模板的一部分，如上面所示。隐式路由参数不会出现在 URL 模板中，它们被视为常量来处理。在下例中，URL 模板为 today，控制器参数的值通过路由的 defaults 属性静态设置。

```
app.UseMvc(routes =>
{
    routes.MapRoute(
        name: "route-today",
        template: "today",
        defaults: new { controller="date", action="day", offset=0 });
}
```

注意，从路由推断的控制器值不一定是所使用的控制器类的准确名称。更常见的情况是，推断出的名称是一种昵称，但并非总是如此。因此，可能需要做一些额外的工作来把控制器值转换为实际的类名。

2. 通过特性路由发现

特性路由允许使用特殊的特性来修饰控制器类或方法，这些特性指出了最终将调用方法的 URL 模板。特性路由最主要的好处是让路由的定义接近其对应的操作。这样一来，无论是谁在阅读代码，都可以清楚地知道该方法何时以及如何被调用。而且，选择特性路由可使 URL 模板与处理请求时使用的控制器和操作保持独立。以后，即使由于发展或者营销的原因修改了 URL，也不需要重构代码。

```
[Route("Day")]
public class DateController : Controller
{
    [Route("{offset}")] // Serves URL like Day/1
    public ActionResult Details(int offset) { ... }
}
```

通过特性指定的路由仍将进入应用程序的全局路由表，也就是使用传统路由时通过代码显式填充的那个表。

3. 通过混合路由策略发现

传统路由和特性路由并不是互斥的。二者可用在同一个应用程序中。特性路由和传统路由填写相同的路由表，用于解析 URL。由于必须通过编程来添加传统路由，因此必须显式启用传统路由。特性路由始终是打开的，不需要显式启用。注意，Web API 和之前版本的 ASP.NET MVC 中的特性路由并非如此。

特性路由始终是打开的，导致通过特性定义的路由比传统路由的优先级更高。

4.1.2　继承的控制器

控制器类通常直接或间接继承自基类 Microsoft.AspNetCore.Mvc.Controller。注意，在 ASP.NET Core 之前发布的所有版本的 ASP.NET MVC 中，严格要求继承 Controller 基类。但在 ASP.NET Core 中，也可让没有继承任何功能的普通 C#类作为控制器类。后面将更详细地介绍这种类型的控制器类，至于现在，我们先假定控制器类必须从一开始就继承了系统的基类。

当系统成功解析了路由后，就会有一个控制器名称。这个名称只是一个字符串，是一种昵称。这个昵称(如 Home 或 Date)必须与项目中包含或者引用的某个真实的类相匹配。

1. 带后缀的类名

要让控制器类有效并很容易被系统发现，最常见的做法是让类名带有后缀 Controller，并使该类继承自前面提到的 Controller 基类。这意味着控制器名 Home 所对应的类将是 HomeController 类。如果存在这样的类，系统将成功地解析请求。在 ASP.NET Core 之前的 ASP.NET MVC 版本中，系统就是这样工作的。

在 ASP.NET Core 中，控制器类的命名空间并不重要，不过社区中提供的许多工具和示例一般都将控制器类放到一个 Controllers 文件夹中。你自己可以将控制器类放到任何文件夹和任何命名空间中。只要控制器类的名称带有 Controller 后缀，并且继承自 Controller 基类，就可以被系统发现。

2. 不带后缀的类名

在 ASP.NET Core 中，即使控制器类没有 Controller 后缀，也能够被成功发现。但是，对于这种情况，有两个警告。第一个警告是，只有控制器类继承自基类 Controller 时，发现过程才能工作。第二个警告是，类名必须与路由分析中的控制器名匹配。

假如从路由中取出的控制器名称为 Home，那么可以将控制器类命名为 Home，并使其继承自基类 Controller。其他名称不能作为有效的控制器名称。换句话说，不能使用自定义的后缀，而且控制器类名的基本部分必须始终与路由中的名称匹配。

注意：

一般来说，控制器类直接继承自 Controller 基类，并从 Controller 基类获得环境的属性和功能。最主要的是，控制器从基类继承了 HTTP 上下文。可以创建一些自定义中间类，让它们继承 Controller 基类，然后让实际的、绑定到 URL 的控制器类继承自这些中间类。是否创建这些中间类取决于在应用程序的具体需求下需要什么程度的抽象。大部分时候，这是一个设计决策。

4.1.3 POCO 控制器

操作调用程序将 HTTP 上下文注入控制器实例，在控制器类内运行的代码可通过 HttpContext 属性方便地访问 HTTP 上下文。使控制器类继承自系统提供的基类可免费获得所有必要的管道设施。但是，在 ASP.NET Core 中，并不是必须让任何控制器都继承自一个常用的基类。在 ASP.NET Core 中，控制器类可以是一个普通传统 C#对象(Plain Old C# Object，POCO)，其定义如下所示：

```
public class PocoController
{
    // Write your action methods here
}
```

要想使系统成功地发现 POCO 控制器，要么类名带有 Controller 后缀，要么用 Controller 特性修饰该类。

```
[Controller]
public class Poco
{
    // Write your action methods here
}
```

提供 POCO 控制器是一种优化，而优化通常来自于丢弃一些功能，以减小开销和/或内存占用量。不从已知的基类继承可能会阻止一些常用的操作，也可能使这些操作的实现变得更加冗余。下面来看几个场景。

1. 返回普通数据

POCO 控制器是一个可完整测试的普通 C#类，不依赖于周围的 ASP.NET Core 环境。需要注意的是，只有当不依赖于周围的环境时，POCO 控制器才能产生良好的效果。如果任务是创建一个极简单的 Web 服务，仅仅能代表一个固定的端点来返回数据，那么 POCO 控制器可能是一个不错的选择(参见下面的代码)。

```
public class PocoController
{
    public IActionResult Today()
    {
        return new ContentResult() { Content = DateTime.Now.ToString("ddd, d MMM") };
    }
}
```

如果必须返回某个文件的内容，无论是现有的文件还是要在当时创建的文件，这段代码的效果都很好。

2. 返回 HTML 内容

通过 ContentResult 的服务，可将普通 HTML 内容返回浏览器。与上面示例不同的是，将 ContentType 属性设为合适的 MIME 类型，并按照需要创建 HTML 字符串。

```
public class Poco
{
    public IActionResult Html()
    {
        return new ContentResult()
        {
            Content = "<h1>Hello</h1>",
            ContentType = "text/html",
            StatusCode = 200
        };
    }
}
```

通过这种方式创建的任何 HTML 内容都是用算法创建的。如果想要连接到视图引擎(参见第 6 章)，输出从 Razor 模板得到的 HTML，则需要做更多工作，而且更重要的是，必须更熟悉用到的框架。

3. 返回 HTML 视图

要访问处理 HTML 视图的 ASP.NET 基础结构，并不能直接实现。在控制器方法内，必须返回一个合适的 IActionResult 对象(稍后详细介绍)，但是能够快速、有效地完成这个工作的所有可用的帮助程序方法都属于基类，在 POCO 控制器中是不可用的。下面介绍一种基于视图返回 HTML 的迂回方法。先提前声明，这段代码中显示的大部分项目将在本章后面或者第 5 章详细解释。这个代码段的主要目的是说明 POCO 控制器占用的内存更小，但是缺少一些内置的设施。

```
public IActionResult Index([FromServices] IModelMetadataProvider provider)
{
    // Initialize a ViewData dictionary to make data available within the view
    var viewdata = new ViewDataDictionary<MyViewModel>(provider, new
      ModelStateDictionary());

    // Fill the data model for the view
    viewdata.Model = new MyViewModel() { Title = "Hi!" };

    // Invoke the view passing data
    return new ViewResult() { ViewData = viewdata, ViewName = "index" };
}
```

注意方法签名中那个额外的参数，这是 ASP.NET Core 中常用(且推荐采用)的一种依赖注入。要创建一个 HTML 视图，至少需要引用外部的 IModelMetadataProvider。坦白说，如果没有外部注入的依赖项，能做的并不多。下面这段代码尝试简化上面的代码。

```
public IActionResult Simple()
{
     return new ViewResult() { ViewName = "simple" };
}
```

可以有一个名为 Simple 的 Razor 模板，返回的任何 HTML 都来自该模板。但是，无法把自己的数据传递给视图，使渲染逻辑变得足够智能。而且，无法访问任何通过表单或者查询字符串提交的数据。

注意：
第 5 章将讨论 ViewResult 类的作用和功能，以及用于创建 HTML 视图的 Razor 语言。

4. 访问 HTTP 上下文

POCO 控制器最大的问题是没有 HTTP 上下文。这意味着无法检查传递的原始数据，包括查询字符串和路由参数。但是，可以获取 HTTP 上下文信息，并只在需要的地方把它们添加到控制器中。有两种方法可实现此目的。

第一种方法是为操作注入当前的上下文。上下文是 ActionContex 类的一个实例，其中包含了 HTTP 上下文和路由的信息。下面显示了要做的工作。

```
public class PocoController
{
     [ActionContext]O
     public ActionContext Context { get; set; }
     ...
}
```

在这个例子中，接下来就可以访问 Request 对象或者 RouteData 对象了，就好像现在是在一个常规的非 POCO 控制器中。下面的代码可从 RouteData 集合中读取控制器名称。

```
var controller = Context.RouteData.Values["controller"];
```

另一种方法使用了模型绑定功能，本章稍后将详细解释这种功能。可以把模型绑定视为将 HTTP 上下文中可用的特定属性注入控制器方法中。

```
public IActionResult Http([FromQuery] int p1 = 0)
{
    ...
    return new ContentResult() { Content = p1.ToString() };
}
```

通过使用 FromQuery 特性修饰一个方法参数，可让系统尝试将参数名称(假设为 p1)匹配到 URL 的查询字符串的一个参数。如果找到匹配且类型是可转换的，那么方法的参数将自动接受传递的值。类似地，通过使用 FromRoute 或 FromForm 特性，可以访问 RouteData 集合中的数据或者通过 HTML 表单提交的数据。

注意：

在 ASP.NET Core 中，全局数据的概念相当模糊。如果说全局的意义是指在应用程序的任何位置都可以全局访问，那么没有真正意义上的全局数据。如果想让任何数据可被全局访问，就必须显式地传递该数据。更确切地说，必须将数据导入可能使用它的上下文中。为此，ASP.NET Core 提供了内置的依赖注入(DI)框架，开发人员可通过这个框架来注册抽象类型(如接口)及其具体类型，在请求抽象类型的引用时，返回该抽象类型的具体类型实例的工作则由框架来完成。我们已经看到了这种(常用)编程技巧的几个例子。然而，到目前为止，所有的示例都是特殊的，因为示例中涉及的类型都是隐式注册的类型。第 8 章将详细介绍如何为 DI 系统编写代码。

4.2　控制器操作

对传入请求的 URL 进行路由分析，最终的输出是由要实例化的控制器类和要在该类上执行的操作的名称构成的一对值。执行控制器类的操作就是调用该控制器类的一个公有方法。下面看看操作的名称如何映射到类方法。

4.2.1　将操作映射到方法

一般规则是，控制器类的任何公有方法都是一个具有相同名称的公有操作。例如，考虑这样的一个 URL：/home/index。根据前面讨论过的有关路由的知识，在这个例子中，控制器名称是 home，所以在项目中需要有一个实际的类 HomeController。从 URL 得到的操作名称为 index。因此，HomeController 类应该公开一个名为 Index 的公有方法。

有一些额外的参数可能起到不同的作用，但是这里提到的是将操作映射到方法的核心规则。

1. 按名称映射

要查看 MVC 应用程序模型中操作-方法映射的所有方面，考虑下面这个例子。

```
public class HomeController : Controller
{
    // Implicit action name: Index
    public ActionResult Index()
    {
        ...
    }

    [NonAction]
    public ActionResult About()
    {
        ...
    }

    [ActionName("About")]
    public ActionResult LoveGermanShepherds()
    {
        ...
    }
}
```

因为方法 Index 是公有的，而且没有用任何特性修饰，所以会隐式绑定到一个同名的操作。这是最常见的场景：只需要添加一个公有方法，其名称就成为可在外部使用任何 HTTP 动词调用的控制器上的操作。

值得注意的是，在上面的例子中，About 这个方法也是一个公有方法，但是 NonAction 特性修饰了它。这个特性并不会改变该方法在编译时的可见性，但是会使该方法在运行时对 ASP.NET Core 的路由系统不可见。可以在应用程序的服务器端代码中调用该方法，但是它不会绑定到可从浏览器和 JavaScript 代码调用的任何操作。

最后，示例类中的第三个公有方法的名字很精致，称为 LoveGermanShepherds，它带有 ActionName 特性。此特性将该方法显式绑定到操作 About 上。因此，每次用户请求操作 About 时，LoveGermanShepherds 方法都会运行。LoveGermanShepherds 这个名称只在控制器类调用时使用，或者在通过编程创建了 HomeController 类的实例并在开发人员的代码中使用该实例时使用，不过后面这种场景非常少见。

到目前为止，我们还没有考虑 HTTP 动词的角色，如 GET 或 POST。为请求使用的 HTTP 动词是另一级方法-操作映射的基础。

2. 按 HTTP 动词映射

MVC 应用程序模型十分灵活，允许只针对某个特定的 HTTP 动词将方法绑定到操作。要将一个控制器方法与某个 HTTP 动词关联起来，可以使用参数化的 AcceptVerbs 特性，也可以使用直接特性，如 HttpGet、HttpPost 和 HttpPut。AcceptVerbs 特性允许指定在执行给定方法时必须使用哪个 HTTP 动词。考虑下面这个例子：

```
[AcceptVerbs("post")]
public IActionResult CallMe()
{
   ...
}
```

在这段代码中，不能使用 GET 请求来调用 CallMe 方法。AcceptVerbs 特性接受一个字符串来代表 HTTP 动词。有效的值为对应于已知的 HTTP 动词的字符串，如 get、post、put、options、patch、delete 和 head。可以向 AcceptVerbs 特性传递多个字符串，也可在同一个方法上多次使用该特性。

```
[AcceptVerbs("get", "post")]
public IActionResult CallMe()
{
   ...
}
```

使用 AcceptVerbs 特性还是多个单独的特性(如 HttpGet、HttpPost 和 HttpPut)完全是个人喜好问题。下面的代码与上面使用 AcceptVerbs 的代码是完全等效的。

```
[HttpPost]
[HttpGet]
public IActionResult CallMe()
{
   ...
}
```

在 Web 上，当点击链接或者在地址栏中输入 URL 时，是在执行 HTTP GET 命令。当提交 HTML 表单的内容时，是在执行 HTTP POST 命令。其他 HTTP 命令只能通过 AJAX 以及发送请求给 ASP.NET Core 应用程序的客户端代码执行。

3. 当不同动词有帮助时

每次在 MVC 视图中托管一个 HTML 表单时，都会遇到这个常见的场景：需要有一个方法来渲染视图并显示表单，还需要一个方法来处理表单传递的值。渲染请求通常是用 GET 发送的，处理请求通常是用 POST 发送的。如何在控制器中处理这种情况？

一种选择是只使用一个方法来处理请求，不管使用的 HTTP 动词是什么。

```
public IActionResult Edit(Customer customer)
{
   var method = HttpContext.Request.Method;
   switch(method)
   {
      case "GET":

        return View();
      ...
   }
   ...
}
```

在方法体内，必须确定用户是想显示表单还是处理传递的值。最好的信息源是 HTTP 上下文中的 Request 对象的 Method 属性。通过使用动词特性，可将代码拆分成独立的方法。

```
[HttpGet]
public ActionResult Edit(Customer customer)
{
   ...
}

[HttpPost]
public ActionResult Edit(Customer customer)
{
   ...
}
```

现在有两个方法绑定到了不同的操作。对于 ASP.NET Core 而言，这是可以接受的，因为 ASP.NET Core 将根据动词调用合适的方法。但是，Microsoft C#编译器不接受这种设置，它不允许同一个类中有两个方法具有相同的名称和签名。下面重写了这两个方法：

```
[HttpGet]
[ActionName("edit")]
public ActionResult DisplayEditForm(Customer customer)
{
   ...
}

[HttpPost]
[ActionName("edit")]
public ActionResult SaveEditForm(Customer customer)
{
   ...
}
```

现在，方法有了不同的名称，但是都绑定到相同的操作，尽管它们对应于不同的 HTTP 动词。

4.2.2　基于特性的路由

基于特性的路由是把控制器方法绑定到 URL 的另一种方式。其思想是，不是在应用程序启动时显式定义一个路由表，而是用专用的路由特性修饰控制器方法。路由特性将在内部填写系统的路由表。

1. Route 特性

Route 特性定义了 URL 模板，用于调用给定的方法。可把这个特性放到控制器类级别或方法级别。如果在这两个级别都出现了 Route 特性，那么两个 URL 将会连接起来。下面是一个例子。

```
[Route("goto")]
public class TourController : Controller
{
    public IActionResult NewYork()
    {
        var action = RouteData.Values["action"].ToString();
        return Ok(action);
    }

    [Route("nyc")]
    public IActionResult NewYorkCity()
    {
        var action = RouteData.Values["action"].ToString();
        return Ok(action);
    }

    [Route("/ny")]
    public IActionResult BigApple()
    {
       var action = RouteData.Values["action"].ToString();
       return Ok(action);
    }
}
```

类级别的 Route 特性非常有侵扰性。假设有一个名为 TourController 的类包含巡演的控制器名称，在类级别添加了 Route 特性后，就不能调用该类的方法。要调用控制器类的方法，只能通过 Route 特性指定的模板。那么，如何调用 NewYork 方法呢？

这个方法没有自己的 Route 特性，所以会继承父模板。因而，要调用该方法，需要使用的 URL 是/goto。注意，/goto/newyork 会返回一个 404 错误(URL 未找到)。试着按照 NewYork 的路由模式，添加另一个方法。

```
// No [Route] specified explicitly
public IActionResult Chicago()
{
```

```
        var action = RouteData.Values["action"].ToString();
        return Ok(action);
    }
```

现在，控制器类中包含两个没有自己的 Route 特性的方法。这样一来，调用/goto 就会导致二义性，如图 4-1 所示。

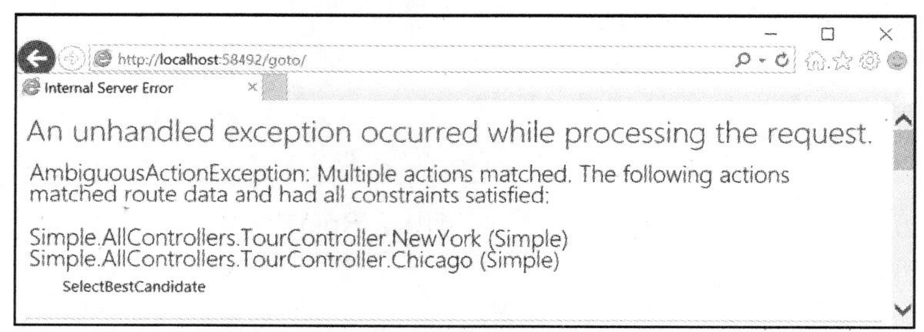

图 4-1　当方法没有 Route 特性时，会导致二义操作异常

当控制器方法有自己的 Route 特性时，就能够清楚地知道调用哪个方法了。指定的 URL 模板是调用这种方法的唯一方式，如果在类级别也指定了相同的 Route 特性，那么两个模板将连接起来。例如，要调用 NewYorkCity 方法，必须调用/goto/nyc。

在上例中，方法 BigApple 对应另一种场景。可以看到，在这里，Route 特性的值以一个斜线开头。这表示此 URL 是一个绝对路径，不会与父模板连接。因而，要调用 BigApple 方法，必须使用/ny 这个 URL。注意，以/或~/开头的 URL 模板指定了绝对路径。

2. 在路由中使用路由参数

路由也支持参数。参数是从 HTTP 上下文获取的自定义值。需要注意的是，如果应用程序中也启用了传统路由，那么可以在路由中使用检测到的控制器名和操作名。下面重写上一个示例中的 NewYork 方法：

```
[Route("/[controller]/[action]")]
[ActionName("ny")]
public IActionResult NewYork()
{
    var action = RouteData.Values["action"].ToString();
    return Ok(action);
}
```

虽然这个方法属于 TourController 类，其根 Route 特性为 goto，但是由于参数路由和 ActionName 特性共同产生的效果，现在通过 URL /tour/ny 可以调用该方法。传统路由产生的作用是，控制器和操作参数在 RouteData 集合中定义，可映射到参数。ActionName 特性只是将 NewYork 重命名为 ny。所以，这个 URL 才能工作。

下面是另一个很好的例子：

```
[Route("go/to/[action]")]
public class VipTourController : Controller
{
    public IActionResult NewYork()
    {
        var action = RouteData.Values["action"].ToString();
        return Ok(action);
    }

    public IActionResult Chicago()
    {
        var action = RouteData.Values["action"].ToString();
        return Ok(action);
    }
}
```

现在，该控制器中的所有方法都可通过/go/to/*XXX* 形式的 URL 访问，其中 *XXX* 是操作方法的名称，如图 4-2 所示。

图 4-2　使用路由参数的路由

3. 在路由中使用自定义参数

路由也可以使用自定义参数，也就是通过 URL、查询字符串或请求体发送给方法的参数。稍后将介绍一些用来收集输入数据的工具和技术。现在，我们来考虑下面这个控制器方法，它也包含在前面看到过的 VipTourController 类中。

```
[Route("{days:int}/days")]
public IActionResult SanFrancisco(int days)
{
    var action = string.Format("In {0} for {1} days",
        RouteData.Values["action"].ToString(),
        days);
    return Ok(action);
}
```

这个方法接受一个名称为 days、类型为整型的参数。Route 特性定义了参数 days 的位置(注意自定义参数使用了不同的表示法{})，并为其添加一个类型约束。因此，go/to/sanfrancisco/for/4/days 这个漂亮的 URL 能够完美地工作，如图 4-3 所示。

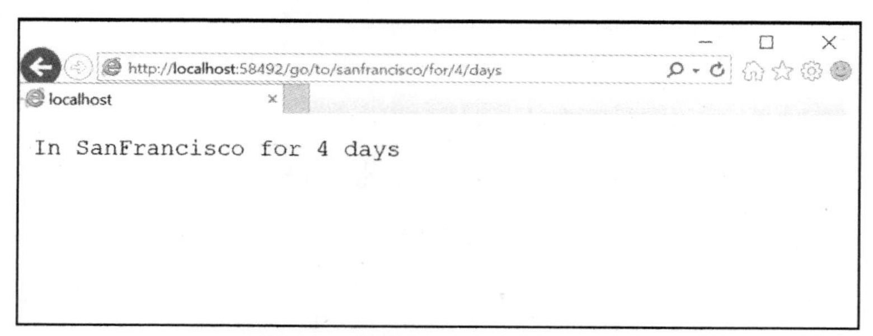

图 4-3 使用自定义参数的路由

注意，如果 URL 中的 days 参数不能转换为整型，就会得到 404 状态码，因为找不到这个 URL。但是，如果去掉类型约束，只是设置自定义参数{days}，那么将能够识别这个 URL，方法将有机会处理它，并且 days 参数在内部将获得其类型的默认值。对于整型而言，默认值为 0。可以试试输入 go/to/sanfrancisco/for/some/days 这个 URL，看看会发生什么。

注意：

在 ASP.NET Core 中，也可以在特定动词的特性中指定路由信息，如 HttpGet 和 HttpPost。这样，不必再指定路由，然后指定动词特性，而是可以将路由 URL 模板传递给动词特性。

4.3 实现操作方法

控制器操作方法具有怎样的签名由你自己决定，并没有任何约束。如果你定义的方法没有参数，就需要自己编写代码，从请求中获取代码需要的任何输入数据。如果在方法的签名中添加了参数，ASP.NET Core 将通过模型绑定器组件提供自动参数解析。

本节首先讨论如何在控制器操作方法内手动获取输入数据。然后，我们将介绍 ASP.NET Core 通过模型绑定器提供的自动参数解析，这是 ASP.NET Core 应用程序中最常用的方法。最后，我们将介绍操作结果的构成。

4.3.1 基本数据获取

控制器操作方法能够访问 HTTP 请求传递的任何输入数据。输入数据的来源有很多种，包括表单数据、查询字符串、cookies、路由值和提交的文件。下面详细说明。

1. 从 Request 对象获取输入数据

编写操作方法体时，可以直接访问熟悉的 Request 对象及其子集合(如 Form、Cookies、Query 和 Headers)提交的任何输入数据。稍后将看到，ASP.NET Core 提供了颇为值得注意的设施(如模型绑定器)，可用来使代码更整洁、更精简、更容易测试。但是，你并非不可以编写旧式的基于 Request 的代码，如下所示。

```
public ActionResult Echo()
{
    // Capture data in a manual way from the query string
    var data = Request.Query["today"];
    return Ok(data);
}
```

Request.Query 字典包含从 URL 的查询字符串提取的参数及其对应值的一个列表。注意，在搜索匹配项时，不考虑大小写。

虽然这种方法可以工作，但是有两个大问题。首先，必须知道在什么地方获取值，是查询字符串、提交值列表、URL 还是其他地方。必须为不同的来源使用不同的 API。其次，获取的任何值都被编码为字符串，你必须自己进行类型转换。

2. 从路由获取输入数据

使用传统路由时，可以在 URL 模板中插入参数。这些值将被路由模板捕捉到，并可被应用程序使用。但是，路由值并不是通过从 Controller 继承的 Request 属性公开给应用程序的。必须使用一种稍微不同的方法，通过代码获取这些值。假设应用程序启动时注册了下面的路由。

```
routes.MapRoute(
     name: "demo",
     template: "go/to/{city}/for/{days}/days",
     defaults: new { controller = "Input", action = "Go" }
);
```

这个路由有两个自定义参数：city 和 days。控制器和方法的名称是通过 defaults 属性静态设置的。如何在代码中获取 city 和 days 的值呢？

```
public ActionResult Go()
{
    // Capture data in a manual way from the URL template
    var city = RouteData.Values["city"];
    var days = RouteData.Values["days"];
    return Ok(string.Format("In {0} for {1} days", city, days));
}
```

路由数据是通过 Controller 类的 RouteData 属性公开的。而且，这里采用不区分大小写的方式来搜索匹配项。RouteData.values 字典是一个 String/Object 字典。需要自己进行任何必要的类型转换。

4.3.2　模型绑定

使用输入数据的原生请求集合是可以工作的，但是从可读性和可维护性的角度来看，更好的方法是使用专门的模型来把数据公开给控制器。这种模型有时被称为输入模型。ASP.NET MVC 提供了一个自动绑定层，使用内置的规则集将来自各种值提供程序的原始请求数据映射到输入模型类的属性。作为开发人员，主要负责输入模型类的设计。

> 注意：
> 大多数时候，模型绑定层内置的映射规则足够让控制器收到整洁的可用数据。但是，绑定层的逻辑在很大程度上是可定制的，就处理输入数据而言，这就提供了前所未有的灵活性。

1. 默认的模型绑定器

任何传入的请求都会经过内置的绑定器对象，它对应于 DefaultModelBinder 类的一个实例。模型绑定由操作调用程序负责协调，其作用是检查选定控制器方法的签名，并查看形式参数的名称和类型，试图在请求(通过查询字符串、表单、路由甚或 cookies)上传的任何数据中找到匹配的名称。模型绑定器使用传统的逻辑将提交值的名称匹配到控制器方法的参数名称。DefaultModelBinder 类知道如何处理基本类型和复杂类型，以及集合和字典。因此，默认绑定器在大部分时候的效果不错。

2. 绑定基本类型

诚然，模型绑定乍听起来有些神奇，但是其背后并不存在什么魔法。模型绑定的一个关键的事实是，它允许只关注想让控制器方法收到的数据，而完全忽略其他细节，如怎么获取该数据，以及该数据是来自查询字符串、请求体还是路由。

> 重要
> 模型绑定器按精确的顺序将参数与传入的数据匹配起来。它首先检查是否能够在路由参数上找到匹配，然后检查表单提交的数据，最后检查查询字符串数据。

假设需要让某个控制器方法重复给定的字符串给定的次数。需要的输入数据为一个字符串和一个数字，代码如下所示。

```
public class BindingController : Controller
{
   public IActionResult Repeat(string text, int number)
   {
```

```
        ...
    }
}
```

采用这种设计时，就不需要访问 HTTP 上下文来获取数据。默认的模型绑定器会从请求上下文的可用的值集合中读取 text 和 number 的实际值。绑定器会寻找可行的值，尝试将形式参数的名称(在本例中为 text 和 number)与在请求上下文中找到的命名值相匹配。换句话说，如果请求中有一个名为 text 的表单字段、查询字符串字段或者路由参数，那么它的值将自动绑定到 text 参数。如果参数类型和实际的值是兼容的，映射就会成功。如果不能进行转换，将抛出一个参数异常。例如，下面的 URL 没有问题：

```
/binding/repeat?text=Dino&number=2
```

反过来，下面的 URL 可能产生无效的结果：

```
/binding/repeat?text=Dino&number=true
```

查询字符串字段 text 包含 Dino，可以成功地映射到 Repeat 方法的 string 参数 text。另一方面，查询字符串字段 number 包含 true，无法成功映射到一个 int 参数。模型绑定器返回一个参数字典，其中对应于 number 的项包含该类型的默认值，即 0。具体发生什么要取决于处理输入的代码。代码可以返回一些空内容，甚至抛出一个异常。

默认绑定器能够映射所有的基本类型，如 string、int、double、decimal、bool 和 DateTime，以及这些类型的相关集合。要在 URL 中表达 Boolean 类型，需要用到 true 和 false 字符串。这些字符串是使用.NET Framework 的原生 Boolean 解析函数来解析的，这些函数能够识别 true 和 false 字符串，并且不区分大小写。如果使用 yes/no 或其他字符串代表布尔值，则默认绑定器不能理解你的目的，将在参数字典中添加 false 值，这可能会影响实际的输出。

3. 强制从给定来源绑定

在 ASP.NET Core 中，通过强制特定的参数使用某个数据源，可以改变模型绑定数据源的固定顺序。为此，可以使用下面的任意一个新特性：FromQuery、FromRoute 和 FromForm。顾名思义，这些特性分别强制模型绑定层映射查询字符串、路由数据和提交数据的值。考虑下面的控制器代码。

```
[Route("goto/{city}")]
public IActionResult Visit([FromQuery] string city)
{
   ...
}
```

FromQuery 特性强制将参数代码绑定到查询字符串中的匹配名称。假设请求的 URL 是/goto/rome?city=london。你要去哪呢？罗马还是伦敦？值 Rome 通过优先级更高的字典传递，但是实际的方法参数被绑定到通过查询字符串传递的任何值。因此，city 参数的值为 London。需要注意的是，如果强制使用的数据源不包含匹配的值，那么参数将使用声明类型的默认值，而不是其他任何可用的匹配值。换句话说，FromQuery、FromRoute 和 FromForm 特性的效果是将模型绑定限制到指定的数据源。

4. 从头绑定

在 ASP.NET Core 中，有一个新的特性用于简化在控制器方法中获取 HTTP 头中存储的信息的工作。这个新特性就是 FromHeader。你可能会想，为什么没有把 HTTP 头自动交给模型绑定处理。这有两个考虑因素。在我看来，第一个因素更接近哲学而不是技术。HTTP 头可能不会被视为普通的用户输入，而模型绑定只是被设计为将用户输入映射到控制器方法。在某些场景中，在控制器内检查 HTTP 头携带的信息可能很有帮助，最突出的例子是身份验证令牌，但是另一方面，身份验证令牌并不是严格的“用户输入”。不让模型绑定器自动解析 HTTP 头的第二个因素完全是技术因素，与 HTTP 头的命名约定有关。

例如，映射 Accept-Language 这样的头名称需要有相应命名的参数，但是在 C# 变量名称中不允许使用短横线。FromHeader 特性解决了这个问题。

```
public IActionResult Culture([FromHeader(Name ="Accept-Language")] string language)
{
   ...
}
```

这个特性接受头名称作为参数，将其值绑定到方法参数。上面代码的效果是，方法的 language 参数将收到 Accept-Language 头的当前值。

5. 从请求体绑定

有时，可以不通过 URL 或头传递请求数据，而是让请求数据作为请求体。为了使控制器方法能够接受请求体的内容，必须明确告诉模型绑定层将请求体的内容解析为特定的参数。这就是新特性 FromBody 的工作。你要做的就是像下面这样，用该特性修饰参数方法。

```
public IActionResult Print([FromBody] string content)
{
   ...
}
```

请求(GET 或 POST)的完整内容将作为一个单元处理，并在合适的地方映射到通过(可能存在的)类型约束的参数。

6. 绑定复杂类型

对于可在方法签名中列出的参数的数量并不存在限制。但是，使用一个容器类常常比长长的参数列表更好。对于默认的模型绑定器，使用参数列表还是一个复杂类型的参数，效果几乎是相同的。这两种场景都得到了完整的支持。下面给出了一个例子：

```
public class ComplexController : Controller
{
   public ActionResult Repeat(RepeatText input)
   {
      ...
   }
}
```

控制器方法收到一个 RepeatText 类型的对象。该类是一个普通的数据传输对象，其定义如下所示。

```
public class RepeatText
{
   public string Text { get; set; }
   public int Number { get; set; }
}
```

可以看到，该类包含的成员只是在前一个例子中作为单独参数传递的值。就像处理单个值一样，模型绑定器可以很好地处理这个复杂的类型。

对于声明类型——在本例中为 RepeatText——的每个公有属性，模型绑定器会寻找键名称与属性名称匹配的提交值。这种匹配是不区分大小写的。

7. 绑定基本类型的数组

如果控制器方法期待的参数是一个数组，该怎么办？例如，能够把提交表单的内容绑定到一个 IList<T>参数吗？通过 DefaultModelBinder 类可以做到这一点，但是需要你自己的一些精心设计(参见图 4-4)。

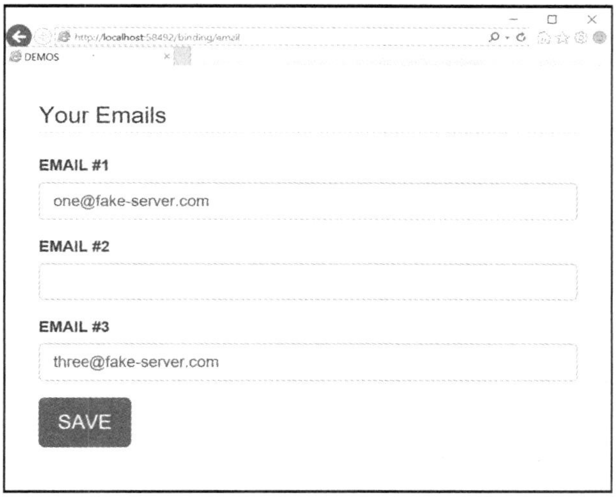

图 4-4　提交一个邮件字符串数组的示例视图

当用户单击按钮时，表单会发送各个文本框的内容。如果每个文本框有唯一的名称，那么只能通过名称获取各个值。但是，如果恰当地对文本框进行命名，就可以利用绑定器构造数组的能力。使用下面的 HTML 来创建表单，提交多条相关的信息。

```
<input name="emails" id="email1" type="text">
<input name="emails" id="email2" type="text">
<input name="emails" id="email3" type="text">
```

可以看到，每个输入字段都有一个唯一 ID，但是 name 特性的值是相同的。浏览器发送的信息如下所示：

```
emails=one@fake-server.com&emails=&emails=three@fake-server.com
```

有三个元素具有相同的名称，模型绑定器将自动把它们分组到一个可枚举的集合中，如图 4-5 所示。

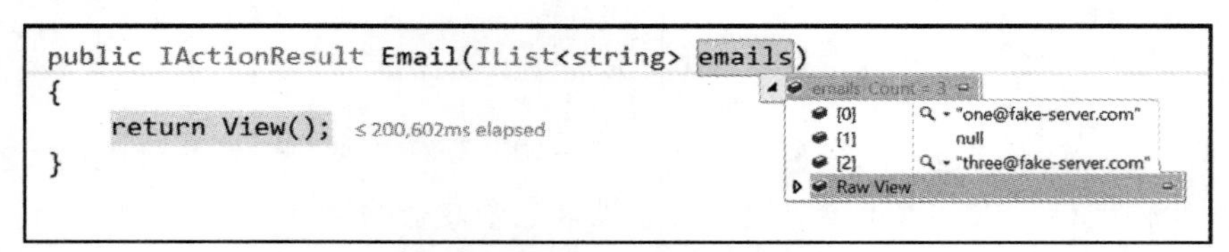

图 4-5　提交了一个字符串数组

最后，为了确保将值的集合传递给控制器方法，需要保证上传了具有相同名称的元素。之后，这个名称必须按照绑定器的标准规则映射到控制器方法的签名。

8. 控制绑定名称

对输入字段使用怎样的名称是一个有趣的问题。在上面的代码段中，所有输入字段都被命名为 emails。这是一个复数形式，在控制器端使用很合适，因为在这里期望收到的是一个字符串数组。但是，在 HTML 端，却是在用一个复数名称命名单个字段。问题并不在于能不能这么做，而是要用现实世界中的名称进行命名。ASP.NET Core 提供了 Bind 特性来解决这个问题。

```
<input name="email" id="email1" type="text">
<input name="email" id="email2" type="text">
<input name="email" id="email3" type="text">
```

在 HTML 源代码中使用单数形式，而在控制器代码中强制绑定器将传入的名称映射到指定的参数。

```
public IActionResult Email([Bind(Prefix="email")] IList<string> emails)
```

注意，HTML 对于 ID 名称中能够使用的字符有严格要求。例如，赋给 ID 特性的值不能包含方括号。但是，对于 name 特性，则没有这些限制。在绑定复杂类型的数组时，这一点很方便。

9. 绑定复杂类型的数组

假设 HTML 表单收集多条聚合信息，例如地址。在现实应用中，可能像下面这样定义地址：

```
public class Address
{
    public string Street { get; set; }
    public string City { get; set; }
    public string Country { get; set; }
}
```

而且，地址可能是更大的数据结构(如 Company)的一部分：

```
public class Company
{
    public int CompanyId { get; set; }
    public IList<Address> Addresses { get; set; }
    ...
}
```

假设输入表单与 Company 类的结构匹配。提交表单时，服务器会收到一个地址集合。模型绑定怎么处理这个集合呢？这也与你如何定义 HTML 标记有关。对于复杂类型，还必须在标记中显式创建数组。

```
<input type="text" id="..." name="company.Addresses[0].Street" ... />
<input type="text" id="..." name="company.Addresses[0].City" ... />
<input type="text" id="..." name="company.Addresses[1].Street" ... />
<input type="text" id="..." name="company.Addresses[1].City" ... />
```

上面的 HTML 结构将匹配到下面的控制器方法签名：

```
Public IActionResult Save(Company company)
```

绑定的对象是 Company 类的一个实例，其中的 Addresses 集合属性包含两个元素。这种方法很优雅，也能够工作，但还不够完美。

特别是，如果知道集合中有多少项，那么这种方法的效果很好，但是如果不知道，这种方法就可能失败。另外，如果提交值中的索引序列不连续，绑定就会失败。索引通常从 0 开始，但是无论索引从什么地方开始，在第一个缺少的索引那里，集合会被截断。例如，如果 address[0]之后是 address[2]和 address[3]，那么只有第一项会被自动传递给控制器方法。

重要

这里的“缺少信息”的概念指的仅仅是模型绑定器识别并处理的数据。浏览器会正确地提交 HTML 表单中输入的全部数据。但是，如果没有模型绑定，就必须自己准备一个相当复杂的解析算法来获取所有提交的数据，并让这些数据彼此关联起来。

4.3.3　操作结果

操作方法能够产生多种结果。例如，操作方法可以仅作为 Web 服务，返回一个普通的字符串或 JSON 字符串作为请求的响应。类似地，操作方法可能认为不需要返回任何内容，或者需要重定向到另一个 URL。操作方法通常返回一个实现了 IActionResult 的类型的实例。

类型 IActionResult 是一个常用的编程接口，用于代表操作方法来执行一些进一步的操作。所有这些操作都与为发出请求的浏览器生成一些响应有关。

1. 预定义的操作结果类型

ASP.NET Core 提供了多种实现了 IActionResult 接口的具体类型。表 4-1 列出了其中的一些类型。表中不包含与安全性和 Web API 有关的操作结果类型。

表 4-1　一些预定义的 IActionResult 类型

类型	描述
ContentResult	将原始文本内容(不一定是 HTML)发送给浏览器
EmptyResult	不发送内容给浏览器
FileContentResult	将一个文件的内容发送给浏览器。文件的内容被表示为一个字节数组
FileStreamResult	将一个文件的内容发送给浏览器。文件的内容被表示为一个 Stream 对象
LocalRedirectResult	将 HTTP 302 响应代码发送给浏览器，以便将浏览器重定向到当前网站内的指定 URL。只接受相对 URL
JsonResult	将一个 JSON 字符串发送给浏览器。此类的 ExecuteResult 方法将内容类型设为 JSON，并调用 JavaScript 序列化程序来把任何收到的托管对象序列化为 JSON
NotFoundResult	返回 404 状态码
PartialViewResult	将 HTML 内容发送给浏览器，代表整个页面视图的一个片段
PhysicalFileResult	将一个文件的内容发送给浏览器。这个文件由其路径和内容类型标识
RedirectResult	将 HTTP 302 响应代码发送给浏览器，以便将浏览器重定向到指定的 URL
RedirectToActionResult	与 RedirectResult 类似，将 HTTP 302 代码和要导航到的新 URL 发送给浏览器。基于操作/控制器对构造 URL

(续表)

类型	描述
RedirectToRouteResult	与 RedirectResult 类似，将 HTTP 302 代码和要导航到的新 URL 发送给浏览器。基于路由名称构造 URL
StatusCodeResult	返回指定的状态码
ViewComponentResult	将取自一个视图组件的 HTML 内容发送给浏览器
ViewResult	将代表一个完整页面视图的 HTML 内容发送给浏览器
VirtualFileResult	将一个文件的内容发送给浏览器。这个文件由其虚拟路径标识

如果想通过下载文件内容甚或表示为字节数组的一些普通的二进制内容来响应请求，可以使用与文件相关的操作结果类。

注意：

ASP.NET Core 不支持以前版本的 ASP.NET MVC 中可用的 JavaScriptResult 和 FilePathResult 操作结果类型。FilePathResult 已被拆分成 PhysicalFileResult 和 VirtualFileResult。要返回 JavaScript，现在需要使用 ContentResult 并提供合适的 MIME 类型。另外，HttpStatusCodeResult、HttpNotFoundResult 和 HttpUnauthorizedResult 不再可用。但是，它们只是被分别重命名为 StatusCodeResult、NotFoundResult 和 UnauthorizedResult。

2. 安全性操作结果

ASP.NET Core 提供了一些专门用于安全性操作——如身份验证和授权——的操作结果类型。表 4-2 总结了这些操作结果类型。

表 4-2　安全性相关的 IActionResult 类型

类型	描述
ChallengeResult	返回 401 状态码(未授权)，并重定向到配置好的拒绝访问路径。返回此类型的一个实例与显式调用框架的质询方法具有相同的效果
ForbidResult	返回 403 状态码(已禁止)，并重定向到配置的拒绝访问路径。返回此类型的实例与显式调用框架的禁止方法具有相同的效果
SignInResult	登录用户。返回此类型的实例与显式调用框架的登录方法具有相同的效果
SignOutResult	注销用户。返回此类型的实例与显式调用框架的注销方法具有相同的效果
UnauthorizedResult	仅返回 401 状态码(未授权)，没有任何进一步操作

就登录过程而言，从控制器方法返回 SignInResult 对象与显式调用新的身份验证 API(参见第 8 章)的方法来登录用户，效果是相同的。如果是在控制器方法调用内部(如登录表单后的提交方法中)，那么从设计角度看，通过操作结果创建一个主体对象可能更加整洁。但是，我认为选择哪种方法主要是个人喜好。

3. Web API 操作结果

ASP.NET Core 中的操作结果类型也包括专为 Web API 框架创建的一些类型，在之前的版本中，它们并不是 ASP.NET MVC 框架的一部分。表 4-3 列举了专门用于 Web API 的操作结果类型。

表 4-3　与 Web API 相关的 IActionResult 类型

类型	描述
AcceptedResult	返回 202 状态码，并返回 URI 来监控请求的状态
AcceptedAtActionResult	返回 202 状态码，并返回 URI 来监控请求的状态，返回的 URI 为一个控制器/操作对
AcceptedAtRouteResult	返回 202 状态码，并返回 URI 来监控请求的状态，返回的 URI 为一个路由名称
BadRequestObjectResult	返回 400 状态码，作为可选项，还可以在模型状态字典中设置错误
BadRequestResult	返回 400 状态码
CreatedResult	返回 201 状态码，以及创建的资源的 URI
CreatedAtActionResult	返回 201 状态码，以及表示为控制器/操作对的资源 URI
CreatedAtRouteResult	返回 201 状态码，以及表示为路由名称的资源 URI
CreatedResult	返回 201 状态码，以及创建的对象的 URI
NoContentResult	返回 204 状态码和 null 内容。与 EmptyResult 类似，只是 EmptyResult 会返回 null 内容，设置状态码 200
OkObjectResult	返回 200 状态码，并在序列化收到的内容之前进行内容协商
OkResult	返回 200 状态码
UnsupportedMediaTypeResult	返回 415 状态码

在以前版本的 ASP.NET 中，Web API 框架作为一个单独的框架，用来以纯 REST 风格接受和处理请求。在 ASP.NET Core 中，Web API 框架(包括其自己的控制器服务和操作结果类型)已被集成到主框架中。

4.4 操作筛选器

操作筛选器是围绕操作方法运行的一段代码，可用于修改和扩展方法本身的行为。

4.4.1 操作筛选器的剖析

下面的接口完整表示了一个操作筛选器：

```
public interface IActionFilter
{
    void OnActionExecuting(ActionExecutingContext filterContext);
    void OnActionExecuted(ActionExecutedContext filterContext);
}
```

可以看到，它提供了挂钩，供在操作执行之前和之后运行代码。在筛选器内，能够访问请求和控制器上下文，并且可以读取和修改参数。

1. 操作筛选器的原生实现

每个继承了 Controller 类的、用户定义的控制器都会获得 IActionFilter 接口的默认实现。事实上，基类 Controller 提供了一对可重写的方法：OnActionExecuting 和 OnActionExecuted。这意味着每个控制器类都提供了一个机会，用来决定在调用给定方法之前、之后或者调用该方法之前及之后做些什么，只需要重写基类的方法就能实现这种功能。POCO 控制器则不具备这种能力。

在下面的代码中，每当调用 Index 方法时，会添加一个专门的响应头。

```
public class FilterController : Controller
{
    protected DateTime StartTime;
    public override void OnActionExecuting(ActionExecutingContext filterContext)
    {
        var action = filterContext.ActionDescriptor.RouteValues["action"];
        if (string.Equals(action, "index", StringComparison.
          CurrentCultureIgnoreCase))
        {
            StartTime = DateTime.Now;
        }
        base.OnActionExecuting(filterContext);
    }

    public override void OnActionExecuted(ActionExecutedContext filterContext)
    {
        var action = filterContext.ActionDescriptor.RouteValues["action"];
        if (string.Equals(action, "index", StringComparison.
           CurrentCultureIgnoreCase))
        {
            var timeSpan = DateTime.Now - StartTime;
```

```
                filterContext.HttpContext.Response.Headers.Add(
                    "duration", timeSpan.TotalMilliseconds.ToString());
            }
            base.OnActionExecuted(filterContext);
        }

        public IActionResult Index()
        {
            return Ok("Just processed Filter.Index");
        }
    }
```

图 4-6 演示了该方法如何计算自己执行了多少毫秒，以及如何把这个数字写入一个新的响应头 duration 中。

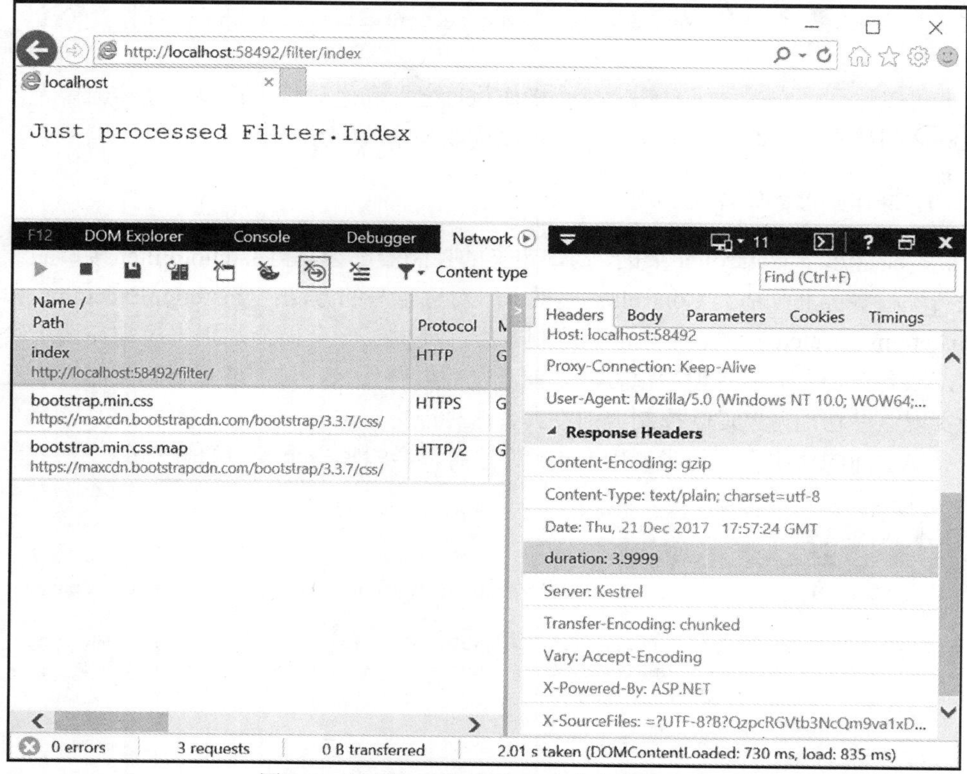

图 4-6　向方法 Index 添加一个自定义响应头

2. 筛选器的分类

操作筛选器只是 ASP.NET Core 管道中调用的一种筛选器。按照筛选器实际完成的任务，可把它们分成不同的类型。表 4-4 列出了 ASP.NET Core 的管道中可发挥作用的筛选器类型。

表 4-4　ASP.NET Core 管道中的筛选器类型

类型	描述
授权筛选器	管道中运行的第一类筛选器，用来确定发出请求的用户是否有权发出当前的请求
资源筛选器	当授权之后，在管道的其余部分之前以及管道组件之后运行。对于缓存很有用
操作筛选器	在控制器方法操作之前和之后运行
异常筛选器	如果注册，则在发生未处理异常时触发
结果筛选器	在操作方法结果执行之前和之后运行

筛选器可以有同步或者异步实现。使用哪一种实现要取决于个人喜好和情况需要。

ASP.NET Core 中内置了一些筛选器，稍后将看到，还可以针对特定的目的创建更多的筛选器。在内置筛选器中，我要强调以下几个：RequireHttps 强制通过 HTTPS 调用控制器方法；ValidateAntiForgeryToken 可检查通过 HTML 提交发送的令牌，以预防偷偷摸摸的攻击；Authorize 使得控制器的方法只能被通过验证的用户使用。

3. 筛选器的可见性

可以将筛选器应用到单独的方法，也可以应用到整个控制器类。如果将筛选器应用到控制器类，它们将影响该控制器公开的所有操作方法。与之相对，在应用程序启动时注册了全局筛选器之后，它们将自动应用到任何控制器类的任何操作。

全局筛选器就是普通的操作筛选器，只不过是通过代码在应用程序启动时注册的，如下所示。

```
public void ConfigureServices(IServiceCollection services)
{
    services.AddMvc(options =>
    {
       options.Filters.Add(new OneActionFilterAttribute());
       options.Filters.Add(typeof(AnotherActionFilterAttribute));
    });
}
```

可按实例或类型添加筛选器。当按类型添加时，将通过 ASP.NET Core 的 DI 框架来获取实际的实例。首先调用的是全局筛选器，其次是在控制器级别定义的筛选器，最后是在操作方法上定义的筛选器。注意，如果控制器类重写了 OnActionExecuting，其代码将在任意方法级筛选器应用之前运行。如果控制器类重写了 OnActionExecuted，其代码将在任意方法级筛选器应用之后运行。

4.4.2　操作筛选器的小集合

总的来看，操作筛选器构成了 ASP.NET Core 中内置的一个面向切面的框架。编写操作筛选器时，一般需要继承 ActionFilterAttribute，然后添加自己的行为。

接下来介绍几个示例操作筛选器。

> **注意：**
>
> 操作筛选器是封装了特定行为的自定义组件。每当想要隔离这种行为并需要轻松地复制它时，就可以编写一个操作筛选器。行为的可重用性是决定是否编写操作筛选器的因素之一，但不是唯一因素。操作筛选器也能使控制器的代码保持精简有效。一般来说，每当控制器方法的代码中充斥着分支和条件语句时，可以停下来思考是不是可以把其中的一些分支(或重复代码)移动到一个操作筛选器中。代码的可读性将能够得到很大的提升。

1. 添加自定义头

操作筛选器的一个常见的例子是为给定操作方法的每个请求添加一个自定义头。在本章前面，看到了如何通过重写 OnActionExecuted 控制器方法来实现这个目的。下面的代码显示了如何将相关代码从控制器中移出，放到一个单独的类中。

```
public class HeaderAttribute : ActionFilterAttribute
{
    public string Name { get; set; }
    public string Value { get; set; }

    public override void OnActionExecuted(ActionExecutedContext filterContext)
    {
        if (!string.IsNullOrEmpty(Name) && !string.IsNullOrEmpty(Value))
            filterContext.HttpContext.Response.Headers.Add(Name, Value);
        return;
    }
}
```

现在就有了很容易管理的一段代码。可以将其附加到任意数量的控制器操作，附加到一个控制器的全部操作，甚至全局附加到所有的控制器。需要做的就是像下面这样添加一个特性：

```
[Header(Name="Action", Value="About")]
public ActionResult About()
{
   ...
}
```

接下来看一个复杂一些的示例，其涉及了应用程序视图的本地化。

2. 设置请求的区域性

ASP.NET Core 提供了一个完善的、定制的基础结构来支持多语言应用程序。在以前的任何版本的 ASP.NET 中，都不存在类似的具体框架，不过有一些单独的工具可用来构建这种框架。如果有一个很大的代码库是遗留的 ASP.NET MVC 代码，那么很可能有读取用户首选的区域性，然后在每个传入请求上恢复这个区域性的逻辑。

第 8 章将介绍用于处理多个区域性以及在不同区域性间切换的 ASP.NET Core 中间件。这里只是演示如何使用全局操作筛选器重写相同的逻辑。可以看到，思想是相同的，只不过是在实现时使用了 ASP.NET Core 中间件，在管道的早期通过区域性开关来触发这些中间件。

```
[AttributeUsage(AttributeTargets.Class|AttributeTargets.Method, AllowMultiple =
  false)]
public class CultureAttribute : ActionFilterAttribute
{
    public string Name { get; set; }
    public static string CookieName
    {
        get { return "_Culture"; }
    }

    public override void OnActionExecuting(ActionExecutingContext filterContext)
    {
      var culture = Name;
      if (string.IsNullOrEmpty(culture))
          culture = GetSavedCultureOrDefault(filterContext.HttpContext.Request);

      // Set culture on current thread
      SetCultureOnThread(culture);

      // Proceed as usual
      base.OnActionExecuting(filterContext);
    }

    private static string GetSavedCultureOrDefault(HttpRequest httpRequest)
    {
       var culture = CultureInfo.CurrentCulture.Name;
       var cookie = httpRequest.Cookies[CookieName] ?? culture;
       return culture;
    }

    private static void SetCultureOnThread(string language)
    {
        var cultureInfo = new CultureInfo(language);
        CultureInfo.CurrentCulture = cultureInfo;
        CultureInfo.CurrentUICulture = cultureInfo;
    }
}
```

在执行操作方法之前，代码检查一个名为_Culture 的自定义 cookie，其中可能包含了用户首选的语言。如果没有找到 cookie，筛选器将默认使用当前的区域性，并将其赋值给当前的线程。为了确保 Culture 筛选器会应用到每个控制器方法，需要全局注册该筛选器：

```
public void ConfigureServices(IServiceCollection services)
{
    services.AddMvc(options =>
    {
        options.Filters.Add(new CultureAttribute());
    });
}
```

注意：

全局注册的筛选器与在类或方法级别显式赋值的筛选器没有区别。编写操作筛选器时，通过使用 AttributeUsage 特性可控制筛选器的作用域：

```
[AttributeUsage(AttributeTargets.Class|AttributeTargets.Method, AllowMultiple =
false)]
```

特别是，可使用 AttributeTargets 枚举指出将该特性放到哪里，使用 AllowMultiple 属性决定在同一个位置能够使用一个特性多少次。注意，AttributeUsage 特性可用于创建的任何自定义特性，而不只是操作筛选器。

3. 将方法限定为 Ajax 调用

到目前为止考虑的操作筛选器是旨在截获操作方法的一些执行阶段的组件。如果想添加一些代码，帮助确定特定的方法是否适合处理特定的操作，应该怎么办？对于这种类型的自定义，需要使用另外一类筛选器：操作选择器。

操作选择器分为两类：操作名称选择器和操作方法选择器。名称选择器确定它们修饰的方法是否能够用于处理给定的操作名称。方法选择器确定名称匹配的方法是否能够用于处理给定的操作。方法选择器通常根据其他运行时条件给出响应。前面使用过系统提供的 ActionName 特性，这是一个标准的操作名称选择器。NonAction 和 AcceptVerbs 特性则是操作方法选择器的常见例子。下面看看如何编写一个自定义方法选择器，使得只有通过 JavaScript 发出请求时，才接受方法调用。

这需要一个继承自 ActionMethodSelectorAttribute 的类，并重写 IsValidForRequest 方法：

```
public class AjaxOnlyAttribute : ActionMethodSelectorAttribute
{
    public override bool IsValidForRequest(RouteContext routeContext,
    ActionDescriptor action)
    {
        return routeContext.HttpContext.Request.IsAjaxRequest();
    }
}
```

IsAjaxRequest 方法是 HttpRequest 类的一个扩展方法。

```
public static class HttpRequestExtensions
{
    public static bool IsAjaxRequest(this HttpRequest request)
    {
       if (request == null)
           throw new ArgumentNullException("request");
       if (request.Headers != null)
           return request.Headers["X-Requested-With"] == "XMLHttpRequest";
       return false;
    }
}
```

使用 AjaxOnly 特性标记的任何方法只能用于处理通过浏览器的 XMLHttpRequest 对象发出的调用。

```
[AjaxOnly]
public ActionResult Details(int customerId)
{
    var model = ...;
    return PartialView(model);
}
```

如果按照路由设置，某个 URL 应该映射到一个只能用于 Ajax 处理的方法，那么当试图调用这个 URL 时，就会得到一个未找到异常。

注意：
相同的方法可用于检查发出请求的客户端的用户代理，以及识别来自移动设备的调用。

4.5　小结

控制器是 ASP.NET Core 应用程序的核心，在用户请求和服务器系统的功能之间起到协调的作用。控制器链接到用户界面操作，并与中间层有联系。控制器执行操作以获得结果，但是不直接返回结果。在控制器中，请求的处理与让请求结果可用的任何进一步操作(最明显的是渲染 HTML 视图)被整洁地隔离开了。

从设计的角度看，控制器是表示层的一部分，因为它们需要引用运行时环境并了解请求的 HTTP 上下文。虽然 ASP.NET Core 引入并支持 POCO 控制器，但我更经常使用的是非 POCO 控制器。

控制器操作方法能够返回多种操作结果类型，如文件内容、JSON、纯文本和重定向响应。第 5 章将介绍 Web 应用程序最常见的操作结果类型：HTML 视图。

第 5 章

ASP.NET MVC 视图

根本不必把他说的一切都当成是真的，只要认为他的话是必要的就够了。

——弗兰兹·卡夫卡，《审判》

大部分 ASP.NET MVC 请求要求将 HTML 标记返回给浏览器。从架构的角度来看，返回 HTML 标记的请求与返回纯文本或 JSON 数据的请求并没有区别。但是，因为生成 HTML 标记有时可能需要大量工作(并总是需要非常灵活的处理)，所以 ASP.NET MVC 提供了一个专门的系统组件——视图引擎——来生成普通的 HTML，供浏览器处理。在这个过程中，视图引擎将应用程序的数据与一个标记模板混合起来，创建出 HTML 标记。

本章将探讨视图引擎的结构和行为，以及定制其行为可到达的程度。最后，我们将讨论无控制器页面(也称为 Razor 页面)，实际上它们就是直接调用的 HTML 模板，没有经过控制器操作方法的协调。

5.1 提供 HTML 内容

在 ASP.NET Core 中，应用程序能够以多种方式提供 HTML，各种方法的复杂程度逐渐提高，开发人员的控制程度也越来越高。

5.1.1　从终止中间件提供 HTML

如第 2 章所述，ASP.NET Core 应用程序可以仅是围绕一些终止中间件构建的一个非常瘦的 Web 服务器。终止中间件是能够处理请求的一段代码。基本上，它就是一个处理 HTTP 请求的函数。代码可以做任何操作，包括返回一个字符串，而浏览器将把它作为 HTML 呈现。下面这个示例 Startup 类即用于此目的。

```
public class Startup
{
    public void Configure(IApplicationBuilder app)
    {
        app.Run(async context =>
        {
            var obj = new SomeWork();
            await context.Response.WriteAsync("<h1>" + obj.Now() + "</h1>");
        });
    }
}
```

通过在响应的输出流中写入 HTML 格式的文本(可能还设置合适的 MIME 类型)，可以向浏览器提供 HTML 内容。整个过程很直观，没有筛选器，也没有中间协调。这种方法可以工作，但是我们没有得到一个可维护的、灵活的解决方案。

5.1.2　从控制器提供 HTML

更现实的情况是，ASP.NET Core 应用程序使用 MVC 应用程序模型和控制器类。如第 4 章所述，所有的请求都会被映射到控制器类的某个方法。选定的方法将能够访问 HTTP 上下文，检查传入的数据，以及决定采取什么操作。当方法收集到所有必要的数据后，就能够准备响应了。我们既可以通过算法快速准备 HTML 内容，也可以从选定的 HTML 模板更加方便地生成 HTML 内容，模板中的占位符将被替换为计算出的数据。

1. 在操作方法中提供纯文本作为 HTML

下面的代码演示了一个控制器方法模式，该模式可以通过某种方式检索数据，然后将检索到的数据格式化为某种有效的 HTML 布局。

```
public IActionResult Info(int id)
{
    var data = _service.GetInfoAsHtml(id);
    return Content(html, "text/html");
}
```

当控制器方法重新控制了执行流之后，会保存一个文本字符串，它知道这个字符串是由 HTML 标记构成的。然后，用合适的 HTML MIME 类型修饰文本之后，控制器会返回这个文本字符串。这种方法只比直接将 HTML 写入输出流稍好一些，因为它允许通过模型绑定将输入数据映射到合适的.NET 类型，并且依赖于结构化程度更高的代码。实际生成 HTML 的过程仍然是通过算法完成的；这句话的意思是，要修改布局，必须修改代码，之后还需要编译代码。

2. 从 Razor 模板提供 HTML

提供 HTML 内容最常用的方法是使用模板文件来表达期望的布局，使用一个独立的引擎来解析模板，并使用真实的数据填充模板。在 ASP.NET MVC 中，Razor 是用来表达类似 HTML 的模板的标记语言，而视图引擎是一个系统组件，将模板渲染成可使用的 HTML。

```
public IActionResult Info(int id)
{
   var model = _service.GetInfo(id);
   return View("template", model);
}
```

调用 View 函数将触发视图引擎，返回一个对象，该对象封装了要使用的 Razor 模板文件(一个扩展名为.cshtml 的文件)的名称和一个视图模型对象，后者包含了要在最终的 HTML 布局中显示的数据。

这种方法的好处是，标记模板(这是最终 HTML 页面的基础)与其中将显示的数据被整洁地隔离开了。视图引擎是一个系统工具，协调着其他组件(如 Razor 解析器和页面编译器)的活动。从开发人员的角度看，通过编辑 Razor 模板(一个类似 HTML 的文件)来修改要返回给浏览器的 HTML 的布局是可以满足需要的。

5.1.3　从 Razor 页面提供 HTML

在 ASP.NET Core 2.0 中，Razor 页面是另外一种提供 HTML 内容的方式。基本上，就是需要创建 Razor 模板文件，这些文件可被直接使用，而不需要通过控制器或控制器操作。只要将 Razor 页面文件放到 Pages 文件夹下，并且其相对路径和名称与 URL 匹配，那么视图引擎就能够处理其内容并生成 HTML。

Razor 页面与普通的控制器驱动的视图有一个很大的区别：Razor 页面可以是包含代码和标记的一个文件，与 ASPX 页面很相似。如果读者很熟悉 MVC 控制器，那么可能会认为 Razor 页面没有意义和用途，只能在一些罕见的场景中使用，例如用控制器方法渲染一个没有任何业务逻辑的视图时。如果是新接触 MVC 应用程序模型，那么 Razor 页面的门槛较低，可以很容易上手这个框架。

注意：
有关 Razor 页面的一个奇怪的地方是，只要视图只比静态 HTML 文件复杂一点，使用它们就很合适。不过，Razor 页面也可以非常复杂。它们能够执行数据库访问和依赖注入，也能够提交和重定向。但是，如果使用了这些功能，那么 Razor 页面与普通的控制器驱动的视图就没有太大区别了。

5.2　视图引擎

视图引擎是 MVC 应用程序模型的核心组件，负责从视图创建 HTML。视图通常是混合在一起的 HTML 元素和 C#代码段。首先，我们看看最常见的视图引擎触发器：Controller 基类的 View 方法。

5.2.1　调用视图引擎

在控制器方法内，通过调用 View 方法来调用视图引擎，如下所示。

```
public IActionResult Index()
{
   return View(); // same as View("index");
}
```

View 方法是一个帮助程序方法，负责创建 ViewResult 对象。ViewResult 对象需要知道视图模板(一个可选的母版页视图)，以及要包含到最终 HTML 中的原始数据。

1. View 方法

虽然在这段代码中，方法 View 是没有参数的，但是这并不意味着没有实际传递数据。下面给出了 View 方法的完整签名：

```
protected ViewResult View(String viewName, String masterViewName, Object
                          viewModel)
```

下面是控制器方法的一个更加常见的模式：

```
public IActionResult Index(...)
{
   var model = GetRawDataForTheView(...);
   return View(model);
}
```

在这里，视图的名称默认为操作的名称，无论操作的名称是从方法的名称隐式推断出来的，还是通过 ActionName 特性显式设置的。视图是一个 Razor 文件(带有.cshtml 扩展名)，存储在 Views 项目文件夹下。母版页视图默认为一个名为

_Layout.cshtml 的 Razor 文件，其 HTML 布局是视图的基础。最后，变量 model 指出了要在模板中使用的数据模型，以生成最终的 HTML。

第 6 章将更详细地介绍 Razor 语言的语法。

2. 处理 ViewResult 对象

View 方法将 Razor 模板的名称、母版页视图和视图模型打包在一起，返回一个实现 IActionResult 接口的对象。类名为 ViewResult，它将处理操作方法得到的结果抽象了出来。当控制器方法返回时，还没有生成任何 HTML，输出流中也还没有写入任何东西。

```
public interface IActionResult
{
   Task ExecuteResultAsync(ActionContext context)
}
```

可以看到，IActionResult 接口的核心是一个方法 ExecuteResultAsync，其名称的含义很明显。在 ViewResult 类的内部(或者说在任何操作结果类的内部)，都有一段逻辑来处理嵌入的数据，影响生成的响应。

但是，触发 ExecuteResultAsync 方法的并不是控制器。当控制器返回时，操作调用程序会获取操作结果并执行。当调用 ViewResult 类实例的 ExecuteResultAsync 方法时，就会触发视图引擎来生成实际的 HTML。

3. 综合运用

视图引擎是为浏览器实际生成 HTML 输出的组件。对于每个最终会被控制器操作进行处理来返回 HTML 的请求来说，视图引擎都会发挥作用。它将视图的模板与控制器传入的数据混合在一起，从而准备好输出。

模板是用引擎特定的标记语言(如 Razor)来表示的；传入的数据则封装在字典或强类型的对象中。图 5-1 在整体上显示了视图引擎与控制器如何协同工作。

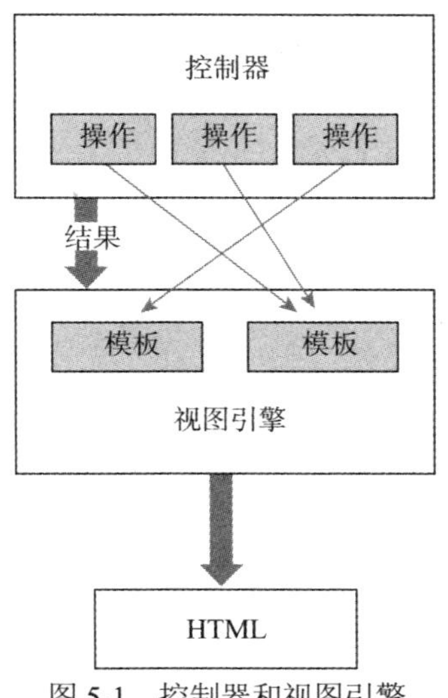

图 5-1　控制器和视图引擎

5.2.2　Razor 视图引擎

在 ASP.NET Core 中，视图引擎只是实现了一个固定接口(IViewEngine 接口)的类。每个应用程序都可以有一个或多个视图引擎，并在不同的情况中把它们全部用上。但是，在 ASP.NET Core 中，每个应用程序只有一个默认的视图引擎：RazorViewEngine 类。这个视图引擎对开发影响最大的地方是其定义视图模板的语法。

Razor 语法非常清晰和友好。视图模板实际上就是一个 HTML 页面，其中有一些代码占位符。每个占位符包含一个可执行的表达式，与代码段很相似。渲染视图时，会计算代码段中的代码，所产生的标记将被整合到 HTML 模板。可以使用 C#或者.NET Core 平台支持的其他.NET 语言来编写这种代码段。

注意：

除了使用 ASP.NET Core 提供的 RazorViewEngine 类，也可以基于自定义语法来实现自己的视图引擎。

1. Razor 视图引擎概述

Razor 视图引擎从硬盘上的一个物理位置读取模板。每个 ASP.NET Core 项目都有一个 Views 根文件夹，模板就存储在这个文件夹下的特定子目录结构中。Views 文件夹通常有一些子文件夹，每个子文件夹都按照已有的控制器命名。在每个特定于控制器的子目录中有一些物理文件，其文件名应该与操作的名称相匹配。文件的扩展名必须为.cshtml，这样才能被 Razor 视图引擎读取(如果是使用 Visual Basic 编写 ASP.NET Core 应用程序，那么扩展名必须为.vbhtml)。

ASP.NET MVC 要求在存储每个视图模板时，其所在的目录必须根据使用该视图模板的控制器来命名。如果多个控制器调用了同一个视图，则需要将对应的视图模板文件放到 Shared 文件夹下。

要注意的是，在部署站点时，生产服务器上必须使用 Views 文件夹下的相同的目录层次结构。

2. 视图的位置格式

通过 Razor 视图引擎定义的一些属性，可控制如何找到视图模板。对于 Razor 视图引擎的内部工作，必须在默认项目配置中和使用区域时，为母版页视图、常规和分部视图提供一个默认位置。

表 5-1 显示了 Razor 视图引擎支持的位置属性及对应的预定义值。AreaViewLocationFormats 属性是一个字符串列表，每个字符串指向一个定义了某个虚拟路径的占位符字符串。ViewLocationFormats 属性也是一个字符串列表，每个字符串指向视图模板的一个有效的虚拟路径。

表 5-1　Razor 视图引擎的默认位置格式

属性	默认位置格式
AreaViewLocationFormats	~/Areas/{2}/Views/{1}/{0}.cshtml
	~/Areas/{2}/Views/Shared/{0}.cshtml
ViewLocationFormats	~/Views/{1}/{0}.cshtml
	~/Views/Shared/{0}.cshtml

可以看到，位置不是完全限定的路径，而是最多包含 3 个占位符。

- 占位符{0}指代视图的名称，因为它是在控制器方法中调用的。
- 占位符{1}指代 URL 中使用的控制器名称。
- 最后，如果指定了占位符{2}，则它指代区域名称。

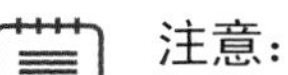

注意：

如果熟悉经典 ASP.NET MVC 开发，可能会惊讶地发现，在 ASP.NET Core 中，不存在分部视图和布局的视图位置格式。在第 6 章将看到，一般来说，视图、分部视图和布局很相似，系统按照相同的方式发现和处理它们。这可能是做出上述决定的理由。因而，要想为分部视图或布局视图添加一个自定义视图位置，只需要添加到 ViewLocationFormats 列表中。

3. ASP.NET MVC 中的区域

区域是 MVC 应用程序模型的一项功能，用于将应用程序内的相关功能分组到一起。使用区域就像是使用多个子应用程序，是将较大的应用程序分区成较小的片段的一种方法。

区域提供的分区类似于命名空间，在 MVC 项目中，添加一个区域(可通过 Visual Studio 菜单实现)将导致添加一个项目文件夹，其中有自己的控制器、模型类型和视图。这就允许针对应用程序的不同区域有两个或更多个 HomeController 类。是否进行区域分区自行决定，并不一定是功能性的。我们也可以考虑针对每个角色一对一地使用区域。

究其根本，区域不是技术性或者功能性的；相反，它们主要与项目和代码的设计和组织有关。使用区域时，它们会对路由产生影响。在传统路由中，区域的名称是另一个要考虑的参数。更多信息请访问 http://docs.microsoft.com/en-us/aspnet/core/mvc/controllers/areas 这个网址。

4. 自定义位置格式

回顾十多年来的 ASP.NET MVC 编程，我发现几乎任何中等复杂度的生产应用程序中，我最终都使用了一个自定义视图引擎，更常见的情况是，使用了默认 Razor 视图引擎的一个自定义版本。

之所以不使用默认的配置而使用自定义的配置，主要的原因是为了在特定的文件夹中组织视图和分部视图，以便当视图和分部视图的数量超过几十个的时候，能够更快速、更简单地获取文件。可按照任意命名约定，为 Razor 视图任意命名。虽然严格来说，并不需要采用命名约定，也不需要按照自定义的方式来组织文件，但是它们对于管理和维护代码来说很有帮助。

我最喜欢的命名约定是在视图名称中使用前缀。例如，我的分部视图都以 pv_开头，而布局文件都以 layout_开头。这样一来，即使同一个文件中包含了许多文件，它们也都是按名称分组的，很容易找到需要的文件。而且，我仍然喜欢至少为分部视图和布局使用一些额外的子文件夹。下面的代码显示了在 ASP.NET Core 中如何自定义视图位置。

```
public void ConfigureServices(IServiceCollection services)
{
    services
        .AddMvc()
        .AddRazorOptions(options =>
        {
            // Clear the current list of view location formats. At this time,
            // the list contains default view location formats.
            options.ViewLocationFormats.Clear();

            // {0} - Action Name
            // {1} - Controller Name
            // {2} - Area Name
            options.ViewLocationFormats.Add("/Views/{1}/{0}.cshtml");
            options.ViewLocationFormats.Add("/Views/Shared/{0}.cshtml");
            options.ViewLocationFormats.Add("/Views/Shared/Layouts/{0}.cshtml");
            options.ViewLocationFormats.Add("/Views/Shared/PartialViews/{0}.
              cshtml");
        });
}
```

调用 Clear 清空了默认的视图位置字符串列表，使系统只会根据自定义的位置规则工作。图 5-2 显示了在一个示例项目中得到的文件夹结构。注意，现在只有当位于 Views/Shared 或 Views/Shared/PartialViews 中时才能发现分部视图，只有当位于 Views/Shared 或 Views/Shared/Layouts 中时才能发现布局文件。

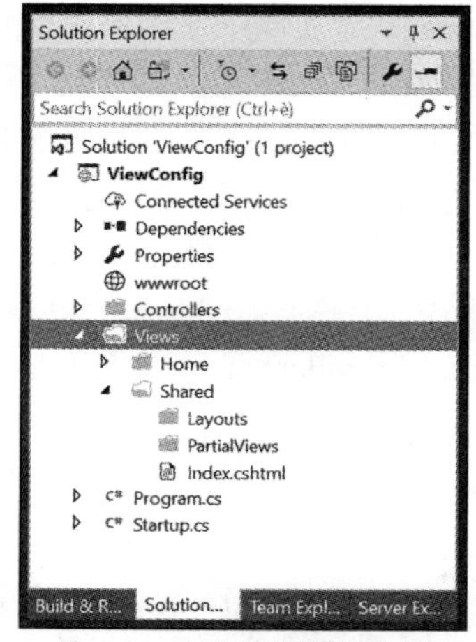

图 5-2　自定义的视图位置

注意：

如果不太熟悉分部视图和布局文件的概念，也不必担心。下一章将通过示例详细介绍它们。

5. 视图位置扩展器

视图位置格式是视图引擎的静态设置。在应用程序启动时定义视图位置格式，之后在应用程序的整个生存期内，它们都是激活的。每当必须渲染一个视图时，视图引擎就查看已注册位置的列表，直到找到一个包含期望模板的位置。如果没有找到模板，就抛出一个异常。目前来说一切都没问题。

但是，如果需要根据每个请求，动态确定视图的路径，该怎么办？也许你觉得这种用例很奇怪，但是考虑一下多租户应用程序。假设有一个应用程序作为服务，被多个客户并发地使用。代码库始终是相同的，逻辑视图始终是相同的，但是每个用户会看到视图的特定版本，可能在样式上发生了变化，或者具有不同的布局。

对于这类应用程序，一种常见的方法是定义默认视图的集合，然后允许客户添加自定义的视图。例如，假设客户 Contoso 导航到了视图 index.cshtml，期望看到 Views/Contoso/Home/index.cshtml，而不是默认视图 Views/Home/index.cshtml。如何编写代码呢？

在经典 ASP.NET MVC 中，必须创建一个自定义视图引擎，并重写寻找视图的逻辑。工作量并不是特别大，只需要添加几行代码，但是必须运行自己的视图引擎，并认真学习其内部机制。在 ASP.NET Core 中，新添加了视图位置扩展器组件，用于动态解析视图。视图位置扩展器是实现了 IViewLocationExpander 接口的一个类。

```
public class MultiTenantViewLocationExpander : IViewLocationExpander
{
    public void PopulateValues(ViewLocationExpanderContext context)
    {
        var tenant = context.ActionContext.HttpContext.ExtractTenantCode();
        context.Values["tenant"] = tenant;
    }

    public IEnumerable<string> ExpandViewLocations(
             ViewLocationExpanderContext context,
             IEnumerable<string> viewLocations)

    {
        if (!context.Values.ContainsKey("tenant") ||
             string.IsNullOrWhiteSpace(context.Values["tenant"]))
                return viewLocations;

        var tenant = context.Values["tenant"];
        var views = viewLocations
                .Select(f => f.Replace("/Views/", "/Views/" + tenant + "/"))
                .Concat(viewLocations)
                .ToList();
        return views;
    }
}
```

在 PopulateValues 中，访问 HTTP 上下文，并决定使用哪个键值来确定要使用的视图路径。这可能就是通过某种方式从请求 URL 中提取出的租户代码。用于确定路径的键值存储在视图位置扩展器上下文中。在 ExpandViewLocations 中，接受当前视图位置格式列表，基于当前上下文进行合适的编辑，然后返回这个列表。编辑列表通常意味着插入额外的、特定于上下文的视图位置格式。

根据上面的代码，如果收到来自 http://contoso.yourapp.com/home/index 的请求，并且租户代码是 contoso，那么返回的视图位置格式列表可能如图 5-3 所示。

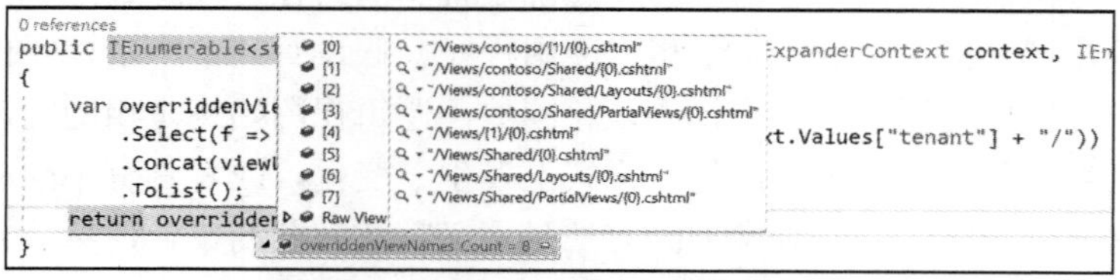

图 5-3　为多租户应用程序使用自定义位置扩展器

列表顶部已经添加了租户特定的位置格式，说明任何重写的视图将比默认视图的优先级更高。

自定义扩展器必须在启动阶段注册，方法如下：

```
public void ConfigureServices(IServiceCollection services)
{
    services
        .AddMvc()
        .AddRazorOptions(options =>
        {
            options.ViewLocationExpanders.Add(new
              MultiTenantViewLocationExpander());
        });
}
```

注意，在默认情况下，系统中没有注册任何视图位置扩展器。

5.2.3　添加自定义视图引擎

ASP.NET Core 提供的视图位置扩展器组件使得对自定义视图引擎的需求大大降低，至少在使用自定义视图引擎来自定义检索和处理视图的方式方面如此。自定义视图引擎基于 IViewEngine 接口，如下所示。

```
public interface IViewEngine
{
    ViewEngineResult FindView(ActionContext context, string viewName, bool
      isMainPage);
    ViewEngineResult GetView(string executingFilePath, string viewPath, bool
      isMainPage);
}
```

FindView 方法负责找到指定的视图，在 ASP.NET Core 中，通过位置扩展器可在很大程度上自定义其行为。与之相对，GetView 则负责创建视图对象，即将被渲染到输出流以捕捉最终标记的那个组件。通常，除非需要做一些反常的事情，如改变模板语言，否则不需要重写 GetView 的行为。

如今，对于大部分情况来说，使用 Razor 语言和 Razor 视图就足够了，而且其他视图引擎的例子很罕见。但是，一些开发人员开发了一些项目来创建和改进其他视图引擎，这些引擎使用 Markdown(MD)语言来表达 HTML 内容。在我看来，这是少数必须创建(或使用)自定义视图引擎的情况之一。

无论如何，如果正好有一个自定义视图引擎，那么可以在 ConfigureServices 中使用下面的代码将其添加到系统中。

```
services.AddMvc()
        .AddViewOptions(options =>
            {
                options.ViewEngines.Add(new SomeOtherViewEngine());
        });
```

注意，RazorViewEngine 是 ASP.NET Core 中唯一注册的视图引擎。因此，上面的代码只是添加了一个新引擎。如果想要用自己的引擎替换默认的引擎，则必须清空 ViewEngines 集合，然后注册自己的新引擎。

5.2.4　Razor 视图的结构

从技术上讲，视图引擎的主要目的是从模板文件生成一个视图对象，并提供视图数据。然后，操作调用程序基础结构会使用视图对象，并生成实际的 HTML 响应。因此，每个视图引擎都定义了自己的视图对象。接下来将介绍默认的 Razor 视图引擎管理的视图对象。

1. 视图对象概述

如前所述，当一个控制器方法调用控制器基类的 View 方法来渲染特定的视图时，将触发视图引擎。此时，操作调用程序(即管理任何 ASP.NET Core 请求的执行的系统组件)将遍历已注册视图引擎的列表，给每个视图引擎一个处理视图名称的机会。这是通过 FindView 方法的服务实现的。

视图引擎的 FindView 方法收到视图名称，确认在其支持的文件夹树中是否存在一个模板文件具有给定的名称和合适的扩展名。如果找到匹配，将触发 GetView 方法来解析文件内容，并准备新的视图对象。从根本上看，视图对象是一个实现了 IView 接口的对象。

```
public interface IView
{
   string Path { get; }
```

```
    Task RenderAsync(ViewContext context);
}
```

操作调用程序只是调用 RenderAsync 来生成 HTML，并将其写出到输出流。

2. 解析 Razor 模板

解析 Razor 模板文件将把静态文本与语言代码段区分开。Razor 模板文件实际上就是 HTML 模板，其中穿插了一些用 C#语言(或者 ASP.NET Core 平台支持的其他任何语言)编写的代码块。任何 C#代码段的前面必须带有@符号作为前缀。下面显示了一个 Razor 模板文件的示例(这个示例模板是第 6 章要介绍的内容的一个简略版本；在第 6 章中，我们将深入讨论 Razor 模板的所有语法方面)。

```
<!-- test.cshtml located in Views/Home -->

<h1>Hi everybody!</h1>
<p>It's @DateTime.Now.ToString("hh:mm")</p>
<hr>
Let me count till ten.
<ul>
@for(var i=1; i<=10; i++)
{
      <li>@i</li>
}
</ul>
```

模板文件的内容被分解为一个文本项列表，这些文本项属于两个类型：静态 HTML 内容和代码段。Razor 解析器构建的列表如表 5-2 所示。

表 5-2　解析 Razor 模板示例得到的文本项列表

内容	内容类型
<h1>Hi everybody!</h1><p>It’s	静态内容
DateTime.Now.ToString("hh:mm")	代码段
</p><hr>Let me count till ten.<ul>	静态内容

for(var i=1; i<=10; i++)
{
:
}
	代码段

<li>	静态内容(在 for 循环中递归处理)
I	代码段(在 for 循环中递归处理)
</li>	静态内容(在 for 循环中递归处理)
</ul>	静态内容

@符号告诉解析器，在这个位置将发生静态内容到代码段的过渡。@符号后面

的任何文本将按照所支持语言(在这里是 C#语言)的语法规则来解析。

3. 从 Razor 模板构造视图对象

Razor 模板文件中所发现的文本项为动态构造 C#类打下了基础，构造出的 C#类能够完全代表模板。通过使用.NET 平台的编译器服务(Roslyn)，动态地创建和编译 C#类。假设示例 Razor 文件被命名为 test.cshtml，位于 Views/Home 下，那么实际的 Razor 视图类将悄悄生成下面的代码。

```
// The code below is NOT an exact printout of the actual code being generated. However
// it shows the fundamental things. Other lines, not relevant for our purposes, have
// been removed for clarity and brevity. The substance of the behavior, though, is
   all here.

public class _Views_Home_Test_cshtml : RazorPage<dynamic>
{
   public override async Task ExecuteAsync()
   {
      WriteLiteral("<h1>Hi everybody!</h1>\r\n<p>It\'s ");
      Write(DateTime.Now.ToString("hh:mm"));
      WriteLiteral("</p>\r\n<hr>\r\nLet me count till ten.\r\n<ul>\r\n");
      for(var i=1; i<=10; i++)
      {
         WriteLiteral("<li>");
         Write(i);
         WriteLiteral("</li>");
      }
      WriteLiteral("</ul>\r\n");
   }
}
```

这个类继承自 RazorPage<T>，后者又实现了 IView 接口。由于 RazorPage<T>基础页面预定义的一些成员(位于 Microsoft.AspNetCore.Mvc.Razor 命名空间内)，因此可以使用看起来魔幻的对象在 Razor 模板体内访问请求和你自己的数据。Html、Url、Model 和 ViewData 是一些明显的例子。第 6 章在介绍用于生成 HTML 视图的 Razor 语法时，将展示这些属性对象的应用。

大部分时候，Razor 视图是多个.cshtml 文件组合在一起的结果，如视图本身、布局文件和两个可选的全局文件(分别是_ViewStart.cshtml 和_ViewImports.cshtml)。表 5-3 解释了这两个文件的作用。

表 5-3　Razor 系统中的全局文件

文件名	用途
_ViewStart.cshtml	包含在渲染任何视图之前运行的代码。可以使用这个文件来添加应用程序中的所有视图所共有的配置代码。通常使用这个文件来为所有的视图指定一个默认布局文件。这个文件必须放在根 Views 文件夹中。经典 ASP.NET MVC 也支持这个文件

(续表)

文件名	用途
_ViewImports.cshtml	包含要在所有视图中共享的 Razor 指令。可以在不同的视图文件夹中有这个文件的多个部分。其内容会影响相同文件夹及子文件夹内的所有视图，除非子文件夹中有该文件的另一个副本。经典 ASP.NET 不支持此文件。不过，在经典 ASP.NET 中，使用 web.config 文件可实现相同的作用

当多个 Razor 文件起作用时，编译过程将分步骤进行。首先处理布局模板，然后是_ViewStart 和实际的视图。之后合并输出，这样_ViewStart 中的公共代码将在视图之前渲染，而视图则在布局内输出其内容。

注意：

在运行 ASP.NET Core MVC 应用程序时，表 5-3 中的文件是唯一可能需要全局使用的文件。在 Visual Studio 2017 中，一些预定义的应用程序模板会创建其他一些文件(如_ValidationScriptsPartial.cshtml)。对于这些文件，我们可以轻松愉快地忽略它们，除非觉得它们有帮助。

4. Razor 指令

Razor 解析器和代码生成器的行为受到一些可选指令的驱动，可以使用这些指令来进一步配置渲染上下文。表 5-4 给出了一些常用的 Razor 指令。

表 5-4　最常用的 Razor 指令

指令	用途
@using	在编译上下文中添加一个命名空间。与 C#的 using 指令相同 @using MyApp.Functions
@inherits	指出了为动态生成的 Razor 视图对象使用的实际基类。默认情况下，基类为 RazorPage<T>，但是@inherits 指令允许使用一个自定义基类，而这个自定义基类必须继承 RazorPage<T> @inherits MyApp.CustomRazorPage
@model	指出了用来向视图传递数据的类的类型。通过@model 指令指定的类型成为 RazorPage<T>的泛型参数 T。如果没有指定，则 T 默认为 dynamic @model MyApp.Models.HomeIndexViewModel
@inject	在视图上下文中注入指定类型的一个实例，该类型绑定到给定的属性名。此指令依赖于系统的 DI 基础结构 @inject IHostingEnvironment CurrentEnvironment

@using 和@model 指令在每个 Razor 视图中几乎都可以看到。@inject 指令则代表了 Razor 视图和 ASP.NET Core 的 DI 系统的连接点。通过@inject，可以解析任何注册的类型，并在视图中有该类型的一个全新实例。在为 Razor 视图动态生成的代码中，可以通过同名的属性来访问注入的实例。

5. 预编译视图

当调用视图时，将动态地生成并编译 Razor 视图。生成的程序集将被缓存；只有当系统检测到 Razor 视图模板已被修改时，才会删除缓存的程序集。检测到这种修改后，将在首次访问视图时，重新生成和重新编译视图。

从 ASP.NET Core 1.1 开始，可以选择预编译 Razor 视图，把它们作为应用程序的程序集部署。请求预编译相对简单，可手动或通过 IDE 界面(如果 IDE 支持)来修改.csproj 文件。我们只需要引用程序包 Microsoft.AspNetCore.Mvc.Razor.ViewCompilation，并确保.csproj 文件中包含下面的内容：

```
<PropertyGroup>
   <TargetFramework>netcoreapp2.0</TargetFramework>
   <MvcRazorCompileOnPublish>true</MvcRazorCompileOnPublish>
   <PreserveCompilationContext>true</PreserveCompilationContext>
</PropertyGroup>
```

总而言之，考虑预编译视图有两个原因。然而，这两个原因是否适合自己的情况，需要开发团队自己决定。如果部署了预编译视图，那么第一个访问视图的用户会更加快速地看到页面。第二个原因是，在预编译步骤中，任何没有发现的编译错误会更快浮现，可被立即修复。对我来说，第二个原因要比第一个原因更有说服力。

5.3　向视图传递数据

可以有 3 种不同的、彼此不互斥的方法来向 Razor 视图传递数据。在 ASP.NET Core 中，还有第 4 种方式：通过@inject 指令实现的依赖注入。我们既可以使用内置的两个字典——ViewData 和/或 ViewBag，也可以使用强类型的视图模型类。纯粹从功能的角度看，这些方法之间没有区别，甚至从性能的角度看，区别也微乎其微。

但是，在设计、可读性以及可维护性方面，这些方法存在巨大的差异。在这几个方面，强类型的视图模型类的表现更好。

5.3.1　内置的字典

控制器向视图传递数据时，最简单的方法是将信息存入一个名称/值字典中。这有两种实现方式。

1. ViewData 字典

ViewData 是一个经典的名称/值字典。属性的实际类型是 ViewDataDictionary，它没有继承系统的任何字典类型，但是仍然公开了.NET Core 框架中定义的公共字典接口。

Controller 基类提供了一个 ViewData 属性，该属性的内容被自动刷新到视图背后动态创建的 RazorPage<T>类实例中。这意味着控制器 ViewData 中存储的任何值都可在视图中使用，而不需要人为做任何进一步的操作。

```
public IActionResult Index()
{
   ViewData["PageTitle"] = "Hello";
   ViewData["Copyright"] = "(c) Dino Esposito";
   ViewData["CopyrightYear"] = 2017;

   return View();
}
```

index.cshtml 视图并不需要声明一个模型类型，而可以直接读取任何传入的数据。第一个机会出现了。负责编写视图的开发人员可能并不知道通过字典传入了什么数据。她只能依赖内部文档和实际的沟通，或者在 Visual Studio 中设置断点来检查字典，才能知道其中的数据，如图 5-4 所示。无论是哪种情况，即使同一个人既编写了控制器，又编写了视图，这也都不会是一个愉快的经历。

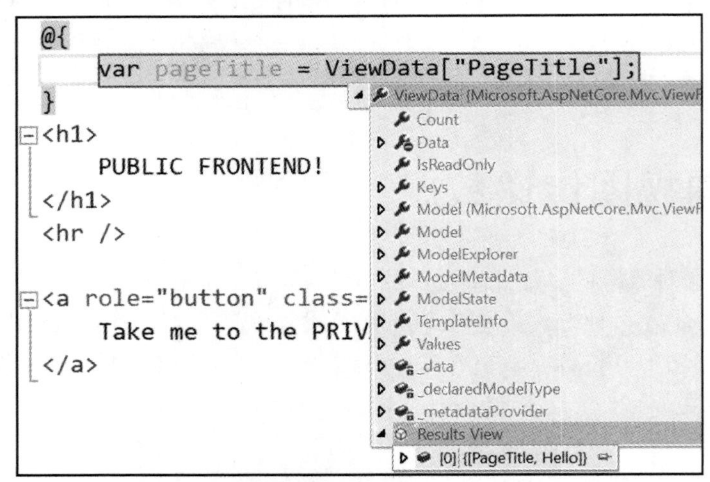

图 5-4　在 Visual Studio 中查看 ViewData 字典的内容

另外，考虑到 ViewData 条目是通过名称标识的(例如魔幻字符串)，所以代码中很容易出现拼写错误。在这种情况下，即使预编译视图，也难以避免意想不到的运行时异常或难以预料的错误内容。使用常量而不是魔幻字符串能够减轻这个问题，但代价是必须为这些常量以及传递给视图的整个数据集合编写内部文档。

ViewData 字典是一个字符串/对象字典，这意味着其中存储的任何数据都被公开为一个泛型对象。如果只是在视图中显示一个相对小的字典中的内容，那么这可能没什么关系。但是，对于较大的字典，可能会发现装箱/拆箱导致的性能问题。如果需要使用 ViewData 中的一些条目进行比较或者执行其他对类型敏感的操作，那么必须先执行类型转换，然后再获取可用的值。

对于使用 ViewData 这样弱类型的字典，最有说服力的理由是在编程时，它们使用起来简单快捷。但是，这种优势的代价是代码会很脆弱，而想要让代码不那么脆弱，所要付出的努力堪比使用强类型的类，但却没有使用强类型的类时固有的清晰性。

虽然我们不建议在 Web 应用程序中大量使用 ViewData 字典，但是我们也认识到，在一些边缘用例中，例如当无法更新强类型的模型(例如源代码不归你所有)但仍然需要向视图传递额外的数据时，它们能够救急。事实上，如前所述，字典和视图模型是可以结合使用的。在另外一个不易处理的场景中，有时能够同时使用字典和强类型的视图模型，这种场景就是从视图向子分部视图传递数据。第 6 章在介绍分部视图时，将讨论这种场景。

2. ViewBag 动态对象

ViewBag 是 Controller 基类上定义的另外一个属性，其内容将自动刷新到视图类中。ViewBag 与 ViewData 不同，它允许代码直接访问自己的属性，从而避免了 ViewData 支持的标准字典访问。下面给出了一个例子：

```
public IActionResult Index()
{
    ViewBag.CurrentTime = DateTime.Now;
    ViewBag.CurrentTimeForDisplay = DateTime.Now.ToString("HH:mm");

    return View();
}
```

注意，对 ViewBag 使用索引器的访问操作将会失败，导致一个异常。换句话说，下面的两个表达式并不相同，只有前一个表达式才能工作。

```
ViewBag.CurrentTimeForDisplay = DateTime.Now.ToString("HH:mm"); // works
ViewBag["CurrentTimeForDisplay"] = DateTime.Now.ToString("HH:mm"); // throws
```

值得注意的是，ViewBag 并不包含 CurrentTime 和 CurrentTimeForDisplay 等属性的定义。可以在 ViewBag 对象引用的后面键入任何属性名，C#编译器并不会报错。原因在于，Controller 基类将 ViewBag 定义为一个 DynamicViewData 属性，而 DynamicViewData 是一个 ASP.NET Core 类型，其定义如下所示。

```
namespace Microsoft.AspNetCore.Mvc.ViewFeatures.Internal
{
    public class DynamicViewData : DynamicObject
    {
        :
    }
}
```

C#语言通过动态语言运行时(Dynamic Language Runtime，DLR)支持动态功能，DynamicObject 类就包含在 DLR 中。每当 C#编译器遇到动态类型变量的引用时，就会跳过类型检查，并生成一些代码，最终让 DLR 在运行时解析调用。这意味着即使对于预编译视图，也只会在运行时才能发现错误(如果存在错误的话)。

ViewBag 的另外一个值得注意的方面是，其内容将自动与 ViewData 字典同步。这是因为 DynamicViewData 类的构造函数会收到 ViewData 字典的一个引用，并读写对应的 ViewData 条目的值。因此，下面的两个表达式是等效的。

```
var p1 = ViewData["PageTitle"];
var p2 = ViewBag.PageTitle;
```

那么，使用 ViewBag 有什么意义呢？

总的来看，ViewBag 只是明显很酷。通过去除难看的、基于字典的代码，它使代码看起来更加美观，代价是需要借助使用 DLR 解释的代码来进行读写。这样一来，它允许定义实际上可能并不存在的属性，所以甚至不能避免在运行时出现 null 引用异常。

注意：

从 ASP.NET Core 控制器和视图传递数据时，使用 ViewBag 这样的动态对象并不合理，但是在 C#中提供动态功能的回报很丰盛。例如，LINQ 和社交网络 API 会使用语言中的这种动态功能。

5.3.2　强类型视图模型

一些开发人员似乎不喜欢使用模型类，因为这意味着他们需要多编写一些类，而且需要提前进行思考。但是，一般来说，在向视图传递数据时，强类型视图模型是优先选择的方法，因为这些模型迫使开发人员关注进入和离开视图的数据流。

与使用字典相比，视图模型类只不过是将要传入视图的数据组织起来的另外一种方式。使用视图模型类以后，数据不会是稀疏对象值的一个集合，而将成为一个合理的分层结构，其中每一条数据都保留自己的真实类型。

1. 视图模型类的指导原则

视图模型类完全代表了要渲染到视图的数据。类的结构应该尽可能与视图的结构匹配。虽然总是可能实现一定的重用(并且在一定程度上也建议这么做)，但是一般来说，应该努力让每个 Razor 视图模板有一个专门的视图模型类。

使用实体类作为视图模型类是一个常见的错误。例如，假设数据模型有一个类型为 Customer 的实体。应该如何向允许编辑客户记录的 Razor 视图传递数据呢？你可能会想把要编辑的 Customer 对象的引用传递给视图。这或许是一个好的解决方案，但最终取决于视图的实际结构和内容。例如，如果视图允许修改客户的国家，那么可能需要向视图传递一个国家列表，供从中选择。一般来说，理想的视图模型类应该与下面的类相似：

```
public class CustomerEditViewModel
{
    public Customer CurrentCustomer { get; set; }
    public IList<Country> AvailableCountries { get; set; }
}
```

可以接受把实体模型直接传递给视图的唯一一种情况是确实有一个 CRUD 视图的时候。但是，坦白讲，纯粹的 CRUD 视图如今只存在于教程和总结文章中。

我建议始终从公共基类开始创建视图模型类。下面的代码可作为一个简单有效的起点。

```
public class ViewModelBase
{
    public ViewModelBase(string title = "")
    {
        Title = title;
    }
    public string Title { get; set; }
}
```

因为这个类主要用来建模 HTML 视图，所以必须至少公开一个 Title 属性，用来设置页面的标题。只要识别了应用程序中的所有页面所共有的其他属性，就可以添加更多属性。另外，好的做法是将设置格式的方法放到视图模型基类中，而不是把相同的大量 C#代码放到 Razor 视图中。

应该让所有的视图模型类派生自 ViewModelBase 这样的类吗？理想情况下，对于使用的每个布局类，应该有一个视图模型基类。这些视图模型类将使用特定布局所共有的属性来扩展 ViewModelBase。最后，每个基于特定布局的视图将得到从布局的视图模型基类所派生的类的实例。

2. 将数据流集中到视图中

我们来看看下面这段简单但是仍然很重要的 Razor 代码。代码中主要包含一个 DIV 元素，它在内部渲染当前时间，并提供了一个供返回到前一个页面的链接。

```
@model IndexViewModel
@using Microsoft.Extensions.Options;
```

```
@inject IOptions<GlobalConfig> Settings
<div>
   <span>
      @DateTime.Now.ToString(Settings.Value.DateFormat)
   </span>
   <a href="@Model.ReturnUrl">Back</a>
</div>
```

数据不只从一个地方流入视图。实际上，数据有三个不同的来源：视图模型(Model 属性)、注入的依赖(Settings 属性)和对系统的 DateTime 对象的静态引用。虽然这种方法不会损害视图功能，但是在包含几百个视图并且非常复杂的大型应用程序中，处理起来可能问题多多。

在 Razor 视图中，应该避免直接使用静态引用以及 DI 注入的引用(ASP.NET Core 的骄傲)，因为这些引用会增加数据的带宽。如果想了解如何构建可维护的视图，那么应该致力于只给每个视图一种获取数据的方式：视图模型类。这样，如果视图需要静态引用或全局引用，那么只需要在视图模型类中添加这些属性。特别是，当前时间就可以作为另一个属性添加到 ViewModelBase 超类中。

5.3.3　通过 DI 系统注入数据

在 ASP.NET 中，可以将 DI 系统中注册的任何类型的实例注入视图中。这是通过@inject 指令实现的。如前所述，@inject 指令添加了另一个渠道，数据通过它可以流入视图。从长远来看，这可能成为维护代码时的一个问题。

但是，对于短期应用程序或者仅仅作为一种快捷手段，将外部引用注入视图中是一种完全支持的功能。不管其他的设计可能有什么样的好处，有一点需要知道：ViewData 字典和@inject 指令结合起来时，为从 Razor 视图中获取需要使用的任何数据提供了一种强大的、极为快速的方法。我自己不采用这种方法，也不鼓励这么做，但是 ASP.NET Core 确实支持这种方法，它也确实能起到效果。

5.4　Razor 页面

在经典 ASP.NET MVC 中，通过直接使用 URL 是无法引用 Razor 模板的。URL 可用来链接到静态 HTML 页面或某个控制器操作方法生成的 HTML 输出。ASP.NET Core 也不例外。但是，从 ASP.NET Core 2.0 开始，提供了一个新的功能：Razor 页面。它允许直接通过 URL 调用 Razor 模板，而不需要任何控制器的协调。

5.4.1　引入 Razor 页面的理由

有时，一些控制器方法只是简单地提供一些相当静态的标记。标准网站的 About

Us 或 Contact Us 页面就是规范的例子。我们看看下面的代码。

```
public class HomeController
{
    public IActionResult About()
    {
        return View();
    }

    public IActionResult ContactUs()
    {
        return View();
    }
}
```

可以看到，没有数据从控制器传入视图，实际视图中也不期望有渲染逻辑。为什么要为这样一个简单的请求使用筛选器和控制器呢？实际上 Razor 页面就能满足目的。

使用 Razor 页面的另外一个场景是，它们在一定程度上降低了熟练的 ASP.NET 编程的门槛。下面具体说明。

5.4.2　Razor 页面的实现

当需要的只比静态 HTML 复杂一点，而用不到完整的带有全部基础结构的 Razor 视图时，使用 Razor 页面能够省去控制器的成本。Razor 页面可以支持一些相当高级的编程场景，例如访问数据库、传递表单、验证数据等。但是，如果需要这样的功能，为什么不使用一个普通的页面呢？

1. @page 指令

下面的代码显示了一个简单的但是可以工作的 Razor 页面的源代码。Razor 代码极其简单，这并不是巧合。

```
@page
@{
    var title = "Hello, World!";
}

<html>
    <head>
        <title>@title</title>
    </head>
    <body>
        <!-- Some relatively static markup -->
    </body>
</html>
```

Razor 页面就像一个无布局的 Razor 视图，但是它们使用的根指令是@page。

Razor 页面完整支持 Razor 语法，包括@inject 指令和 C#语言。

@page 指令对于让 Razor 视图成为一个 Razor 页面至关重要，因为这个指令在被处理后，告诉 ASP.NET Core 基础结构将请求作为一个操作处理，即使该请求没有绑定到任何控制器。需要注意，@page 指令会影响其他支持的指令的行为，所以必须是页面中的第一条 Razor 指令。

2. 支持的文件夹

Razor 页面是普通的.cshtml 文件，保存在新增的 Pages 文件夹中。Pages 文件夹通常位于根级。在 Pages 文件夹中，可以有任意多级子目录，每个目录中都可以包含 Razor 页面。换句话说，Razor 页面的位置与文件在文件系统目录中的位置非常相似。

不能将 Razor 页面放到 Pages 文件夹之外。

3. 映射到 URL

用来调用 Razor 页面的 URL 依赖于对应文件在 Pages 文件夹中的物理位置以及文件的名称。如果文件名为 about.cshtml，正好位于 Pages 文件夹下，那么可通过/about 访问该文件。类似地，如果文件名为 contact.cshtml，位于 Pages/Misc 下，则可通过/misc/contact 访问。一般映射规则为：取得 Razor 页面文件相对于 Pages 的路径，然后去掉文件扩展名。

如果应用程序中正好有一个 MiscController 类，类中有一个 Contact 操作方法，会发生什么？此时，当调用/misc/contract 这个 URL 时，会通过 MiscController 类还是 Razor 页面运行它？答案是控制器将会取胜。

还要注意，如果 Razor 页面的名称是 index.cshtml，那么在 URL 中也可以去掉 index 这个名称，即通过/index 和/都可以访问该页面。

5.4.3　从 Razor 页面提交数据

Razor 页面的另一个实用场景是该页面仅仅用来提交表单。对于基本的基于表单的页面，如“联系我们”页面，这种功能十分理想。

1. 在 Razor 页面中添加表单

下面的代码显示了一个包含表单的 Razor 页面，并演示了如何初始化表单并提交其数据。

```
@inject IContactRepository ContactRepo
@functions {
    [BindProperty]
    public ContactInfo Contact { get; set; }
```

```
    public void IActionResult OnGet()
    {
        Contact.Name = "";
        Contact.Email = "";

        return Page();
    }

    public void IActionResult OnPost()
    {
        if (ModelState.IsValid)
        {
            ContactRepo.Add(Contact);
            return RedirectToPage();
        }
        return Page();
    }
}

<html>
<body>
    <p>Let us call you back!</p>
    <div asp-validation-summary="All"></div>
    <form method="POST">
        <div>Name: <input asp-for="ContactInfo.Name" /></div>
        <div>Email: <input asp-for="ContactInfo.Email" /></div>
        <button type="submit">SEND</button>
    </form>
</body>
</html>
```

该页面被拆分成两个主要的部分：标记区和代码区。标记区是普通 Razor 视图，具备 Razor 视图的所有功能，包括标记帮助程序和 HTML 帮助程序。代码区包含的代码用来初始化页面及处理提交的数据。

2. 初始化表单

@functions 指令作为页面中的所有代码的容器，通常由两个方法构成：OnGet 和 OnPost。前者用于初始化标记的输入元素，后者用于处理表单提交的任何内容。

HTML 输入元素与代码元素之间的绑定是使用模型绑定层完成的。用 BindProperty 特性装饰的 Contact 属性在 OnGet 方法中初始化，其值将渲染为 HTML。当表单数据提交后，该属性将(通过模型绑定)包含提交的值。

3. 处理表单的输入

OnPost 方法可使用 ModelState 属性来检查错误，整个验证基础结构的工作方式与在控制器中一致。如果没有发现错误，就要处理提交的值。如果发现错误，就调用 Page()函数返回页面，这将导致对同一个 URL 发出 GET 请求。

处理表单的输入实际上意味着访问一个数据库。可以通过应用程序的 DbContext 对象直接访问这个数据库，也可以通过一些专门的存储库进行访问。在这两种情况下，必须通过 DI 在页面中注入对工具的引用。类似地，可以使用@inject 指令让 Razor 页面的上下文能够使用任何必要的信息。

重要

如果查看 Razor 页面的文档，会发现一些用于更高级场景的选项和工具。但是坦白说，Razor 页面的真正威力在于能够快速覆盖基本场景。超过这个程度，Razor 页面的复杂度与控制器的复杂度就相差无几了。而控制器能够提供更深的代码分层，以及关注点的更深入隔离。在比这里讨论的场景更复杂的地方，使用 Razor 页面而不是控制器就只是一种个人倾向问题了。

5.5 小结

视图是 Web 应用程序的基础。在 ASP.NET Core 中，视图是处理模板文件(通常是 Razor 模板文件)并将其与调用方(通常是控制器方法)提供的数据混合在一起的结果。在本章中，我们首先讨论了视图引擎的架构，然后深入讨论了 Razor 视图的渲染。之后，我们对比了几种向视图传递数据的方法。最后介绍了 Razor 页面，它们对于快速组织极为简单的基本视图很有帮助，也可以作为一种工具，帮助从另外一种角度学习 ASP.NET Core 中的 Web 编程。

本章包含许多 Razor 代码段。Razor 是一种标记语言，其语法与 HTML 相似，但是允许添加众多扩展和特定的功能。第 6 章将介绍 Razor 的语法。

第 6 章

Razor 语法

人应该坦然面对厄运、自己犯下的错误、自己的良心等一类的东西。不然呢？要对抗的还有什么呢？

——约瑟夫•康拉德，《阴影线》

ASP.NET Core 应用程序通常但并非总是由控制器构成；控制器方法通常但并非总是返回 ViewResult 对象作为处理结果。之后，操作调用程序系统组件处理操作结果，生成实际的响应。如果操作结果是一个 ViewResult 对象，就会启动视图引擎，生成一些 HTML 标记。视图引擎被设计为使用给定文件夹结构中的模板，并向其填入一些提供的数据。模板的表达方式以及向模板注入数据的方式取决于视图引擎组件的内部实现，以及视图引擎在生成 HTML 时理解并解析的内部标记语言。

ASP.NET Core 自带一个默认的视图引擎：Razor 视图引擎。Razor 是一种标记语言，用来定义应用程序的 HTML 视图的布局。在前面的章节中，我们已经看到了 Razor 语言的一些例子。本章将系统而全面地介绍 Razor 的语言元素。

6.1 语法元素

Razor 文件是一个文本文件，包含两个主要的语法项：HTML 表达式和代码表达式。HTML 表达式逐字母发出；代码表达式则被求值，并且它们的输出将与 HTML 表达式合并到一起。代码表达式指的是某种预定义编程语言的语法。

Razor 文件的扩展名标识了使用的编程语言。默认情况下，扩展名为.cshtml，用于表达式的编程语言为 C#。无论选择什么编程语言，@字符总是表明 Razor 代码表达式的开始位置。

6.1.1　处理代码表达式

在第 5 章，我们看到了 Razor 解析器如何处理源代码，以及如何生成静态 HTML 表达式和动态代码表达式的有序列表。代码表达式可以是在行内发出的一个直接值(例如变量或普通表达式)，也可以是一个复杂的语句，由循环和条件等控制流元素构成。

有意思的是，在 Razor 中，总是需要指出代码段在什么地方开始。之后，内部解析器将使用所选编程语言的语法来确定代码表达式何时结束。

1. 内联表达式

考虑下面的例子：

```
<div>
    @CultureInfo.CurrentUICulture.DisplayName
</div>
```

在这段代码中，CultureInfo.CurrentUICulture.DisplayName 表达式将被求值，得到的输出将发出到输出流中。下面是另外一个内联表达式的例子：

```
@{
    var message = "Hello";
}

<div>
    @message
</div>
```

@message 表达式发出 message 变量的当前值。不过，在上面这个代码段中，我们看到了另外一个语法元素：@{…}代码块。

2. 代码块

代码块中允许使用多行语句，包括声明和计算。@{…}代码块的内容被假定为代码，除非其内容被封装在一个标记标签中。标记标签主要是 HTML 标签，但是原则上，如果在特定场景中有意义的话，甚至可以使用非 HTML 的自定义标签。考虑下面的例子：

```
@{
    var culture = CultureInfo.CurrentUICulture.DisplayName;
    Your culture is @culture
}
```

在这个例子中，代码块需要包含代码和静态标记。假设想要发送给浏览器的标记是纯文本，且文本没有包含在 HTML 元素内(包括没有视觉提示的元素，如 SPAN)。上面代码的效果是，解析器将尝试根据当前编程语言的语法来解析文本“Your culture is ...”。这很可能导致一个编译错误。下面显示了如何重写上面的代码。

```
@{
    var culture = CultureInfo.CurrentUICulture.DisplayName;
    <text>Your culture is @culture</text>
}
```

<text>标签可用来标记某些静态文本将被逐字母渲染，而响应中不会渲染其周围的标记元素。

3. 语句

任何 Razor 代码段都能与普通标记相混合，即使代码段中包含控制流语句，如 if/else 或 for/foreach。下面这个简单的例子显示了如何构建一个 HTML 表格：

```
<body>
    <h2>My favorite cities</h2>
    <hr />
    <table>
        <thead>
            <th>City</th>
            <th>Country</th>
            <th>Ever been there?</th>
        </thead>
    @foreach (var city in Model.Cities) {
       <tr>
            <td>@city.Name</td>
            <td>@city.Country</td>
            <td>@city.Visited ?"Yes" :"No"</td>
        </tr>
    }
    </table>
</body>
```

注意，放在源代码中间的结束花括号(可以在@foreach 行中看到)被解析器正确地识别和解释了。

通过使用圆括号，可在同一个表达式中合并多个记号，如标记和代码：

```
<p> @("Welcome, " + user) </p>
```

创建的任何变量都可在以后获取和使用，就像代码属于一个代码块一样。

4. 输出编码

Razor 处理的任何内容都会被自动编码，这样一来，你自己不需要多做工作，得到的 HTML 输出就极为安全，能够抵御 XSS 脚本注入。牢记这一点并避免显式编码输出，因为这可能导致文本被两次编码。

但是，在某些情况下，代码需要发出未编码的 HTML 标记。此时，需要使用 Html.Raw 帮助程序方法。下面显示了如何使用该方法。

```
Compare this @Html.Raw("<b>Bold text</b>")
to the following: @("<b>Bold text</b>")
```

Html 对象从何而来呢？从技术上讲，它被称为 HTML 帮助程序，是所有 Razor 视图的基类 RazorPage 上的一个预定义属性。稍后将看到，Razor 中提供了许多有意思的 HTML 帮助程序。

5. HTML 帮助程序

HTML 帮助程序是 HtmlHelper 类的一个扩展方法。抽象来讲，HTML 帮助程序只不过是一个 HTML 工厂。在视图中调用该方法；从提供给该方法的输入参数(如果有)生成的一些 HTML 将被插入视图中。在内部，HTML 帮助程序只是将标记累加到一个内部的缓冲区，然后输出这些标记。视图对象通过属性名 Html 包含 HtmlHelper 类的一个实例。

ASP.NET Core 提供了一些自带的 HTML 帮助程序，包括 CheckBox、ActionLink 和 TextBox。表 6-1 给出了常用的 HTML 帮助程序。

表 6-1　常用的 HTML 帮助程序方法

方法	类型	描述
BeginForm、BeginRouteForm	表单	返回一个表示 HTML 表单的内部对象，系统使用该对象来渲染<form>标签
EndForm	表单	一个 void 方法，关闭</form>标签
CheckBox、CheckBoxFor	输入	返回复选框输入元素的 HTML 字符串
Hidden、HiddenFor	输入	返回隐藏输入元素的 HTML 字符串
Password、PasswordFor	输入	返回密码输入元素的 HTML 字符串
RadioButton、RadioButtonFor	输入	返回单选按钮输入元素的 HTML 字符串
TextBox、TextBoxFor	输入	返回文本输入元素的 HTML 字符串
Label、LabelFor	标签	返回 HTML 标签元素的 HTML 字符串
ActionLink、RouteLink	链接	返回 HTML 链接的 HTML 字符串
DropDownList、DropDownListFor	列表	返回下拉列表的 HTML 字符串
ListBox、ListBoxFor	列表	返回列表框的 HTML 字符串
TextArea、TextAreaFor	文本区域	返回文本区域的 HTML 支持
ValidationMessage、ValidationMessageFor	验证	返回验证消息的 HTML 字符串
ValidationSummary	验证	返回验证总结消息的 HTML 字符串

举个例子，下面看看如何使用 HTML 帮助程序来创建一个文本框，文本框中的文本将通过代码填入。

```
@Html.TextBox("LastName", Model.LastName)
```

每个 HTML 帮助程序都有许多重载，用来指定特性值和其他相关的信息。例如，下面这个重载的 TextBox 使用 class 特性指定了文本框的样式：

```
@Html.TextBox("LastName",
              Model.LastName,
              new Dictionary<String, Object>{{"class", "myCoolTextBox"}})
```

在表 6-1 中，显示了许多 *xxx*For 帮助程序。它们与其他帮助程序有什么区别呢？*xxx*For 帮助程序与基础版本的区别在于，它只接受一个 Lambda 函数作为参数，如下所示。

```
@Html.TextBoxFor(model => model.LastName,
                 new Dictionary<String, Object>{{"class", "myCoolTextBox"}})
```

对于文本框，Lambda 表达式指出了输入字段中要显示的文本。当用来填充视图的数据被分组到一个模型对象中时，*xxx*For 版本特别有用。在这种情况下，视图结果读取起来更加清晰，并且是强类型的。

使用 HTML 帮助程序的优缺点都很明显。它们一开始是作为 HTML 子例程引入的：调用它们，传入参数，然后获取期望的标记。HTML 帮助程序越复杂，就要编写越多的 C#代码来传递参数，通常形成深层的参数图。在某种程度上，HTML 帮助程序隐藏了渲染复杂标记的复杂性。但是，与此同时，因为标记的结构被隐藏了，开发人员就无法了解其结构，而只能把标记作为一个黑盒来使用。甚至使用 CSS 来设置一段内部标记的样式都需要仔细设计，因为必须在 API 中公开 CSS 属性。

尽管 ASP.NET Core 完全支持 HTML 帮助程序，但是相比几年前，使用它们的吸引力已经大大下降。ASP. NET Core 提供了标记帮助程序(后面将介绍)来作为一种附加的工具，能够以灵活而又具有表现力的方式渲染复杂的 HTML。从我个人来讲，我近来很少使用 HTML 帮助程序，只有一个例外：CheckBox 帮助程序。

6. 布尔值与复选框的特殊情况

假设在 HTML 表单中有一个复选框。标准登录表单中的 Remember me 复选框是一个很好的例子。如果不使用 CheckBox 帮助程序，那么需要使用下面的普通 HTML：

```
<input name="rememberme" type="CheckBox" />
```

按照 HTML 标准，如果选中该复选框，浏览器将提交下面的值：

```
rememberme=on
```

如果没有选中复选框，那么输入字段将被忽略，并且不会发送。此时，模型绑定如何处理提交的数据呢？模型绑定层将 on 理解为 true，但是如果 RememberMe 名称没有提交值，它就做不了什么。CheckBox 帮助程序会默默地向 RememberMe 名称附加一个 INPUT 隐藏元素，并将其设置为 false。如果选中了复选框，则将为同一个名称提交两个值，不过在这种情况下，模型绑定层会选择第一个值。

除了这种特殊的情况以外，使用 HTML 帮助程序而不是普通 HTML 或更好的标记帮助程序就主要是一种个人偏好了。

7. 注释

最后要介绍的是注释。在生产代码中可能不需要注释，但是在开发代码中肯定需要它们，在 Razor 视图中可能也需要使用注释。在使用@{...}的多行代码段中工作时，可使用相应语言的语法来添加注释。当需要注释一段标记时，可使用@*...*@语法。如下所示：

```
@*
   <div> Some Razor markup </div>
*@
```

Visual Studio 能够检测到注释，并用配置的颜色显示它们。

6.1.2　布局模板

在 Razor 中，布局模板扮演了母版页的角色。布局模板定义了视图引擎在任何映射的视图中渲染的骨架，使得网站的对应部分有了一致的外观和感觉。

通过设置父视图类的 Layout 属性，每个视图都可以定义自己的布局模板。可以把布局设置为硬编码的文件，或者设置为对运行时条件求值得到的任何路径。在第 5 章看到，使用_ViewStart.cshtml 文件可为 Layout 属性赋值一个默认属性，从而为所有视图定义一个默认的图形模板。

1. 使用布局的指导原则

从技术上讲，布局模板与视图(或分部视图)没什么区别，视图引擎将按照相同的方式解析和处理布局模板的内容。但是，与大部分视图(和所有分部视图)不同的是，布局模板是一个完整的 HTML 模板，以<html>开头，以</html>结束。

注意：

视图并不是必须把布局设置为一个不同的资源。最终，Razor 引擎将按照相同的方式处理布局和常规视图，这意味着可以在一个 HTML 元素中封装一个完整的 HTML 页面视图模板。

因为布局文件是一个完整的 HTML 模板，所以应该包含一个完整的 HEAD 块，在其中提供元信息、favicon 以及常用的 CSS 和 JavaScript 文件。把脚本放到 HEAD 节还是视图体的末尾由你自己决定。模板体定义了所有派生视图的布局。典型的布局模板包含一个页眉、一个页脚，还可能包含一个边栏。这些元素中显示的内容将被所有视图继承，它们可被静态地设置为普通的本地化文本，或者绑定到传入的数据。稍后将看到，布局页面可接受外部传入的数据。

在现实应用中，应该有多少个布局文件呢？

这很难从普遍适用的角度来讲。当然，你可能至少需要有一个布局。但是，如果所有的视图都是完整的 HTML 视图，那么没有布局也是可以的。在决定布局时，建议采用的一个规则是，对于网站的每个宏观区域，都有一个布局。例如，可以让主页有一个布局，然后可以有完全不同的内部页面。内部页面的数量取决于这些页面如何分组。如果应用程序需要有一个后端办公系统，让管理员用户输入数据和配置，那么可能需要为其使用另外一个布局。

重要

在任何视图中，在引用图片、脚本和样式表等资源时，都建议使用波浪号运算符(~)来指代网站的根目录。在 ASP.NET Core 中，Razor 引擎会自动扩展波浪号运算符。但是要注意，只有在 Razor 引擎解析的代码块中，波浪号才能起到这种作用。在普通的 HTML 文件(带有.html 扩展名)中，以及 Razor 文件的所有<script>元素中，波浪号是不起作用的。这时，要么将路径表示为一个代码块，要么使用一些 JavaScript 技巧来修复该 URL。

2. 向布局传递数据

开发人员在编程时只会引用视图及其视图模型。在经典 ASP.NET 中，Controller 类的 View 方法还有一个重载，用于通过代码设置布局。ASP.NET Core 中没有提供这个重载方法。当视图引擎判断出被渲染的视图有一个布局时，将首先解析布局的内容，然后与视图模板合并。

布局可以定义自己期望收到的视图模型的类型，但是如果它真正收到了任何东西，也只会是传递给实际视图的视图模型对象。因此，理想情况下，布局视图的视图模型必须是用于视图的视图模型的父类。建议对于计划使用的每个布局，都定义一个专门的视图模型基类，并从该基类派生具体的视图模型类来用于实际的视图。如表 6-2 所示。

表 6-2　布局和视图模型类

视图模型	布局	描述
HomeLayoutViewModel	HomeLayout	HomeLayout 模板的视图模型
InternalLayoutViewModel	InternalLayout	InternalLayout 模板的视图模型
BackofficeLayoutViewModel	BackofficeLayout	BackofficeLayout 模板的视图模型

更好的地方是，所有布局视图模型类都将继承一个父类，例如第 5 章讨论过的 ViewModelBase 类。

介绍了这些知识后，需要知道的是，就像其他任何视图一样，仍然可以通过依赖注入和字典向布局视图传递数据。

3. 定义自定义节

所有布局都强制至少有一个注入点，供注入外部视图内容。这个注入点就是对方法 RenderBody 的调用。该方法在用于渲染布局和视图的视图基类中定义。但是，有时需要把内容注入到多个位置。此时，需要在布局模板中定义一个或更多个命名节，让视图在这些节中填写标记。

```
<body>
    <div class="page">
     @RenderBody()
    </div>
    <div id="footer">
       @RenderSection("footer")
    </div>
</body>
```

每个节都通过其名称标识，如果没有标记为可选，那么认为每个节都是必须存在的。RenderSection 方法接受一个可选的布尔参数，用于指定该节是否是必要的。为了声明某个节是可选的，可以使用下面的代码：

```
<div id="footer">
    @RenderSection("footer", false)
</div>
```

下面的代码在功能上与前面的代码等效，但是从可读性的角度看，要比前面的代码好得多。

```
<div id="footer">
    @RenderSection("footer", required:false)
</div>
```

注意，required 不是一个关键字，而只是 RenderSection 方法定义的形式参数的名称(在有 IntelliSense 时，它的名称会清楚地显示出来)。对于自定义节的数量并没有限制。自定义节可以用在布局中的任意位置，只要在视图中填充以后，得到的

HTML 是有效的即可。

如果视图模板不包含被标记为 required 的节，则将产生运行时异常。下面显示了如何在视图模板中定义一个节的内容：

```
@section footer {
    <p>Written by Dino Esposito</p>
}
```

可以在 Razor 视图模板的任何位置定义一个节的内容。

6.1.3　分部视图

分部视图是一段独特的 HTML，包含在一个视图内，但是被当成完全独立的实体来处理。事实上，完全针对某个视图引擎编写一个视图，而让其引用的分部视图使用另一个视图引擎，是完全合法的做法。分部视图类似于 HTML 子例程，主要用于两种场景：编写可重用的仅用于呈现 UI 的 HTML 片段，以及将复杂的视图分解为更小、更易于管理的部分。

1. 可重用的 HTML 片段

原来引入分部视图是为了获得可重用的、基于 HTML 的用户界面部分。但是，正如其名称所表示的，分部视图是一个视图，只不过更小，是围绕一个模板和一些传入或注入的数据而构造的。分部视图是可重用的，但不是一个独立的 HTML 片段。

分部视图缺少业务逻辑，所以无法从可重用的模板演化成独立的小组件。换句话说，分部视图仅仅是一个渲染工具。将横幅和菜单隔离开，甚至隔离一些表格和边栏，是很好的做法，但是不能隔离自治的 Web 部件。对于该目的，ASP.NET Core 提供了视图组件。

2. 分解复杂视图

总体来看，使用分部视图将庞大而复杂的表单分解为更易于管理的部分是更值得关注的用法。大表单(尤其是包含多个步骤的表单)变得越来越常见，如果没有分部视图，就很难表示和处理它们。

从用户体验的角度来看，用选项卡来分解非常大的、包含很多输入字段的表单是一种很好的方法。不过，大表单并不只是对于用户来说是个问题。考虑下面这个基于选项卡的表单，其中使用了 Bootstrap CSS 类来获取选项卡。

```
<form class="form-horizontal" id="largeform"
      role="form" method="post"
      action="@Url.Action("largeform", "sample")">
     <div>
        <!-- Nav tabs -->
```

```
            <ul class="nav nav-tabs" role="tablist">
                @Html.Partial("pv_largeform_tabs")
                <li role="presentation" class="active">
                    <a href="#tabGeneral" role="tab" data-toggle="tab">General</a>
                </li>
                <li role="presentation">
                    <a href="#tabEmails" role="tab" data-toggle="tab">Emails</a>
                </li>
                <li role="presentation">
                    <a href="#tabPassword" role="tab" data-toggle="tab">Password</a>
                </li>
            </ul>

            <!-- Tab panes -->
            <div class="tab-content">
                <div role="tabpanel" class="tab-pane active" id="tabGeneral">
                    @Html.Partial("pv_largeform_general")
                </div>
                    <div role="tabpanel" class="tab-pane" id="tabEmails">
                @Html.Partial("pv_largeform_emails")
                </div>
            <div role="tabpanel" class="tab-pane" id="tabPassword">
                @Html.Partial("pv_largeform_password")
            </div>
        </div>
    </div>
</form>
```

如果必须编写这样的表单，那么不使用分部类的话，就必须把选项卡的完整标记嵌入主视图中。因为每个选项卡都可以是一个简单的视图，所以放到一个位置的标记(用来写、读和编辑)的数量是极大的。在这种上下文中使用的分部视图很难重用，但是它们能够高效地满足你的目的。

3. 向分部视图传递数据

视图引擎在处理分部视图时与处理其他视图没有区别。因此，分部视图接收数据的方式与普通视图或布局是一样的，可以使用一个强类型的视图模型类，也可以使用字典。但是，如果在调用分部视图时不传递任何数据，那么分部视图也将收到传递给父视图的强类型视图模型。

```
@Html.Partial("pv_Grid")
```

父视图总是与其所有的分部视图共享视图字典的内容。如果向分部视图单独传递了视图模型，则不再引用父视图的视图模型。

现在考虑一种边缘案例。父视图收到了一个数据对象数组，并遍历该列表。然后，将每个数据对象传递给一个分部视图来实际渲染。

```
@foreach(var customer in Model.Customers)
{
    @Html.Partial("pv_customer", customer)
}
```

现在，customer 细节的渲染工作就完全交给了 pv_customer 视图，这使它成为应用程序中渲染 customer 细节的唯一方式。目前来看一切都好。但是，如果需要向分部视图传递更多信息，而不只是它收到的 customer 数据对象中包含的信息，该怎么办？可选项有以下几种。

- 首先，可以重构涉及的类，使分部视图能够收到所有必要的数据。但是，这种方法可能损害该分部视图的可重用性。
- 其次，可以使用一种匿名类型，将原数据对象与额外的数据连接起来。
- 最后，可以通过 ViewData 传递任何额外的数据。

6.2　Razor 标记帮助程序

使用 HTML 帮助程序时，可通过编程来表示希望使用的标记，而不用把标记完整写出来。在某种程度上，HTML 帮助程序就是一个智能的 HTML 工厂，可以配置它来获得某些具体的 HTML。在内部，帮助程序就是 C#代码；在外部，它们作为 C#代码段添加到 Razor 模板中。

标记帮助程序的根本效果与 HTML 帮助程序相同，可作为 HTML 工厂，但是它们提供了更简洁、更自然的语法。特别是，不需要任何 C#代码就可以使用标记帮助程序。

注意：
标记帮助程序是 ASP.NET Core 独有的功能。在经典 ASP.NET MVC 中，最接近标记帮助程序的是使用 HTML 帮助程序，或者更好的方法是使用 HTML 模板化帮助程序。

6.2.1　使用标记帮助程序

标记帮助程序是服务器端代码，可以绑定到一个或多个标记元素。当标记帮助程序运行时，能够检查标记元素的 DOM，甚至可能改变生成的标记。标记帮助程序是编译成程序集的 C#类，需要特殊的视图指令才能识别它们。

1. 注册标记帮助程序

Razor 视图中的@addTagHelper 指令告诉解析器链接指定的类，并使用这些类来处理未知的标记特性和元素。

```
@addTagHelper *, YourTagHelperLibrary
```

上面的语法将 YourTagHelperLibrary 程序集中的全部类链接到当前视图内，作为潜在的标记帮助程序。如果指定一个类型名，而不是*号，那么在指定的程序集中，只有该类将被链接进来。如果插入 ViewImports.cshtml 文件中，那么@addTagHelper 指令将被自动添加到任何被处理的 Razor 视图中。

2. 将标记帮助程序附加到 HTML 元素上

初看上去，可把标记帮助程序看成 Razor 解析器处理的一个自定义 HTML 特性或自定义 HTML 元素。下面显示了如何使用一个示例标记帮助程序。

```
<img src="~/images/app-logo.png" asp-append-version="true" />
```

下面给出了另外一个例子。

```
<environment names="Development">
    <script src="~/content/scripts/yourapp.dev.js" />
</environment>
<environment names="Staging, Production">
    <script src="~/content/scripts/yourapp.min.js" asp-append-version="true" />
</environment>
```

注册为标记帮助程序的程序集告诉 Razor 解析器，在标记表达式中发现的哪些特性和元素应该在服务器端处理，以便生成实际的标记供浏览器使用。Visual Studio 会用特殊的颜色强调被识别为标记帮助程序的特性和元素。

特别是，asp-append-version 标记帮助程序会修改绑定的元素，在引用文件的 URL 中添加一个时间戳，使浏览器不缓存该文件。下面给出了为上面的 IMG 元素实际生成的标记。

```
<img src="/images/app-logo.png?v=yqomE4A3_PDemMMVt-umA" />
```

在 URL 后面会自动追加一个版本查询字符串参数，这个参数计算为文件内容的哈希。这意味着每当文件变化时，会生成一个新的版本字符串，使浏览器的缓存失效。在开发过程中，每当一个外部资源(如图片、样式表或脚本文件)变化时，都需要清理浏览器的缓存，上面这种简单的迂回方法解决了这个长期存在的开发问题。

注意：

如果引用的文件不存在，则不会生成任何版本字符串。与之相对，environment 标记帮助程序根据当前检测到的 ASP.NET Core 宿主环境，输出对应的标记。每个标记帮助程序都被配置为绑定到特定的 HTML 元素。可以把多标记帮助程序附加给相同的 HTML 元素。

6.2.2 内置的标记帮助程序

ASP.NET Core 自带了许多预定义的标记帮助程序。所有预定义的标记帮助程序都在一个相同的程序集中定义，而我们很可能会在_ViewImports.cshtml 文件中引用这个程序集，这就保证了所有的 Razor 视图都能够使用内置的标记帮助程序。

```
@addTagHelper *, Microsoft.AspNetCore.Mvc.TagHelpers
```

内置的标记帮助程序覆盖了多种功能。例如，一些标记帮助程序会影响 Razor 模板中也可使用的 HTML 元素：FORM、INPUT、TEXTAREA、LABEL 和 SELECT。还有许多帮助程序可用于验证要显示给用户的消息。系统提供的所有标记帮助程序都带有 asp-*名称前缀。以下网址提供了完整参考：http://docs.microsoft.com/en-us/aspnet/core/api/microsoft.aspnetcore.mvc.taghelpers。

1. 标记帮助程序的常规结构

接下来的小节将介绍一些内置的标记帮助程序。为了帮助理解，我们首先来看看标记帮助程序的内部组成，以及它们的核心特征信息。

标记帮助程序类由其能够引用的一个或多个 HTML 元素来标识。标记帮助程序类主要由实际行为实现中使用的公有属性和私有方法构成。每个公有属性可能用其关联的标记帮助程序特性的名称来修饰。例如，下面给出了定位标记帮助程序的 C#类的声明。

```
[HtmlTargetElement("a", Attributes = "asp-action")]
[HtmlTargetElement("a", Attributes = "asp-controller")]
[HtmlTargetElement("a", Attributes = "asp-area")]
[HtmlTargetElement("a", Attributes = "asp-fragment")]
[HtmlTargetElement("a", Attributes = "asp-host")]
[HtmlTargetElement("a", Attributes = "asp-protocol")]
[HtmlTargetElement("a", Attributes = "asp-route")]
[HtmlTargetElement("a", Attributes = "asp-all-route-data")]
[HtmlTargetElement("a", Attributes = "asp-route-*")]
public class AnchorTagHelper : TagHelper, ITagHelper
{
    ...
}
```

看起来，该标记帮助程序只能与带有列表中的任何特性的 A 元素关联在一起。换句话说，如果 Razor 只包含普通的<a href="…">…</a>元素，不带上面的任何 asp-*特性，那么将直接生成该标记，不作进一步处理。图 6-1 显示，Visual Studio 能够检测出某些已注册的标记帮助程序实际支持哪些 asp-*特性。

正如图中所见，Visual Studio 检测到 asp-hello 不是任何已注册标记帮助程序的 A 元素的有效特性。

```
Index.cshtml*
@model YouCore.Server.Models.HomeViewModel

<a asp-controller="Home"
   asp-action="Room"
   asp-hello="hello">Sample link</a>

<hr/>
```

图 6-1　有效和无效的标记帮助程序特性

2. 定位标记帮助程序

定位标记帮助程序用于 A 元素，允许极为灵活地指定该元素指向的 URL。事实上，在指定目标 URL 时，可以将其分解为区域-控制器-操作组件，可以按路由名称指定，甚至可以指定 URL 段，如主机、片段和协议。图 6-1 显示了如何使用定位标记帮助程序。

注意：
如果同时指定了 href 特性和路由特性，那么帮助程序类将抛出一个异常。

3. 表单标记帮助程序

表单标记帮助程序支持使用特性，通过控制器和操作名称或者通过路由名称来设置操作 URL。

```
<form asp-controller="room" asp-action="book">
   ...
</form>
```

下面的 Razor 代码将 method 特性设为 POST，将 action 特性设为指定的控制器和操作组合得到的 URL。另外，表单标记帮助程序做了一些有趣而又复杂的工作：它注入了一个隐藏字段，该字段带有请求验证标记，而这个标记是定制的，用于防止跨站请求伪造(Cross-Site Request Forgery，XSRF)攻击。

```
<form method="POST" action="/room/book"
   <input name="__RequestVerificationToken" type="hidden" value="..." />
   ...
</form>
```

它还添加了一个 cookie，并在 cookie 中保存该字段中存储的值，但对这个值进行了加密。只要也使用服务器端特性修饰接收方控制器(就像下面这样)，这种方法就能够牢固地防御 XSRF 攻击。

```
[AutoValidateForgeryToken]
public class RoomController : Controller
{
   ...
}
```

AutoValidateForgeryToken 特性将读取请求验证 cookie，进行解密，然后将其值与请求验证隐藏字段的 value 特性的内容进行比较。如果不匹配，就抛出异常。如果没有 AutoValidateForgeryToken 特性，就无法进行双重检查。通常，会在控制器级别使用该特性，或者更好的方法是，将其用作全局筛选器。此时，如果只想针对某些方法禁用该特性，那么可以使用 IgnoreValidateForgeryToken 特性。

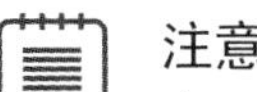

注意：
在 ASP.NET Core 中，还有一个类似的特性，名为 ValidateForgeryToken。其与 AutoValidateForgeryToken 的区别是，后者只检查 POST 请求。

4. 输入标记帮助程序

输入标记帮助程序将 INPUT 元素绑定到一个模型表达式。绑定是通过 asp-for 特性实现的。注意，asp-for 特性也用于 LABEL 元素。

```
<div class="form-group">
   <label class="col-md-4 control-label" asp-for="Title"></label>
   <div class="col-md-4">
      <input class="form-control input-lg" asp-for="Title">
   </div>
</div>
```

INPUT 元素的 asp-for 特性根据表达式生成 name、id、type 和 value 特性。在示例中，值 Title 引用绑定的视图模型上的对应属性。对于 LABEL 元素，asp-for 特性设置 for 特性，并且作为可选项，还可以设置标签的内容。结果如下所示。

```
<div class="form-group">
   <label class="col-md-4 control-label" for="Title">Title</label>
   <div class="col-md-4">
      <input class="form-control input-lg"
             type="text" id="Title" name="Title" value="...">
   </div>
</div>
```

INPUT 字段的 value 属性将获得表达式生成的值。注意，也可以使用复杂的表达式，如 Customer.Name。

为了确定最合适的字段类型，asp-for 特性还会查看视图模型类上可能定义的数据注释。如果已经在标记中指定了受到影响的特性，则这些特性不会被覆盖。另外，根据数据注释，asp-for 特性可以生成 HTML5 验证特性，读取错误消息和验证规则。验证标记帮助程序会使用生成的这些 data-*验证特性，如果配置了 jQuery 验证的客户端验证，那么也会使用这些 data-*验证特性。

最后，需要注意，如果视图模型的结构发生了变化，而标记帮助程序表达式没有更新，那么将生成编译时错误。

5. 验证标记帮助程序

验证标记帮助程序分为两种类型：验证单独的属性以及验证总结。特别是，验证消息帮助程序会使用 SPAN 元素上的 asp-validation-for 特性的值。

```
<span asp-validation-for="Email"></span>
```

该 SPAN 元素设置了对应的 HTML5 验证消息，这条消息是 Email INPUT 字段输出的。如果需要渲染任何错误消息，则把它们渲染为 SPAN 元素的主体内容。

```
<div asp-validation-summary="All"></span>
```

与之不同，验证总结帮助程序则使用 DIV 元素的 asp-validation-summary 特性。其输出是一个 UL 元素，列出了表单中的全部验证错误。该特性的值决定了列举哪些错误。可用的值包括 All 和 ModelOnly，All 表示列举所有的错误，ModelOnly 表示只列举模型错误。

6. 选择列表标记帮助程序

SELECT 元素的标记帮助程序特别值得注意，因为它为 Web 开发人员解决了一个由来已久的问题：找到一种最简洁、最有效的方式将枚举类型绑定到下拉列表。

```
<select id="room" name="room" class="form-control"
    asp-for="@Model.CurrentRoomType"
    asp-items="@Html.GetEnumSelectList(typeof(RoomCategories))">
</select>
```

在 SELECT 元素中，asp-for 指向要求值的表达式，以便找到列表中的选定项。asp-items 则提供了项目列表。新增的 Html.GetEnumSelectList 扩展方法接受一个枚举类型参数，将其序列化为一个 SelectListItem 对象的列表。

```
public enum RoomCategories
{
    [Display(Name = "Not specified")]
    None = 0,
    Single = 1,
    Double = 2
}
```

好处是，如果使用了 Display 特性修饰枚举中的任何元素，则渲染的名称将是指定的文本，而不是字面值。有意思的是，生成的选项的值是枚举项的数字值，而不是名称。

6.2.3　编写自定义标记帮助程序

标记帮助程序可使 Razor 模板保持简洁，并具备良好的可读性。但是，我只会使用标记帮助程序来自动完成冗长的、重复性强的标记代码块的编写，而不会使用它们创建视图特定的语言等。事实上，越这么做，就越远离普通的 HTML。

1. 创建电子邮件标记帮助程序的动机

假设一些视图将电子邮件的地址显示为纯文本。如果使这些字符串可被点击，并且点击后弹出 Outlook 新邮件窗口，不是很好吗？使用 HTML 很容易实现这种功能，只需要使文本变为定位文本，并使其指向一个 mailto 协议字符串。

```
<a href="mailto:you@yourserver.com">you@yourserver.com</a>
```

在 Razor 中，代码是这样的：

```
<a href="mailto:@Model.Email">@Model.Email</a>
```

这样的代码并不是特别难以阅读和维护，但是，如果还想指定电子邮件的默认主题、内容、抄送地址等，该怎么办？此时，要编写的代码就变得复杂多了。必须检查主题是否非空，并将其添加到 mailto 协议字符串中；对于其他任何要处理的特性，需要执行相同的操作。很可能最终会使用一个本地的 StringBuilder 变量来合并得到最终的 mailto URL。这样的代码会污染视图，而没有为视图增加意义，因为它只是执行了样板转换，将数据转换成了标记。

2. 规划标记帮助程序

标记帮助程序能够帮助阅读转换的细节，并在视图中隐藏转换的细节。现在就可以使用下面的标记。

```
<email to="@Model.Email.To"
       subject="@Model.Email.Subject">
   @Model.Email.Body
</email>
```

必须在视图中注册标记帮助程序类，可以注册到视图本身中，也可以注册到 _ViewImports.cshtml 文件中，以便对所有视图可用。注册方法如下：

```
@addTagHelper *, Your.Assembly
```

新的标记帮助程序有一个自定义元素，通过为其添加额外的属性(如 CC)，可使其更加复杂。

3. 实现标记帮助程序

典型的标记帮助程序类继承了 TagHelper，并重写 ProcessAsync 方法。该方法负责为帮助程序控制的任何标记生成输出。

如前所述，要将 Razor 元素绑定到帮助程序，需要使用 HtmlTargetElement 特性。

该特性包含了帮助程序将绑定到的元素的名称。

```
[HtmlTargetElement("email")]
public class MyEmailTagHelper : TagHelper
{
   public override async Task ProcessAsync(
            TagHelperContext context, TagHelperOutput output)
   {
      // Evaluate the Razor content of the email's element body
      var body = (await output.GetChildContentAsync()).GetContent();

      // Replace <email> with <a>
      output.TagName = "a";

      // Prepare mailto URL
      var to = context.AllAttributes["to"].Value.ToString();
      var subject = context.AllAttributes["subject"].Value.ToString();
      var mailto = "mailto:" + to;
      if (!string.IsNullOrWhiteSpace(subject))
              mailto = string.Format("{0}&subject={1}&body={2}", mailto,
               subject, body);

      // Prepare output
      output.Attributes.Clear();
      output.Attributes.SetAttribute("href", mailto);
      output.Content.Clear();
      output.Content.AppendFormat("Email {0}", to);
   }
}
```

图 6-2 显示了一个使用该帮助程序的 Razor 视图示例。生成的标记如下所示：

```
<a href="mailto:dino.esposito@jetbrains.com&subject=Talking about ASP.NET
Core&body=Hello!">
   Email dino.esposito@jetbrains.com
</a>
```

```
<email to="@email" subject="@subject">
   Hello!
</email>
```

图 6-2　在 Visual Studio 2017 中显示的标记帮助程序示例

图 6-3 显示了相应的页面。

如果目标元素的名称不足以限制受标记帮助程序控制的元素，则可以添加特性。

```
[HtmlTargetElement("email", Attributes="to, subject")]
```

像上面这样修饰的标记帮助程序只会应用到同时指定了两个特性且特性不为空的 EMAIL 元素。如果没有标记帮助程序能够与自定义标记匹配，则原封不动地发出标记，每个浏览器将以某种方式处理这些标记。

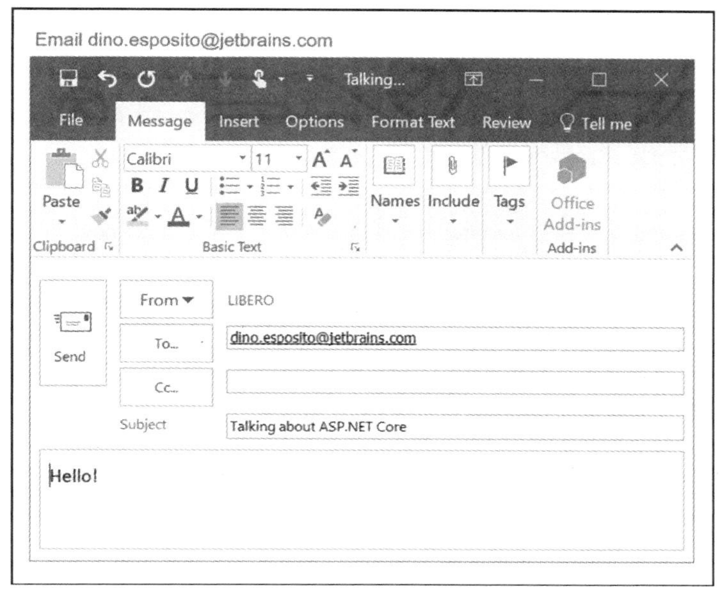

图 6-3 示例页面

4. 标记帮助程序与 HTML 帮助程序的对比

在 ASP.NET Core 中，有两个相似的工具可以提高 Razor 视图中标记语言的抽象级别：HTML 帮助程序(经典 ASP.NET MVC 也支持)和标记帮助程序。这两个工具可完成相同的工作，并且都为相对复杂的重复性的 Razor 任务提供了易于使用的语法。但是，HTML 帮助程序是通过编程调用的一个扩展方法。

```
@Html.MyDropDownList(...)
```

- HTML 帮助程序包含标记或者通过编程生成标记。但是，这种标记是对外隐藏的。假设现在需要编辑内部标记的一个简单特性，例如向某个元素添加一个 CSS 类。只要是一般性的修改，并且会应用到帮助程序的所有实例，那么这个任务并不难。如果想为每个实例指定不同的 CSS 特性，那么必须把该 CSS 特性作为帮助程序的一个输入参数。做这种修改对于内部标记和外围的 API 都会产生巨大影响。
- 相反，标记帮助程序只是视图中围绕标记的代码。这种代码根据每种情况说明如何操纵指定的模板。

6.3 Razor 视图组件

视图组件是 ASP.NET MVC 世界中的一个相对较新的成员。从技术上讲，它们是自包含的组件，既包含逻辑，又包含视图。在这个方面，它们是经典 ASP.NET 中的子操作的改进版本，也是其替代品。

6.3.1　编写视图组件

在视图中，通过 C#代码块来引用视图组件，并向它们传递任何必要的输入数据。在内部，视图组件将运行自己的逻辑，处理传入的数据，并返回视图供渲染。

与标记帮助程序不同，ASP.NET Core 没有任何预定义的视图组件。因此，视图组件是在每个应用程序中创建的。

1. ViewComponent 的实现

视图组件是继承了 ViewComponent 的类，并公开一个 InvokeAsync 方法，该方法的签名与可能在 Razor 视图中传入的输入数据匹配。下面给出了视图组件的核心代码的一种合理的布局。

```
public async Task<IViewComponentResult> InvokeAsync( /* input data */ )
{
   var data = await RetrieveSomeDataAsync(/* input data */);
   return View(data);
}
```

在视图组件内，可能有数据库或服务引用，并可能要求系统注入依赖。这是完全不同的业务逻辑，它负责从数据源获取数据，并把数据打包成一段 HTML。

2. 将组件连接到 Razor 视图

可以把视图组件类放到项目中的任意位置，但是视图组件使用的所有视图必须位于特定的位置。特别是，必须有一个 Components 文件夹，每个视图组件在该文件夹下都有一个子文件夹。通常把 Components 文件夹放到 Views/Shared 文件夹下，以确保组件可完全重用。如果情况决定了需要把多个视图组件仅用于一个控制器，那么在 Views 中的控制器文件夹下有一个 Components 文件夹也是可以的。

视图组件文件夹的名称就是视图组件类的名称。注意，如果类名带有 ViewComponent 后缀，则将移除该后缀。此文件夹包含使用到的所有 Razor 视图。从 InvokeAsync 方法返回时，如果没有指定视图名称，则使用 default.cshtml 文件。该视图是一个常规的 Razor 视图，包含常用的指令。

3. 调用视图组件

要在视图内调用视图组件，需要使用下面的代码。注意，下面的 Component.InvokeAsync 方法可接受任意参数，这些参数将被传递给引用组件的内部实现的

InvokeAsync 方法。Component.InvokeAsync 方法是要生成的标记的占位符。

```
@await Component.InvokeAsync("LatestBookings", new { maxLength = 4 })
```

注意，控制器也可以调用视图组件。此时，要使用的代码如下所示。

```
public IActionResult LatestBookings(int maxNumber)
{
   return ViewComponent("LatestBookings", maxNumber);
}
```

这种方法类似于返回一个分部视图。对于这两种情况，调用方都将收到一个 HTML 片段。分部视图与视图组件的区别在于它们的内部实现。分部视图是一个普通的 Razor 模板，在模板中接受并包含数据。视图组件接受输入参数，获取其数据，然后在模板中包含数据。

6.3.2　Composition UI 模式

视图组件可使视图变得组件化，使其成为不同的自制小组件的组合结果。这种 Composition UI 模式虽然听起来很高深，但是实际上是一个非常直观的概念。

1. 聚合数据和 UI 模板

理想情况下，应用程序中的一些视图应该是不同查询得到的数据聚合在一起的结果。在这种情况中，查询不一定是数据库查询，它只是一种按照视图需要的形式返回数据的操作。可以定义一个规范的视图模型对象，并让应用程序控制器使用其从几种操作(可能是并行操作)得到的数据来填充该对象。考虑下面这个用于仪表板视图的视图模型。

```
public class DashboardViewModel
{
   public IList<MonthlyRevenue> ByMonth { get; set; }
   public IList<EmployeeOfTheMonth> TopPerformers { get; set; }
   public int PercentageOfPeopleInTheOffice { get; set; }
}
```

可以看到，定义了一个规范的视图模型对象，将用户想要在同一个视图中看到的 3 种完全不同的信息聚合到了一起：月度收入、最佳表现者列表，以及到当前为止进入办公室的人数百分比。

一般来说，这些信息可位于同一个数据库中，也可以位于多个数据库中，甚至多个服务器上。因此，应用程序服务通常将触发 3 个调用来获取数据。

```
public DashboardViewModel Populate()
{
   var model = new DashboardViewModel();
```

```
    // Trigger the monthly revenue query
    model.ByMonth = RetrieveMonthlyRevenues(DateTime.Now.Year);

    // Trigger the top performers query
    model.TopPerformers = RetrieveTopPerformersRevenues(DateTime.Now.Year,
      DateTime.Now.Month);

    // Trigger the occupancy query
    model.PercentageOfPeopleInTheOffice = RetrieveOccupancy(DateTime.Now);

    return model;
}
```

在这种方法中，集中获取数据。该视图很可能由 3 个不同的分部视图组成，每个分部视图获取一段数据。

```
<div>@Html.Partial("pv_MonthlyRevenues", Model.ByMonth)</div>
<div>@Html.Partial("pv_TopPerformers", Model.TopPerformers)</div>
<div>@Html.Partial("pv_Occupancy", Model.PercentageOfPeopleInTheOffice)</div>
```

另外一种方法是将这个视图分解为 3 个更小的独立部分，每个部分专门用于一个查询任务。视图组件就是一个分部视图加上一些专门的查询逻辑。因此，相同的视图也可以用下面的方式表达。

```
<div>@await Component.InvokeAsync("MonthlyRevenues", DateTime.Now.Year)</div>
<div>@await Component.InvokeAsync("TopPerformers", DateTime.Now)</div>
<div>@await Component.InvokeAsync("Occupancy", DateTime.Now)</div>
```

负责渲染仪表板视图的控制器并不需要使用应用程序服务，而是可以只负责渲染视图。渲染视图的操作将触发组件。

2. 视图组件与子操作的对比

乍看上去，视图组件与经典 ASP.NET MVC 中的分部视图和子操作很相似。ASP.NET Core 有分部视图，但是没有子操作。相比子操作，视图组件更快，因为它不像子操作那样需要经过控制器管道。这意味着不会进行模型绑定，也没有操作筛选器。

那么，视图组件与分部视图相比，有什么区别呢？

分部视图就是模板，可接受和渲染数据，它们没有后端逻辑。分部视图通常不包含代码，或者只包含一些渲染逻辑。视图组件通常会查询某个数据库来获取数据。

3. 视图组件的影响

将视图分割为独立的组件主要是方便组织工作的一种方法；它还可以让不同的开发人员负责不同的部分，从而使创建视图的工作能够并行进行。但是，视图组件并不一定能够加快应用程序的开发。

因为每个视图组件都是独立渲染(并被填充数据的)，所以数据库逻辑可能不会是最优的。除非数据保存在独立的且不相关的数据源中，否则多个独立的查询可能需要多个连接和多条命令。

一般来说，要确保将视图分割为不同的组件时，整体的查询逻辑不会受到影响。下面给出一个例子。假设某个网站的主页必须渲染两个框，一个框中显示 3 条最新的新闻头条，另一个框中显示最新的 10 条新闻，并带有图片、标题和提要。如果使用不同的视图组件，则需要对同一个数据库表执行两条不同的查询。相反，集中的数据检索过程很可能只需要一条查询。

6.4　小结

ASP.NET Core 中的 Razor 语言与经典 ASP.NET MVC 中的基本上是相同的。ASP.NET Core 中新增了几条指令，用于新的框架功能：标记帮助程序和依赖注入。另外，还新增了视图组件，这是一种新的组件类型，用于可重用的应用程序内的 HTML 小组件。除了这些变化之外，Razor 语言在 ASP.NET Core 中的工作方式与在经典 ASP.NET MVC 中是类似的。

本章结束后，我们就完成了对 ASP.NET Core 应用程序模型的介绍。从第 7 章开始，将介绍一些跨领域关注点，并讨论依赖注入、异常处理和配置等主题。

第 III 部分
跨领域关注点

现在读者已经熟悉了 ASP.NET Core 项目以及 MVC 应用程序模型，我们将开始介绍在真实环境中构建生产解决方案时，可能遇到的一些问题，包括配置、身份验证和数据访问。

第 7 章将介绍 ASP.NET Core 的原生依赖注入(DI)基础结构的关键作用，并解决一些普遍存在的挑战，如管理全局配置数据、处理错误和异常，以及设计控制器。

第 8 章将介绍如何在 ASP.NET Core 中实现用户身份验证，并使用其新增的基于策略的 API 来进行用户授权。虽然 ASP.NET Core 依赖我们熟悉的身份验证概念，但是有经验的 ASP.NET 开发人员会发现，ASP.NET Core 在这些概念的实现上有了很大的区别。

第 9 章将使用现代的设计优先的方法来处理数据访问。该章以 Eric Evans 在领域驱动设计(Domain-driven Design，DDD)上做出的颇有影响力的创新为基础，帮助读者掌握一种现代的、提供持久化的应用程序后端模式。之后，将在 ASP.NET Core 中使用这种模式读写数据。完成该章后，读者将能够处理各种数据访问问题，不管涉及的是 NoSQL 存储、云还是其他技术。

第 7 章 设计考虑

要双方都不小心才能造成一次车祸。

——弗朗西斯·斯科特·菲茨杰拉德，《了不起的盖茨比》

本章介绍所有 Web 应用程序的跨领域的一些关注点，例如全局配置数据、处理错误和异常的模式、控制器类的设计，以及一些现代功能(如在代码层中传递数据的依赖注入)。在设计 ASP.NET Core 应用程序的核心组件时，原生的依赖注入框架扮演着根本性的作用。

话不多说，我们来深入介绍 ASP.NET Core 框架的原生 DI 基础结构的内部机制。

7.1 依赖注入基础结构

DI 是一种开发模式，被广泛用于使服务可被应用程序任何位置的代码使用。每当某个代码组件(如一个类)需要引用某些外部代码(如一个服务)时，都有两种选择。

- 首先，直接在调用代码中创建服务组件的一个新实例。
- 其次，期望收到该服务的一个有效实例，这个实例是其他人创建的。下面我们用一个示例进行演示。

7.1.1 进行重构以隔离依赖

假设有一个类，该类封装了一项外部功能，如记录器。在下面的代码中，该类与此功能的一个具体实现紧密耦合在一起。

```
public class BusinessTask
{
    public void Perform()
    {
        // Get hold of the dependency
        var logger = new Logger();

        // Perform task
        ...

        // Use the dependency
        logger.Log("Done");
    }
}
```

如果将该类移动到其他位置，则必须也移动引用的组件及其所有依赖，否则该类将无法继续工作。例如，如果记录器使用了一个数据库，那么在使用此业务类的任何地方，数据库的连接都必须是可用的。

1. 将应用程序代码与依赖解耦

面向对象设计的一项古老而明智的原则指出，应该针对接口编程，而不是针对实现编程。如果将这条原则运用到前面的代码中，则意味着我们将从记录器组件中提取出一个接口，然后将对这个接口的引用注入业务类中。

```
public class BusinessTask
{
    private ILogger _logger;

    public BusinessTask(ILogger logger)
    {
        // Get hold of the dependency
        _logger = logger;
    }

    public void Perform()
    {
        // Perform task
        ...

        // Use the (injected) dependency
        _logger.Log("Done");
    }
}
```

记录器功能被抽象为 ILogger 接口后，通过构造函数注入。然后，我们可得知以下两点。

- 首先，实例化记录器的工作已被移出了业务类。

- 其次，业务类可以透明地使用现在或者未来的任何类，只要后者实现了该接口即可。

这是依赖注入的一种基本形式，有时也称为穷人版的依赖注入，这是为了强调这种形式只是依赖注入最基本的实现形式，但是也是可以工作的。

2. DI 框架简介

被设计为接收外部依赖的类将创建所有必要实例的工作交给了调用代码。但是，如果过度使用 DI 模式，在得到要注入的实例之前，需要编写的代码量可能会太大。例如，业务类依赖于记录器，而记录器依赖于数据源提供程序，数据源提供程序又可能有其他依赖，以此类推。

为了降低类似场景的工作量，可以使用 DI 框架。DI 框架使用反射(更有可能使用动态编译的代码)来返回期望的实例，而我们只需要编写一行代码而已。DI 框架有时也称为控制反转(Inversion-of-Control，IoC)框架。

```
var logger = SomeFrameworkIoC.Resolve(typeof(ILogger));
```

DI 框架实际上就是将抽象类型(通常是一个接口)映射到一个具体类型。每当代码中请求一个已知的抽象类型时，框架就会创建并返回映射的具体类型的一个实例。注意，DI 框架的根对象常被称为容器。

3. Service Locator 模式

在以松散耦合的方式调用外部依赖时，依赖注入并非唯一可行的方式。还有一种模式称为 Service Locator。下面显示了如何让前面的示例类使用 Service Locator。

```
public class BusinessTask
{
   public void Perform()
   {
      // Perform task
      ...

      // Get the reference to the logger
      var logger = ServiceLocator.GetService(typeof(ILogger));

      // Use the (located) dependency
      logger.Log("Done");
   }
}
```

ServiceLocator 伪类代表的基础结构能够创建与指定抽象类型匹配的实例。DI 与 Service Locator 的关键区别在于，DI 要求相应地设计外围代码；构造函数和其他方法的签名可能发生变化。Service Locator 更加保守，但是得到的代码的可读性要差一些，因为开发人员需要研究完整的源代码来确定依赖。另外，当在庞大的现有代码库中重构依赖时，Service Locator 是一个理想的选择。

在 ASP.NET Core 中，RequestServices 对象在 HTTP 上下文中扮演了 Service Locator 的角色。下面给出了一些示例代码。

```
public void Perform()
{
    // Perform task
    ...

    // Get the reference to the logger
    var logger = HttpContext.RequestServices.GetService<ILogger>();

    // Use the (located) dependency
    logger.Log("Done");
}
```

注意，示例代码被假定为某个控制器类的一部分；因此，HttpContext 应该是 Controller 基类的一个属性。

7.1.2　ASP.NET Core DI 系统概述

ASP.NET Core 自带一个 DI 框架，在应用程序启动时初始化。下面介绍该 DI 框架的特征。

1. 预定义依赖

当容器变得对应用程序代码可用时，就已经包含了一些配置好的依赖，如表 7-1 所示。

表 7-1　ASP.NET Core DI 系统中默认映射的抽象类型

抽象类型	描述
IApplicationBuilder	此类型提供了配置应用程序的请求管道的机制
ILoggerFactory	此类型提供了创建记录器组件的模式
IHostingEnvironment	此类型提供管理应用程序运行的 Web 宿主环境的信息

在 ASP.NET Core 应用程序中，可以把上述任何类型注入任何有效的代码注入点，并不需要预先进行配置(稍后将详细介绍注入点)。不过，为了能够注入其他任何类型，必须首先进行注册。

2. 注册自定义依赖

可以使用两种彼此不互斥的方式在 ASP.NET Core DI 系统中注册类型。为了注册类型，需要让系统知道如何将一个抽象类型解析为一个具体类型。这种映射可以静态设定，也可以动态决定。

静态映射通常在启动类的 ConfigureServices 方法中实现。

```
public class Startup
{
   public void ConfigureServices(IServiceCollection services)
   {
      // Bind the concrete type CustomerService to the ICustomerService interface
      services.AddTransient<ICustomerService, CustomerService>();
   }
}
```

使用 DI 系统定义的 Add*Xxx* 扩展方法来绑定类型。DI 的 Add*Xxx* 扩展方法是在 IServiceCollection 接口上定义的。上面代码的效果是，每当请求一个实现了 ICustomerService 的类型的实例时，系统将返回 CustomerService 的一个实例。特别是，AddTransient 方法确保了每次都会返回 CustomerService 类型的一个新实例。不过，也有其他生存期选项可用。

抽象类型的静态解析有时有一定的局限性。事实上，如果需要根据运行时条件将类型 T 解析为不同的类型，应该怎么办？这时就需要用到动态解析；动态解析允许指定一个回调函数来解析依赖。

```
public void ConfigureServices(IServiceCollection services)
{
   services.AddTransient<ICustomerService>(provider =>
   {
      // Place your logic here to decide how to resolve ICustomerService.
      if (SomeRuntimeConditionHolds())
         return new CustomerServiceMatchingRuntimeCondition();

      else
         return new DefaultCustomerService();
   });
}
```

在现实中，需要传递一些运行时数据来对条件求值。为了在回调函数内获取 HTTP 上下文，需要使用服务定位器 API。

```
public void ConfigureServices(IServiceCollection services)
{
   services.AddTransient<ICustomerService>(provider =>
   {
      // Place your logic here to decide how to resolve ICustomerService.
      var context = provider.GetRequiredService<IHttpContextAccessor>();
      if (SomeRuntimeConditionHolds(context.HttpContext.User))
         return new CustomerServiceMatchingRuntimeCondition();

      else ...
   });
}
```

注意：
必须调用 IServiceCollection 的某个 Add*Xxx* 扩展方法来把自己的类型添加到 DI 系统中，以及将任何系统抽象类型绑定到不同的实现。

3. 依赖的生存期

在 ASP.NET Core 中，有几种不同的方法来向 DI 系统请求映射的具体类型的实例。表 7-2 列出了这几种方法。

表 7-2　DI 创建的实例的生存期选项

方法	描述
AddTransient	调用方在每次调用时，收到指定类型的一个新实例
AddSingleton	调用方收到指定类型的相同实例，该实例在第一次请求时创建。无论类型是什么，每个应用程序都将得到其自己的实例
AddScoped	与 AddSingleton 相同，只不过其作用域为当前请求

注意，通过使用 AddSingleton 方法的重载函数，还可以指定为后续调用返回的具体实例。当需要让返回的对象配置为特定的状态时，这种方法很有帮助。

```
public void ConfigureServices(IServiceCollection services)
{
    // Singleton
    services.AddSingleton<ICustomerService, CustomerService>();

    // Custom instance
    var instance = new CustomerService();
    instance.SomeProperty = ...;

    services.AddSingleton<ICustomerService>(instance);
}
```

在这里，首先创建实例，并在其中存储期望的状态，然后将其传递给 AddSingleton。

重要

要特别注意，当注册的组件具有指定的生存期时，不能依赖于其他生存期更短的组件。换句话说，不能将生存期为 Transient 或 Scoped 的组件注入 Singleton 中。如果这么做，可能会导致应用程序不一致，因为对 Singleton 的依赖将使得 Transient 或 Scoped 实例的生存时间超过其期望的生存期。这不一定在应用程序中导致可见的 bug，但是有可能导致 Singleton 处理错误的对象(就应用程序而言是错误的对象)。一般来说，每当链式对象的生存期不相同时，就会出现这种问题。

4. 连接到外部DI框架

ASP.NET Core中的DI系统是针对ASP.NET的需求定制的，所以可能没有提供你使用其他DI框架时所熟悉的全部功能。ASP.NET Core的好处在于，可以插入任意外部DI框架，只要该框架已经被移植到.NET Core上且有一个连接器。下面的代码显示了如何插入一个外部DI框架。

```
public IServiceProvider ConfigureServices(IServiceCollection services)
{
    // Configure the ASP.NET Core native DI system
    services.AddTransient<ICustomerService, CustomerService>();
    ...

    // Import existing mappings in the external DI framework
    var builder = new ContainerBuilder();
    builder.Populate(services);
    var container = builder.Build();

    // Replace the service provider for the rest of the pipeline to use
    return container.Resolve<IServiceProvider>();
}
```

当想要在应用程序中使用一个外部DI框架时，首先需要在启动类中修改ConfigureServices方法的签名。现在，该方法不能为void，而是必须返回IServiceProvider。在上面的代码中，类ContainerBuilder是我们想要插入的特定DI框架(如Autofac)的连接器。Populate方法将所有待定类型映射导入Autofac内，然后Autofac框架被用来解析IServiceProvider上的根依赖。管道的其余部分将在内部使用这个接口来解析依赖。

7.1.3　DI容器的各个方面

在ASP.NET Core中，如果让DI容器实例化一个还没有注册的类型，它将返回null。如果为同一个抽象类型注册了多个具体类型，那么DI容器将返回最后注册的类型的一个实例。如果由于二义性或者参数不兼容，导致无法解析构造函数，那么DI容器将抛出一个异常。

当要处理复杂的场景时，可通过编程获取为给定抽象类型注册的所有具体类型。IServiceProvider接口上定义的GetServices<TAbstract>方法可返回这个具体类型列表。最后，一些流行的DI框架允许开发人员根据键或者条件注册类型。ASP.NET Core不支持这种场景。如果这项功能对于应用程序很关键，那么可以考虑为相关类型创建一个专门的工厂类。

7.1.4 在层中注入数据和服务

在 DI 系统中注册了一个服务之后，要使用该服务，只需要在必要的位置请求一个实例。在 ASP.NET Core 中，可以将服务注入管道中，只需要通过 Configure 方法或中间件类将其注入控制器或视图中。

1. 注入技术

将服务注入组件中的主要方式是通过其构造函数注入。中间件类、控制器和视图总是通过 DI 系统实例化，其签名中列出的任何额外的参数将被自动解析。

除了构造函数注入，在控制器类中，还可以使用 FromServices 特性来获得实例，以及使用 Service Locator 接口。注意，当需要检查运行时条件来恰当地解析依赖时，需要使用 Service Locator 接口。

2. 在管道中注入服务

可以把服务注入 ASP.NET Core 应用程序的启动类中。不过，在这个时候，只能使用构造函数注入，并且只能注入表 7-1 中列出的类型。

```
// Constructor injection
public Startup(IHostingEnvironment env, ILoggerFactory loggerFactory)
{
    // Initialize the application
    ...
}
```

接下来，在使用前处理和后处理请求的组件来配置管道时，可以通过某个中间件类(如果使用了这样的类)的构造函数或者使用 Service Locator 方法来注入依赖。

```
app.Use((context, next) =>
{
    var service = context.RequestServices.GetService<ICustomerService>();
    ...
    next();
    ...
});
```

3. 在控制器中注入服务

在 MVC 应用程序模型中，服务注入主要是通过控制器类的构造函数实现的。下面给出了一个示例控制器。

```
public class CustomerController : Controller
{
    private readonly ICustomerService _service;

    // Service injection
```

```
    public CustomerController(ICustomerService service)
    {
        _service = service;
    }
    ...
}
```

另外，还可以覆盖模型绑定机制，将方法参数映射到成员。

```
public IActionResult Index(
        [FromServices] ICustomerService service)
{
    ...
}
```

使用FromServices特性时，DI系统将创建并返回与ICustomerService接口关联的具体类型的一个实例。最后，在控制器方法体内，总是可以引用HTTP上下文对象及其RequestServices对象，以使用Service Locator API。

4. 在视图中注入服务

在第5章看到，在Razor视图中可以使用@inject指令，强制DI系统返回指定类型的一个实例，并将其绑定到给定的属性。

```
@inject ICustomerService Service
```

这行代码的效果是使得一个名为Service的属性在Razor视图内可用，该属性已被设为DI解析的ICustomerService类型的实例。实例的生存期取决于DI容器内ICustomerService类型的配置。

7.2 收集配置数据

任何真实网站的结构都是让一个中心引擎通过基于HTTP的端点连接到外部世界。当使用ASP.NET MVC作为应用程序模型时，这些端点被实现为控制器。如第4章所示，控制器处理传入的请求并生成传出的响应。包含网站后台逻辑的中心引擎的行为并不是完全硬编码的，而是可能包含一些参数信息，并从外部数据源读取这些参数的值——这是很合理的。

在经典ASP.NET应用程序中，系统对获取配置数据的支持仅限于使用一个基本API在web.config文件中读写数据。在启动应用程序时，开发人员通常会将所有信息收集到一个全局的数据结构中，该数据结构可在应用程序的任何位置调用。在ASP.NET Core中，不再有web.config文件，但是提供了一个更加丰富、更加复杂的基础结构，用于处理配置数据。

7.2.1　支持的数据提供程序

ASP.NET Core 应用程序的配置基于一个名称-值对列表，这些名称-值对是在运行时从多个数据源收集得到的。最常见的场景是从 JSON 文件读取配置数据。但是，也存在许多其他选项；表 7-3 列出了最重要的选项。

表 7-3　ASP.NET Core 中最常见的配置数据源

数据源	描述
文本文件	从专门的文件格式读取数据，包括 JSON、XML 和 INI 格式
环境变量	从宿主服务器上配置的环境变量读取数据
内存字典	从内存中的.NET 字典类读取数据

另外，配置 API 提供了内置的命令行参数数据提供程序，可从命令行参数直接生成名称-值配置对。但是，这个选项在 ASP.NET 应用程序中不是特别常用，因为对于启动 Web 应用程序的控制台应用程序命令行，我们没有多少控制权。命令行提供程序在控制台应用程序开发中要更加常用。

1. JSON 数据提供程序

任何 JSON 文件都可以成为 ASP.NET Core 应用程序的配置数据源。文件的结构完全由自己决定，并且可以包含任何层次的嵌套。在搜索给定的 JSON 文件时，首先从应用程序启动时指定的内容根文件夹开始。

稍后将详细介绍，完整的配置数据集是由从多个数据源得到的数据联合产生的，并被构建成一个分层的文档对象模型(Document Object Model，DOM)。这意味着在构建需要的配置树时，可以使用任意多的 JSON 文件，并且每个文件都可以有自己的自定义模式。

2. 环境变量提供程序

在服务器实例中定义的任何环境变量都可被添加到配置树中。我们要做的就是通过编程把这些变量添加到配置树。环境变量是作为单个块添加的。如果需要过滤，最好使用一个内存提供程序，并将选定的环境变量添加到字典中。

3. 内存提供程序

内存提供程序是名称-值对的一个普通字典，通过编程添加内容，并被添加到配置树中。获取实际的值并存储到字典中的工作完全由开发人员负责。因此，通过内存提供程序传递的数据可以是不变的，或者从任意持久数据存储读取。

4. 自定义配置提供程序

除了使用预定义的配置数据提供程序，也可以创建自己的提供程序。提供程序是一个实现了 IConfigurationSource 接口的类。但是，在其实现中，还需要引用一个继承自 ConfigurationProvider 的自定义类。

自定义配置提供程序的一个很常见的例子是使用专门的数据库表来读取数据。提供程序隐藏了相关数据库表的模式和布局。为了创建数据库驱动的提供程序，首先创建一个配置源对象，这只是配置提供程序的一个封装器。

```
public class MyDatabaseConfigSource : IConfigurationSource
{
   public IConfigurationProvider Build(IConfigurationBuilder builder)
   {
      return new MyDatabaseConfigProvider();
   }
}
```

在配置提供程序中实际执行数据的检索。配置提供程序包含并隐藏了要使用的 DbContext 的细节，以及表名、列名和连接字符串(示例代码段使用了第 9 章将会介绍的 Entity Framework Core)。

```
public class MyDatabaseConfigProvider : ConfigurationProvider
{
   private const string ConnectionString = "...";

   public override void Load()
   {
      using (var db = new MyDatabaseContext(ConnectionString))
      {
         db.Database.EnsureCreated();
         Data = !db.Values.Any()
                    ? GetDefaultValues()
                    : db.Values.ToDictionary(c => c.Id, c => c.Value);
      }
   }

   private IDictionary<string, string> GetDefaultValues ()
   {
      // Pseudo code for determining default values to use
      var values = DetermineDefaultValues();

      return values;
   }
}
```

示例代码段缺少 DbContext 类的实现，也就是处理连接字符串、表和列的地方。一般来说，我们假设 MyDatabaseContext 是另外一段需要使用的代码。使用 MyDatabaseContext 的代码段引用了一个名为 Values 的数据库表。

注意：

如果找到了一种方式来把 DbContextOptions 对象作为参数传递给提供程序，那么甚至可以使用一个通用程度相当高的基于 EF 的提供程序。以下网址提供了这种方法的一个示例：http://bit.ly/2uQBJmK。

7.2.2 构建配置文档对象模型

配置数据提供程序是必须有的组件，但是对于在 Web 应用程序中检索和使用参数信息还是不够的。选定的提供程序能够提供的所有信息必须被聚合到一个很可能分层的 DOM 中。

1. 创建配置根对象

配置数据常常在启动类的构造函数中构建，如下所示。注意，只有当需要在某个地方使用 IHostingEnvironment 接口时，才必须注入该接口。通常，只有设置基础路径来定位 JSON 文件或其他配置文件时，才需要注入 IHostingEnvironment。

```
public IConfigurationRoot Configuration { get; }
public Startup(IHostingEnvironment env)
{
    var dom = new ConfigurationBuilder()
        .SetBasePath(env.ContentRootPath)
        .AddJsonFile("MyAppSettings.json")
        .AddInMemoryCollection(new Dictionary<string, string> { { "Timezone", "+1" } })
        .AddEnvironmentVariables()
        .Build();

    // Save the configuration root object to a startup member for further references
    Configuration = dom;
}
```

ConfigurationBuilder 类负责聚合配置值并构建 DOM。聚合的数据应该保存到启动类中，以便后面在初始化管道时使用。下一个要处理的问题是如何读取配置数据；对配置根对象的引用仅仅是用来访问实际值的工具。不过，在介绍相关内容之前，需要先对配置中使用的文本文件作一些说明。

2. 配置文件的高级方面

创建自己的数据提供程序时，可采用任意格式存储配置，且仍然能够将存储的数据作为名称-值对绑定到标准的配置 DOM。ASP.NET Core 直接支持 JSON、XML 和 INI 格式。

要把每种格式添加到配置构建器，需要使用一个专门的扩展方法，如 AddJsonFile、AddXmlFile 或 AddIniFile。这些方法的签名是相同的，除了文件名以外，还包含两个额外的布尔值参数。

```
// Extension method of the IConfigurationBuilder type
public static IConfigurationBuilder AddJsonFile(this IConfigurationBuilder builder,
    string path,
    bool optional,
    bool reloadOnChange);
```

第一个布尔值参数指出该文件是否是可选的。如果不是可选的，那么当找不到文件时，就抛出一个异常。第二个参数 reloadOnChange 指定是否应该监控该文件的变化。如果监控，那么每当文件发生变化时，就自动重建配置树来反映这些变化。

```
var builder = new ConfigurationBuilder()
        .SetBasePath(env.ContentRootPath)
        .AddJsonFile("MyAppSettings.json", optional: true, reloadOnChange: true);
Configuration = builder.Build();
```

因此，这是从文本文件加载配置数据的一种更具弹性的方法，不管文件格式是 JSON、XML 还是 INI。

注意：

ASP.NET Core 也支持从环境特定的文件中获取设置。这意味着除了 MyAppSettings.json，还可以有 MyAppSettings.Development.json，可能还有一个 MyAppSettings.Staging.json。我们只需要添加自己可能需要的所有 JSON 文件，系统将从中选出看起来适合给定上下文的一个文件。应用程序当前运行的环境是通过 ASPNETCORE_ENVIROMENT 环境变量的值确定的。在 Visual Studio 2017 中，可以在项目的属性页中直接设置该变量的值。在 IIS 或 Azure App Service 中，可通过相应的门户添加该环境变量。

3. 读取配置数据

要在代码中读取配置数据，需要使用配置根对象的 GetSection 方法，并向其传递一个路径字符串，准确指出想要读取的信息。为了在分层模式中限定属性，需要使用“:(冒号)”。假设 JSON 文件如下所示：

```
{
    "paging" : {
        "pageSize" : "20"
    },
    "sorting" : {
        "enabled" : "false"
    }
}
```

读取设置时，可以采取许多不同的方式，只要知道 JSON 模式中值的路径即可。例如，paging:pageSize 是读取页面大小的路径字符串。指定的路径字符串是通过聚合所有定义的数据源得到的，并应用到当前的配置 DOM。路径字符串不区分大小写。

最简单的读取设置的方法是使用索引器 API，如下所示。

```
// The returned value is a string
var pageSize = Configuration["paging:pageSize"];
```

需要重点注意，默认情况下，设置是作为普通字符串返回的，必须在代码中将其转换为实际的具体类型，然后才能进一步使用。另外，还可以使用一个强类型的 API。

```
// The returned value is an integer (if conversion is possible)
var pageSize = Configuration.GetValue<int>("paging:pageSize");
```

GetSection 方法允许选择整个配置子树，然后就可以使用索引器和强类型的 API 进行操作。

```
var pageSize = Configuration.GetSection("Paging").GetValue<int>("PageSize");
```

最后，还可以使用 GetValue 方法和 Value 属性。二者都会把设置的值返回为一个字符串。注意，GetSection 方法是配置树上的一个通用查询工具，并不是仅用于 JSON 文件的。

注意：

配置 API 被设计为是只读的。但是，这只是意味着不能使用 API 写入配置的数据源。如果有另一种方式可编辑数据源的内容(如通过编程覆盖文本文件，或者使用数据库更新)，那么系统允许重新加载配置树。只需要调用 IConfigurationRoot 对象的 Reload 方法即可。

7.2.3　传递配置数据

通过路径字符串读取配置数据并不是特别友好(虽然这是一种有用的低级工具)。ASP.NET Core 提供了一种机制将配置数据绑定到强类型的变量和成员。不过，在深入探讨相关内容之前，我们应该先了解如何把配置数据传递给控制器和视图。

1. 注入配置数据

到目前为止，我们在启动类中使用了配置 API。在启动类中，我们配置应用程序的管道，这是读取配置数据的一个很好的位置。但是，更常见的情况是，需要在控制器方法和视图中读取配置数据。对于这种情况，有一种老方法和一种新方法可用。

老方法是使 IConfigurationRoot 对象成为在应用程序任何位置都可见的全局对象。这种方法可以起到效果，但作为一种遗留方法，已经不推荐采用它。新方法是使用 DI 系统，让配置根对象对控制器和视图可用。

```
public class HomeController : Controller
{
   private IConfigurationRoot Configuration { get; }
   public HomeController(IConfigurationRoot config)
   {
      Configuration = config;
   }
   ...
}
```

每当创建 HomeController 类的一个实例时，就会注入配置根对象。但是，为了避免接收到 null 引用，必须首先在 DI 系统中把启动类中创建的配置根对象注册为一个单例。

```
services.AddSingleton<IConfigurationRoot>(Configuration);
```

需要把这行代码放到启动类的 ConfigureServices 方法中。注意，Configuration 对象就是在启动类的构造函数中创建的配置根对象。

2. 将配置映射到 POCO 类

在经典 ASP.NET MVC 中，处理配置数据的最佳实践是，在应用程序启动时，一次性将所有数据加载到一个全局容器对象中。该全局对象可在控制器方法内访问，其内容可作为参数注入后端类(如存储库)甚至视图中。在经典 ASP.NET MVC 中，将基于字符串的松散数据映射到全局容器的强类型属性的开销完全被交给了开发人员。

相反，在 ASP.NET Core 中，可以使用所谓的 Options 模式，将配置根 DOM 的名称-值对自动绑定到配置容器模型。Options 模式是下列编码策略的描述性名称。

```
public void ConfigureServices(IServiceCollection services)
{
   // Initializes the Options subsystem
   services.AddOptions();

   // Maps the specified segment of the configuration DOM to the given type.
   // NOTE: Configuration used below is the configuration root created
   //       in the constructor of the startup class
   services.Configure<PagingOptions>(Configuration.GetSection("paging"));
}
```

初始化 Options 子系统之后，就可以将该子系统与从配置 DOM 的指定节中读取的所有值进行绑定，这些值会被读取到作为 Configure<T>方法参数的类的公有成员中。绑定采用与控制器的模型绑定相同的规则，并递归应用到嵌套的对象。如果由于数据和绑定对象的结构原因，无法完成绑定，那么绑定就会悄悄失败。

PagingOptions 是一个 POCO 类，用于存储一些(甚至全部)配置设置。下面给出了该类的一种可能的实现：

```
public class PagingOptions
{
    public int PageSize { get; set; }
    ...
}
```

配置 API 的整体行为与模型绑定在控制器级别处理请求时的行为很相似。要在控制器和视图中使用配置的强类型对象，就要把强类型对象注入 DI 系统。这就必须要借助于 IOptions<T>抽象类型。

将 IOptions 类型注册到 DI 系统中正是 AddOptions 扩展方法的作用。因此，剩下要做的就是在有需要的地方注入 IOptions<T>。

```
// PagingOptions is an internal member of the controller class
protected PagingOptions Configuration { get; set; }

public CustomerController(IOptions<PagingOptions> config)
{
    PagingOptions = config.Value;
}
```

如果在所有控制器中大量使用 Options 模式，那么可以考虑将上面看到的选项属性移动到某个基类中，并让控制器类继承该基类。

最后，在 Razor 视图中，只需要使用@inject 指令来注入 IOptions<T>类型的一个实例。

7.3　分层架构

ASP.NET Core 是一种技术，但是与其他技术一样，不应该仅仅为了使用而去使用。换句话说，要利用好一种强大的技术，最好的方法就是把这种技术放到业务领域的上下文中。因此，对于软件技术，如果没有合理有效的架构，很难创建复杂的应用程序。

在 Visual Studio 中，创建自己的控制器类很容易。只需要右击某个项目文件夹，然后添加一个新类即可，甚至可以添加一个 POCO 类。在控制器类内，通常每个需要控制器处理的用户操作都对应一个方法。如何编写操作方法呢？

操作方法应该收集输入数据，并使用输入数据准备一个或多个对应用程序中间层的调用。然后，操作方法收到计算或者结果，并填充视图需要接收的一个模型。最后，操作方法为用户代理设置响应。这些工作可能需要若干行代码完成，使得即使只有几个方法的控制器类也变得很混乱。模型绑定层基本上替我们完成了大部分获取输入数据的工作。最终，生成响应的操作只需要调用一个方法来触发对操作结果的处理。操作方法的核心是执行任务并为视图准备数据的代码。这些代码应该放在什么位置呢？直接放到控制器类中吗？

控制器只是分层结构中最容易被映射到表示层的顶层部分。在表示层下，还有其他几个层，它们共同构成了一个简洁的应用程序，很容易部署到云端及进行扩展。对于设计控制器及其依赖，Layered Architecture(分层架构)模式是一种很有启发的模式(如图 7-1 所示)。

与经典的三层架构相比，分层架构包含第 4 个层，并且扩展了数据访问层的概念，使其涵盖其他任何必要的基础结构部分，例如数据访问和其他许多跨领域关注点(如电子邮件、日志和缓存)。

经典的三层架构的业务层被分解为应用层和领域层。这是为了表明存在两种类型的业务逻辑：应用逻辑和领域逻辑。

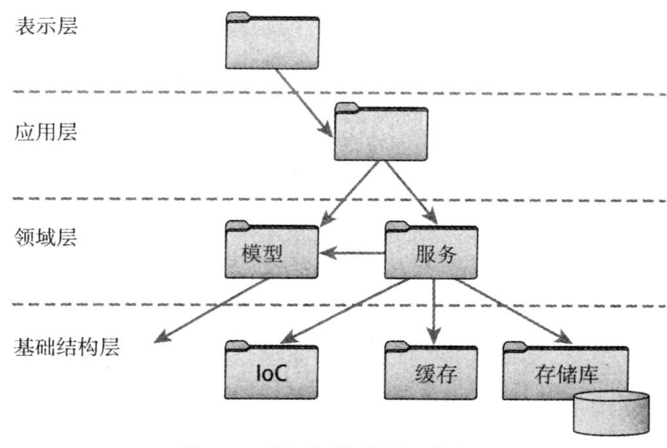

图 7-1　分层架构的图形化表示

- 应用逻辑用于协调表示层触发的任何任务。在应用层中将执行所有特定于 UI 的数据转换。
- 领域逻辑是特定业务的任意可在多个表示层重用的核心逻辑。它处理的是业务规则和核心的业务任务，使用的数据模型是严格面向业务的。

在 ASP.NET MVC 应用程序中，表示层由控制器构成，应用层由控制器特定的服务类构成。在文献中，这些服务被称为应用程序服务或者工作者服务。

7.3.1　表示层

表示层将数据传递到系统的其他地方，理想情况下，其使用的数据模型能够很好地反映屏幕中数据的结构。一般来说，表示层中每个向系统后端提交命令的屏幕会把数据分组到一个输入模型中，并使用视图模型中的类来接受响应。输入模型和视图模型可能是同一个模型。不止如此，它们还可能与后端用来执行实际任务的数据模型是同一个模型。当一个实体可用于输入、逻辑、持久化和视图时，说明处理的应用程序特别简单。当然，这也可能说明欠下了很大的技术债。

1. 输入模型

在 ASP.NET MVC 中，用户的点击会引发一个请求，该请求将由控制器类处理。每个请求被转换为一个操作，映射到控制器类上定义的一个公有方法。那么，输入数据呢？

同样，在 ASP.NET 中，任何输入数据都被封装到一个 HTTP 请求中，不管输入数据来自查询字符串、表单提交的数据还是 HTTP 头或 cookie。输入数据代表提交给服务器处理的数据。无论从哪个角度看，它们都只是输入参数。可以把输入数据看成松散值和变量，也可以把它们分组到一个用作容器的类中。输入类的集合构成了应用程序的总体输入模型。

输入模型在系统核心部分传递数据的方式符合用户界面的预期。使用一个隔离的输入模型，使得以面向业务程度极高的方式设计用户界面变得更加简单。然后，应用层将负责解包数据并根据需要使用数据。

2. 视图模型

任何请求都会得到响应，而且从 ASP.NET MVC 得到的响应大部分时候是一个 HTML 视图。在 ASP.NET MVC 中，HTML 视图的创建是受控制器控制的，控制器调用系统的后端并接收响应。然后，控制器选择要使用的 HTML 模板，并将该 HTML 模板和数据传递给一个专门的系统组件，即视图引擎，后者将把模板和数据混合起来，生成供浏览器使用的标记。

如第 5 章所述，在 ASP.NET MVC 中，有几种方式可把数据传递给视图引擎，从而将数据包含到生成的视图中。可以使用公有字典，如 ViewData；可以使用动态对象，如 ViewBag；还可以使用一个定制的类来收集所有要传递的属性。如果创建的任何类保存了要添加到响应中的数据，那么就为创建视图模型作了贡献。应用层将接收输入模型类，返回视图模型类。

```
[HttpGet]
public IActionResult List(CustomerSearchInputModel input)
{
    var model = _applicationLayer.GetListOfCustomers(input);
    return View(model);
}
```

在将来，持久化的理想格式将与表示层的理想格式不同。表示层负责定义可接受数据的明确边界，应用层负责只以这些格式接受和提供数据。

7.3.2 应用层

应用层是系统后端的入口点，是表示层与后端的接触点。应用层的方法以几乎一对一的方式绑定到表示层的用例。我们建议为每个控制器创建一个服务类，让控制器的操作方法服从服务类。服务类中的方法将接受输入模型中的类，返回视图模型中的类。在内部，服务类将执行合适的转换，使数据恰当地映射到表示层，准备好供后端处理。

应用层的主要目的是按照用户的视角将业务过程抽象出来，并将这些过程映射到应用程序后端的隐藏的受保护资源。例如，在电子商务系统中，用户会看到购物车，但是物理数据模型可能没有购物车这样的实体。应用层位于表示层和后端之间，进行任何必要的转换。

当大量使用应用层时，控制器就成为精简的控制器，因为它们把全部协调工作移交给了应用层。最后，应用层是可以完整测试的，并且完全不知道 HTTP 上下文。

7.3.3 领域层

领域层是业务逻辑中一般不随用例变化的部分。用例是用户与系统之间的交互。根据用来访问网站的设备或者网站的版本，用例有时会有不同。领域逻辑提供的代码和工作流是针对业务领域的，而不是针对具体的应用程序功能。

领域层由两种类构成：领域模型和领域服务。领域模型中的类表达业务规则和领域过程。不应该试图在这里识别要持久化的数据聚集；相反，识别出的任何聚集应该来自对业务的理解和建模。如图 7-2 所示，领域层的类是与持久化无关的。使用领域模型类只是为了以便于编码的方式来执行业务任务。

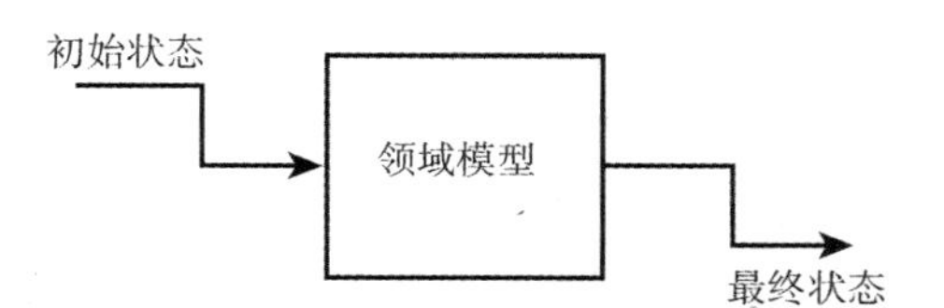

图 7-2 领域模型中的类从外部接收状态

状态被注入领域模型类中。例如，领域模型的 Invoice 类知道如何处理发票，但是它需要从外部接收要处理的数据。领域模型与持久化层之间的连接点是领域服务。领域服务是一个类，位于数据访问的上方，负责取得数据，把状态加载到领域模型类，然后从领域模型类中取出修改后的状态并放回数据访问层。

存储库是最简单和最著名的领域服务示例。领域服务类通常会引用数据访问层。

上面介绍的领域模型的思想类似于领域驱动设计(DDD)中的领域模型的思想。但是，从实用的角度来讲，领域模型的意义在于业务逻辑和行为。有时，通过类来建模业务规则可以简化设计。领域模型的附加价值是这种设计上的简化，而不是让你可以在解决方案上附上“我采用了 DDD”的标签。因此，并不是所有的应用程序都真的需要使用领域模型。

7.3.4　基础结构层

基础结构层与使用具体的技术相关，这些技术可以是数据持久化(O/RM 框架，如 Entity Framework)、外部 Web 服务、特定的安全 API、日志记录、跟踪、IoC 容器、电子邮件、缓存等。

持久化层是基础结构层中最突出的组件，它就是原来的数据访问层，只不过得到了扩展，在普通关系数据存储之外还包含了其他几个数据源。持久化层由存储库类构成，知道如何读取和/或保存数据。

在概念上，存储库类只在持久化实体(如 Entity Framework 实体)上执行 CRUD 操作。但是，可以在存储库中添加任意级别的逻辑。在其中添加的逻辑越多，它看起来就越像一个领域服务或者一个应用程序服务，而不是一个普通的数据访问工具。

总之，分层架构的意义在于建立一个依赖链，从控制器开始，经过应用程序服务并使用领域模型类(如果有)，最后到达后端底部。

7.4　处理异常

在 ASP.NET Core 中，会发现经典 ASP.NET MVC 中的许多异常处理功能，但是找不到与 web.config 文件相关的功能，如自动重定向到错误页面。尽管如此，ASP.NET Core 中的异常处理实践与经典 ASP.NET 多多少少是相同的。

ASP.NET Core 提供了异常处理中间件和基于控制器的异常筛选器。

7.4.1　异常处理中间件

ASP.NET Core 中的异常处理中间件提供了一个集中的错误处理程序，其在概念上相当于经典 ASP.NET 中的 Application_Error 处理程序。此中间件捕捉任意未处理的异常，并使用自定义的逻辑将请求路由到最合适的错误页面。

中间件有两种，针对两类不同的受众定制：开发人员和用户。合理的做法是，在生产(甚至暂存)环境中使用用户的页面，而在开发中使用开发人员的页面。

1. 生产中的错误处理

无论选择哪种中间件，配置方法都是相同的：使用启动类的Configure方法将中间件添加到管道中。

```
public class Startup
{
    public void Configure(IApplicationBuilder app)
    {
        app.UseExceptionHandler("/app/error");
        app.UseMvc();
    }
}
```

UseExceptionHandler扩展方法接受一个URL，并在ASP.NET管道中添加一个对该URL的新请求。到指定错误页面的路由并不是一个规范的HTTP 302重定向，而更像是有一个内部的优先请求，管道则照常处理该请求。

从开发人员的角度看，是将用户“路由”到一个页面，该页面可以确定什么错误消息最为合适。在某种程度上，错误处理与应用程序的主逻辑解耦了。但是，与此同时，错误请求的内部本性使得处理错误的代码能够完全访问检测到的异常的全部细节。注意，在经典的重定向中，除非显式地将异常信息传递给HTTP 320响应之后的“下一个”请求，否则异常信息将会丢失。

注意：
应该把异常处理中间件放到管道的最顶端，以确保能够检测到应用程序没有捕捉的所有可能发生的异常。

2. 获取异常细节

正确配置了异常处理中间件之后，任何未处理的异常都会把应用程序流路由到一个公共端点。在上面的代码段中，这个端点就是AppController类的Error方法。下面给出了该方法的最基本实现，其中最重要的部分是如何获取异常信息。

```
public IActionResult Error()
{
    // Retrieve error information
    var error = HttpContext.Features.Get<IExceptionHandlerFeature>();
    if (error == null)
         return View(model);
    // Use the information stored in the detected exception object
    var exception = error.Error;
    ...
}
```

不同于经典ASP.NET，在ASP.NET Core中，不存在内部的Server对象及其很受欢迎的 GetLastError 方法。HTTP 上下文的 Features 对象是获取未清除的异常信息的官方工具。

3. 捕捉状态码

到目前为止展示的代码足以捕捉和处理代码执行过程中产生的任何内部服务器错误(HTTP 500)。但是，如果是其他状态码，应该怎么办？例如，如果由于 URL 不存在而产生一个异常，应该怎么办？为了处理没有匹配到 HTTP 500 的异常，需要添加另一个中间件。

```
app.UseStatusCodePagesWithReExecute("/app/error/{0}");
```

如果检测到非 HTTP 500 异常，UseStatusCodePageWithReExecute 扩展方法会把应用程序流路由到指定 URL。考虑到这一点，应该对上面的错误处理代码稍作修改。

```
public IActionResult Error(
        [Bind(Prefix = "id")] int statusCode = 0)
{
    // Switch to the appropriate page
    switch(statusCode)
    {
        case 404:
            return Redirect(...);
        ...
    }

    // Retrieve error information in case of internal errors
    var error = HttpContext.Features.Get<IExceptionHandlerFeature>();
    if (error == null)
      return View(model);

    // Use the information stored in the detected exception object
    var exception = error.Error;
    ...
}
```

当发生其他错误时，例如 HTTP 404 错误，需要由你来决定重定向到一个静态页面或视图，或者只是调整 Error 方法提供的同一个视图中的错误消息。

4. 开发中的错误处理

ASP.NET Core 的模块化程度极高，需要使用的几乎每个功能都必须被显式启用。甚至对于调试错误页面(经典 ASP.NET 开发人员习惯把它们称为“黄色死亡页面”)也是如此。为了能够在发生异常时看到实际的消息和堆栈跟踪，还需要使用另一个中间件。

```
app.UseDeveloperExceptionPage();
```

这个中间件不允许路由到任何自定义页面；它只是动态准备一个系统错误页面，

提供了发生异常时系统状态的一个快照，如图 7-3 所示。

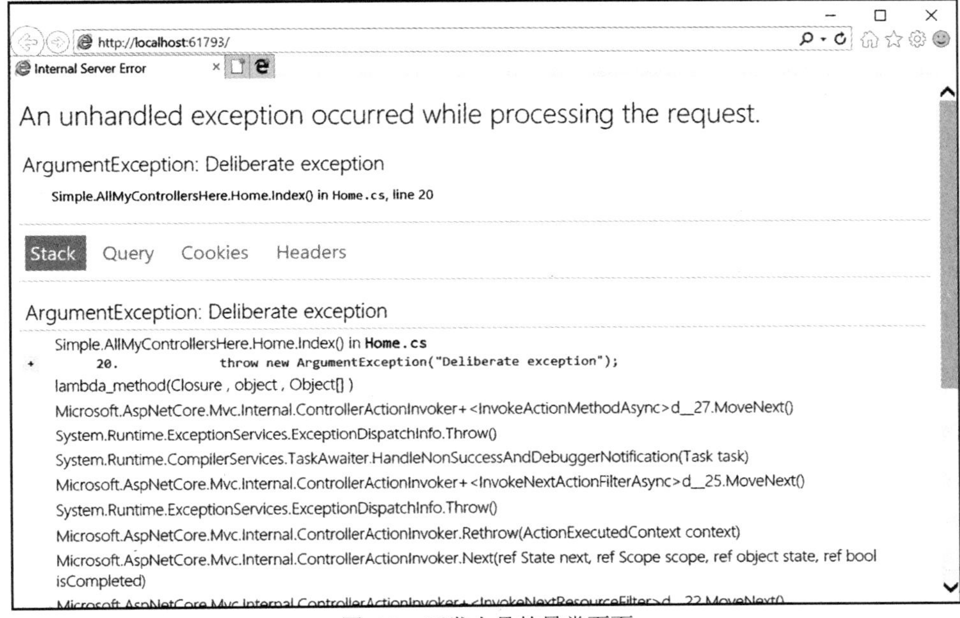

图 7-3　开发人员的异常页面

多数时候，我们会希望自动切换生产环境和开发环境的异常处理中间件。如果使用了宿主环境 API 的服务，这很容易实现。

```
Public void Configure(IApplicationBuilder app, IHostingEnvironment env)
{
    if (env.IsDevelopment())
    {
        app.UseDeveloperExceptionPage();
        app.UseStatusCodePagesWithReExecute("/app/error/{0}");
    }
    else
    {
        app.UseExceptionHandler("~/app/error");
        app.UseStatusCodePagesWithReExecute("/app/error/{0}");
    }
    ...
}
```

使用 IHostingEnvironment 方法可检测当前的环境，并智能地决定启用哪个异常中间件。

7.4.2　异常筛选器

作为规范开发的一个一般准则，应该把任何有可能引发异常的代码(如远程 Web

服务或数据库调用)放到 try/catch 块中。另外，还可以对控制器代码使用异常筛选器。

1. 设置异常筛选器

从技术上讲，异常筛选器就是一个实现了 IExceptionFilter 接口的类的实例，该接口的定义如下。

```
public interface IExceptionFilter : IFilterMetadata
{
    void OnException(ExceptionContext context);
}
```

筛选器在 ExceptionFilterAttribute 及其所有派生类中实现，包括控制器类。这意味着可以重写任何控制器的 OnException 方法，将其作为一个普遍适用的处理程序，处理在执行控制器操作时发生的任何异常，或者在执行控制器或操作方法关联的另一个筛选器时发生的任何异常。

可以配置异常筛选器，使其全局运行——在每个控制器上运行，甚至在每个操作上运行。异常筛选器不会被调用来处理控制器操作外发生的异常。

异常筛选器不能捕捉模型绑定异常、路由异常，以及生成的状态码不是 HTTP 500 的异常。对于最后这种异常，生成的状态码最多的是 HTTP 404，但是也有授权异常，如 HTTP 401 和 HTTP 403。

2. 处理启动异常

到目前为止讨论的所有异常处理机制都在应用程序管道的上下文中运行。然而，在应用程序启动后，管道还没有被完整配置好的时候，也有可能发生异常。为了捕捉启动异常，必须在 Program.cs 中调整 WebHostBuilder 类的配置。

除了前面章节中讨论的所有设置，还可以添加一个 CaptureStartupErrors 设置，如下所示。

```
var host = new WebHostBuilder()
    ...
    .CaptureStartupErrors(true)
    .Build();
```

默认情况下，当启动过程由于发生错误而突然终止时，宿主会悄悄退出。不过，当把 CaptureStartupErrors 设置为 true 时，宿主将捕捉启动类引发的任何异常，并尝试显示一个错误页面。这个页面可能是通用的或者非常详细，具体显示哪种页面要取决于 WebHostBuilder 类中添加的另一个设置的值。

```
var host = new WebHostBuilder()
```

```
...
.CaptureStartupErrors(true)
.UseSetting("detailedErrors", "true")
.Build();
```

当启用了 detailedErrors 设置时，显示的错误页面将采用与图 7-3 相同的模板。

7.4.3 记录异常

在 ASP.NET Core 中，通过 UseExceptionHandler 中间件处理的异常将被自动记录下来，当然这要求系统中至少注册了一个记录器组件。所有记录器实例通过系统提供的记录器工厂传递，这是默认添加到 DI 系统中的少数服务之一。

1. 链接日志记录提供程序

ASP.NET Core Logging API 构建在特殊的组件之上，这些组件称为日志记录提供程序。日志记录提供程序允许将日志发送给一个或多个目标，如控制台、Debug 窗口、文本文件、数据库等。ASP.NET Core 提供了多种内置的提供程序，也允许添加自定义提供程序。

要将日志记录提供程序链接到系统，一种常用的方法是使用 ILoggerFactory 服务的扩展方法。

```
public void Configure(IApplicationBuilder app, ILoggerFactory loggerFactory)
{
    // Register two different logging providers
    loggerFactory.AddConsole();
    loggerFactory.AddDebug();
}
```

在同一个应用程序中，可以有任意多的日志记录提供程序。添加日志记录提供程序时，还可以选择添加一个日志级别，此时提供程序将只接受具有合适的相关性级别的消息。

2. 创建日志

日志记录提供程序的工作方式是把消息存储到各自的目标中。以某种方式(如按照名称)识别的相关消息的集合就构成了一个日志。代码通过 ILogger 接口的服务写入日志。可通过两种不同的方式来创建记录器。

首先，可以从工厂直接创建记录器。下面的代码段显示了如何创建一个记录器，并为其起一个独特的名称。通常，记录器在控制器的作用域内进行日志记录。

```
public class CustomerController : Controller
{
    ILogger logger;
    public CustomerController(ILoggerFactory loggerFactory)
```

```
        {
            logger = loggerFactory.CreateLogger("Customer Controller");
            logger.LogInformation("Some message here");
        }
    }
```

CreateLogger 方法获取日志的名称，并在注册的提供程序中创建该日志。LogInformation 方法只是允许写入日志的众多方法之一。ILogger 接口为支持的每个日志级别提供了一个日志记录方法，例如为了消除片段，LogInformation 用于输出信息类消息，LogWarning 则用于更加严重的警告消息。日志记录方法可以接受普通字符串、格式化字符串甚至异常对象进行序列化。

另外，也可以通过 DI 系统来解析 ILogger<T>依赖，从而绕过记录器工厂。

```
public class CustomerController : Controller
{
    ILogger Logger;

    public CustomerController(ILogger<CustomerController> logger)
    {
        Logger = logger;
    }

    // Use the internal member in the action methods
    ...
}
```

这里创建的日志使用控制器类的完整名称作为前缀。

7.5　小结

为编写 ASP.NET Core 应用程序，必须熟悉该框架的 DI 系统。这是一个关键的变化，它使我们更深入地思索接口与具体类型。针对接口而不是实现进行编程是一个古老的建议，但是如今依然有效。接口在 ASP.NET Core 中无处不在，它们提供了一种方法来让开发人员用自定义功能代替默认的功能。我们给出的第一个使用接口传递数据的例子是传递配置数据。另外一个更加重要的示例是应用程序代码的分层结构，这种结构可堆积控制器、应用程序服务、存储库以及(可选的)领域模型类。

过去的 ASP.NET 中的最佳实践主要靠各个团队和开发人员的自律，如今这在 ASP.NET Core 中已被提升到常规做法的地位。ASP.NET Core 的设计决定了其得到的代码的质量要比 ASP.NET 框架的任何版本都更好。大部分常用的最佳实践已被设计到 ASP.NET Core 中。

第 8 章在讨论如何使用 API 来保护对应用程序的访问时，将给出另外一个把最佳实践直接纳入框架的例子。

第 8 章 应用程序安全

没有变化和不需要变化的地方不会有智慧。

——赫伯特·乔治·威尔斯，《时间机器》

Web 应用程序的安全包含许多方面。首先也是最重要的，在 Web 场景中，安全涉及确保交换的数据的机密性。其次，安全涉及避免数据被篡改，从而确保从一端传送到另一端时的信息的完整性。Web 安全的另一个方面是防止恶意代码被注入运行中的应用程序。最后，安全涉及构建只有经过身份验证和授权的用户才能访问的应用程序(和应用程序部分)。

本章将介绍在 ASP.NET Core 中如何实现用户身份验证，以及如何使用新的基于策略的 API 来处理用户授权。不过，在那之前，需要先了解安全基础结构。

8.1 Web 安全基础结构

HTTP 协议在设计时并没有考虑安全性，但是后来加上了安全性。HTTP 是不加密的，这意味着第三方能够截获两个彼此连接的系统之间传递的数据。

8.1.1 HTTPS 协议

HTTPS 是 HTTP 协议的安全版。在网站上使用 HTTPS 以后，浏览器与网站之间的所有通信都会被加密。进入和离开 HTTPS 页面的任何信息也会被自动加密，以确保完全保密。加密基于安全证书的内容。数据的发送方式取决于 Web 服务器上启用的安全协议，例如传输层安全性(Transport Layer Security，TLS)及其前身——安全套接字层(Secure Socket Layer，SSL)。

SSL 是第一个开发出的安全传输协议，是 1995 年由 Netscape 开发的。一年之后，它就发展到了 3.0 版本，但是 1996 年以后就没有再更新。显然，SSL 是开发安全协议的一次不完善的尝试。1999 年，TLS 1.0 发布，它被设计为与 SSL 3.0 不兼容，以强制人们放弃 SSL，改为使用 TLS。2015 年，SSL 2.0 和 SSL 3.0 都被弃用了。如今，都强烈建议在自己的 Web 服务器配置中禁用 SSL 2.0 和 SSL 3.0，而只启用 TLS 1.x。

8.1.2　处理安全证书

很多时候，在讨论 HTTPS 和证书时，会使用 SSL 证书这种表达方式。这似乎说明，证书与安全协议在某种程度上是相关的。但是，准确来说，证书和协议是不同的。因此，将 SSL 证书与 TLS 证书作比较毫无意义。

HTTPS Web 服务器的配置决定了使用的安全协议，而证书只包含一个私有/公共密钥对，并将域名与所有者身份绑定在一起。

对于最终用户，HTTPS 的主要优势在于，当访问 HTTPS 网站(例如一个银行网站)的页面时，可以确信自称是银行网站的这个网站确实是一个银行网站。换句话说，我们查看和交互的页面确实是其自称的页面。也许你很难相信，但是对于非 HTTPS 页面来说，情况可能并非如此。事实上，当没有使用 HTTPS 时，实际的 URL 有可能是虚假或者恶意的，而交互的页面可能只是看起来是真实的页面。因此，登录页面应该始终放在 HTTPS 网站上，而作为一名用户，在从一个非 HTTPS 登录页面登录网站时，应该总是保持谨慎。

8.1.3　对 HTTPS 应用加密

当浏览器在一个 HTTPS 连接上请求 Web 页面时，网站首先会返回配置好的 HTTPS 证书。证书中包含建立安全对话所需的公钥。

接下来，浏览器和网站将按照配置好的协议(通常是 TLS)的规则完成一次握手。如果浏览器信任证书，就会生成一个对称的公钥/私钥，并与服务器分享公钥。

8.2　ASP.NET Core 中的身份验证

与老版本的 ASP.NET 相比，用户身份验证是 ASP.NET Core 中变化最大的地方之一。不过，总体的身份验证方法依然基于熟悉的概念，例如主体、登录表单以及质询和授权特性；但是，它们的实现方式变化很大。接下来探讨 ASP.NET Core 中提供的 cookie 身份验证 API，包括外部身份验证的核心信息。

8.2.1 基于 cookie 的身份验证

在 ASP.NET Core 中，用户身份验证的方式是使用 cookie 来跟踪用户的身份。任何试图访问私有页面的用户都将被重定向到一个登录页面，除非他们具有有效的身份验证 cookie。然后，登录页面在客户端收集凭据，并在服务器端验证这些凭据。如果验证通过，将发出一个 cookie。该用户从同一个浏览器发出的所有后续请求都将带有该 cookie，直到其过期。这个工作流与老版本的 ASP.NET 并没有什么区别。

对于具有 ASP.NET Web Forms 和 ASP.NET MVC 背景的开发人员来说，在 ASP.NET Core 中有两个大变化。

- 首先，不再有一个 web.config 文件，这意味着需要采用不同的方式指定和获取登录路径、cookie 名称和过期配置。
- 其次，IPrincipal 对象(即用于建模用户身份的对象)是基于声明的，而不是完全基于用户名。

1. 启用身份验证中间件

要在一个全新的 ASP.NET Core 应用程序中启用 cookie 身份验证，需要引用 Microsoft.AspNetCore.Authentication.Cookies 包。但是，在 ASP.NET Core 2.0 中，输入应用程序中的实际代码与以前版本的 ASP.NET Core 框架不同。

身份验证中间件是作为服务公开的，因此必须在启动类的 ConfigureServices 方法中进行配置。

```
public void ConfigureServices(IServiceCollection services)
{
   services.AddAuthentication(CookieAuthenticationDefaults.AuthenticationScheme)
      .AddCookie(options =>
      {
         options.LoginPath = new PathString("/Account/Login");
         options.Cookie.Name = "YourAppCookieName";
         options.ExpireTimeSpan = TimeSpan.FromMinutes(60);
         options.SlidingExpiration = true;
         options.AccessDeniedPath = new PathString("/Account/Denied");
         ...
      });
}
```

AddAuthentication 扩展方法接受一个字符串作为参数，该字符串指定了要使用的身份验证方案。如果计划支持一个身份验证方案，就采用这种方法。后面，我们将了解如何对这段代码稍作调整，以支持多个方案和处理程序。AddAuthentication

返回的对象必须用来调用另外一个代表身份验证处理程序的方法。在上面的示例中，AddCookie 方法告诉框架通过配置好的 cookie 让用户登录并验证其身份。每个身份验证处理程序(cookie、持有者等)都有其自己的一组配置属性。

在 Configure 方法中，只是声明自己想要按照配置使用身份验证服务，而不需要指定其他任何选项。

```
public void Configure(IApplicationBuilder app)
{
      app.UseAuthentication();
      ...
}
```

在上面的代码中，有一些名词和概念需要作进一步解释，其中最重要的就是身份验证方案。

2. cookie 身份验证选项

经典 ASP.NET MVC 应用程序在 web.config 文件的<authentication>节中存储的大部分信息如今作为中间件选项在代码中配置。上面的代码段列出了可能用到的一些最常用的选项。表 8-1 更详细地介绍了每个选项。

表 8-1　cookie 身份验证选项

选项	描述
AccessDeniedPath	指定一个路径，如果通过身份验证的用户的当前身份没有权限访问请求的资源，就将该用户重定向到指定的路径。此选项设置用户必须被重定向到的 URL，而不是收到一个普通的 HTTP 403 状态码
Cookie	CookieBuilder 类型的容器对象，包含创建的身份验证 cookie 的属性
ExpireTimeSpan	设置身份验证 cookie 的过期时间。SlidingExpiration 属性的值决定了这个时间是绝对时间还是相对时间
LoginPath	指定一个路径，匿名用户将被重定向到这个路径，以使用其凭据登录
ReturnUrlParameter	当匿名用户请求 URL 时，将被重定向到登录页面，此选项指定了用于传递原来请求的 URL 的参数名称
SlidingExpiration	指定 ExpireTimeSpan 值代表绝对时间还是相对时间。如果代表相对时间，则认为该值是一个时间区间，当该时间区间的一半已经过去时，中间件将重发 cookie

注意，路径属性(如 LoginPath 和 AccessDeniedPath)的值不是字符串。事实上，LoginPath 和 AccessDeniedPath 的类型是 PathString。在.NET Core 中，PathString 类型与普通的 String 类型不同，因为它在构建请求 URL 时提供了正确的转义。从根本上说，PathString 类型是更加面向 URL 的字符串类型。

ASP.NET Core 中的用户身份验证工作流的整体设计提供了前所未有的灵活性。此工作流的每个方面均可自定义。作为一个示例，我们将讨论如何基于每个请求控制身份验证工作流。

8.2.2 处理多个身份验证方案

在以前版本的 ASP.NET 中，身份验证质询是自动进行的，我们几乎无法控制这个过程。自动身份验证质询意味着当系统检测到当前用户缺少合适的身份信息时，将自动显示配置好的登录页面。在 ASP.NET Core 1.x 中，身份验证质询在默认情况下是自动进行的，但是开发人员可以修改此行为。在 ASP.NET Core 2.0 中，再次弃用了关闭自动质询的设置。

但是，在 ASP.NET Core 中，可以注册多个不同的身份验证处理程序，并通过算法或者通过配置来决定为每个请求使用哪个处理程序。

1. 启用多个身份验证处理程序

在 ASP.NET Core 中，可以从多个身份验证处理程序中进行选择，例如基于 cookie 的身份验证、持有者身份验证、通过社交网络或者身份服务器进行身份验证，以及可以想到并实现的其他任何身份验证。要注册多个身份验证处理程序，只需要在 ASP.NET Core 2.0 启动类的 ConfigureServices 方法中逐一列出各个处理程序。

配置的每个身份验证处理程序都通过其名称识别。名称只是我们随意决定的一个传统字符串，用来在应用程序中引用该处理程序。处理程序的名称被称为身份验证方案。可以将身份验证方案指定为一个魔幻字符串，如 Cookies 或 Bearer。但是，常见的情况是，在代码中会使用一些预定义的常量来减少错误的拼写。如果使用魔幻字符串，那么需要注意字符串是区分大小写的。

```
// Authentication scheme set to "Cookies"
services.AddAuthentication(options =>
{
   options.DefaultChallengeScheme = CookieAuthenticationDefaults.AuthenticationScheme;
   options.DefaultSignInScheme = CookieAuthenticationDefaults.AuthenticationScheme;
   options.DefaultAuthenticateScheme = CookieAuthenticationDefaults.AuthenticationScheme;
})
   .AddCookie(options =>
   {
      options.LoginPath = new PathString("/Account/Login");
      options.Cookie.Name = "YourAppCookieName";
      options.ExpireTimeSpan = TimeSpan.FromMinutes(60);
      options.SlidingExpiration = true;
      options.AccessDeniedPath = new PathString("/Account/Denied");
   })
   .AddOpenIdConnect(options =>
   {
      options.Authority = "http://localhost:6000";
```

```
        options.ClientId = "...";
        options.ClientSecret = "...";
        ...
    });
```

只需要在调用 AddAuthentication 之后连接处理程序定义。当注册了多个处理程序时，必须指定默认质询，以及首选的身份验证方案和登录方案。换句话说，当用户登录时，对用户进行质询，要求其证明自己的身份，然后对用户提供的令牌进行身份验证，而我们需要指定使用哪个处理程序来进行身份验证。在每个处理程序中，可以重写登录方案来满足自己的目的。

2. 应用身份验证中间件

与经典 ASP.NET MVC 相同，ASP.NET Core 使用 Authorize 特性来修饰需要进行身份验证的控制器类和操作方法。

```
[Authorize]
public class CustomerController : Controller
{
   // All action methods in this controller will
   // be subject to authentication except those explicitly
   // decorated with the AllowAnonymous attribute.
   ...
}
```

正如代码段中所指出的，还可以使用 AllowAnonymous 特性将特定的操作方法标记为匿名的，从而不需要进行身份验证。

在操作方法上使用 Authorize 特性限定了只有经过身份验证的用户才能使用该操作方法。但是，如果有多个身份验证中间件可用，应该使用哪一个呢？ASP.NET Core 在 Authorize 特性上提供了一个新属性，允许基于每个请求选择不同的身份验证方案。

```
[Authorize(ActiveAuthenticationSchemes = "Bearer")]
public class ApiController : Controller
{
   // Your API action methods here
   ...
}
```

这段代码的效果是，示例类 ApiController 的所有公有端点都可被通过持有者令牌身份验证的用户访问。

8.2.3　建模用户身份

任何登录到 ASP.NET Core 应用程序的用户都必须以某种独特的方式进行描述。在 Web 发展的早期，ASP.NET Framework 被首次设计出来时，仅使用用户名就足以唯一标识已登录的用户。事实上，在老版本的 ASP.NET 中，建模用户身份并被保存到身份验证 cookie 中的只有用户名。

需要指出的是，关于用户的信息有两个级别。几乎所有的应用程序都有某种用户存储，其中保存了关于用户的所有细节信息。这类存储中的数据项有一个主键和许多描述性字段。当用户登录到应用程序时，会创建一个身份验证 cookie，并复制一些用户特定的信息。至少，在 cookie 中必须保存在应用程序后端唯一标识用户的值。不过，身份验证 cookie 也可以包含与安全环境严格相关的额外信息。

总之，在领域层和持久化层通常有一个实体来代表用户，并有一个名称/值对的集合提供了从身份验证 cookie 读取的用户的直接信息。这些名称/值对被称为声明。

1. 声明简介

在 ASP.NET Core 中，声明就是身份验证 cookie 中存储的内容。作为开发人员，在身份验证 cookie 中能够存储的只有声明，即名称/值对。与过去相比，在 cookie 中能够添加的数据要更多，能够直接读取而不必从数据库获取的数据也更多。

声明用来建模用户身份。ASP.NET Core 正式提供了一系列预定义的声明，也就是预定义的键名称，旨在存储一些广泛需要的信息。可以定义其他声明。最终，是否定义声明要由你和你的应用程序决定。

ASP.NET Core Framework 提供了一个 Claim 类，其设计基于下面的布局。

```
public class Claim
{
   public string Type { get; }
   public string Value { get; }
   public string Issuer { get; }
   public string OriginalIssuer { get; }
   public IDictionary<string, string> Properties { get; }

   // More properties
}
```

声明有一个属性说明了对用户作出的声明的类型。例如，声明类型可以是用户在该应用程序中的角色。声明还有一个字符串值。例如，Role 声明的值可以是 admin。声明的描述包含原始颁发者的名称，当声明通过中间颁发者转发的时候，还会包含实际颁发者的名称。最后，声明还可以有其他属性构成的一个字典，用来补充值。所有属性都是只读的，构造函数是唯一能够保存值的方式。声明是不可变的实体。

2. 在代码中使用声明

当用户提供了有效的凭据后，或者说当用户绑定到一个已知的身份后，要解决的问题是如何持久化关于识别出的实体的关键信息。如前所述，在老版本的 ASP.NET 中，只能存储用户名。在 ASP.NET Core 中，由于使用了声明，表达能力就强得多了。

为了准备要存储到身份验证 cookie 中的用户数据，通常采用下面的方式：

```
// Prepare the list of claims to bind to the user's identity
var claims = new Claim[] {
   new Claim(ClaimTypes.Name, "123456789"),
   new Claim("display_name", "Sample User"),
   new Claim(ClaimTypes.Email, "sampleuser@yourapp.com"),
   new Claim("picture_url", "\images\sampleuser.jpg"),
   new Claim("age", "24"),
   new Claim("status", "Gold"),
   new Claim(ClaimTypes.Role, "Manager"),
   new Claim(ClaimTypes.Role, "Supervisor")
};
// Create the identity object from claims
var identity = new ClaimsIdentity(claims, CookieAuthenticationDefaults.
 AuthenticationScheme);

// Create the principal object from identity
var principal = new ClaimsPrincipal(identity);
```

从声明创建类型为 ClaimsIdentity 的身份对象，从身份对象创建类型为 ClaimsPrincipal 的主体对象。当创建身份时，还会指定首选的身份验证方案(意味着指定如何处理声明)。在代码段中，传递的 CookieAuthenticationDefaults.AuthenticationScheme 值(即 Cookies 的字符串值)指定将声明存储到身份验证 cookie 中。

关于上面的代码段，需要注意两点。

- 首先，声明的类型是一个普通字符串值，但是对于常用的类型(如角色、名称或电子邮件)，存在许多预定义的常量。可以使用自己的字符串，也可以使用 ClaimTypes 类中的预定义常量字符串。
- 其次，在同一个声明列表中，可以有多个角色。

3. 关于声明的假定

所有声明都是平等的，但是有一些声明比其他声明更加平等。Name 和 Role 就是 ASP.NET Core 基础结构中得到(合理的)特殊处理的两个声明。考虑下面的代码：

```
var claims = new Claim[]
{
   new Claim("PublicName", userName),
   new Claim(ClaimTypes.Role, userRole),

   // More claims here
};
```

这个声明列表中有两个元素：一个名为 PublicName，一个名为 Role(来自常量 ClaimTypes.Roles)。可以看到，不存在名为 Name 的声明。当然，这并不是一个错误，因为声明列表是完全由你决定的。但是，有 Name 和 Role 至少是相当常见的。ASP.NET Core Framework 为 ClaimsIdentity 类提供了一个额外的构造函数，除了声明列表和身份验证方案之外，该构造函数还允许通过名称指定给定列表中保存身份的名称和角色的声明。

```
var identity = new ClaimsIdentity(claims,
      CookieAuthenticationDefaults.AuthenticationScheme,
      "PublicName",
      ClaimTypes.Role);
```

这段代码的效果是，名为 Role 的声明将成为角色声明，这符合预期。无论提供的声明列表是否包含一个 Name 声明，都应该使用 PublicName 这个声明作为用户的名称。

声明列表中指定了名称和角色，这是因为为了向后兼容老版本的 ASP.NET 代码，需要使用这两条信息来支持 IPrincipal 接口的功能，如 IsInRole 和 Identity.Name。ClaimsPrincipal 类中的 IsInRole 的实现自动使用声明列表中指定的角色。类似地，用户的名称将默认使用 Name 状态指定的声明的值。

总之，Name 和 Role 声明有默认名称，但是可以随意重写这些名称。重写操作是在 ClaimsIdentity 类的重载构造函数中实现的。

4. 登录和注销

有一个主体对象是登录用户的先决条件。实际登录用户的方法是 HTTP 上下文对象的 Authentication 方法，并且登录操作会创建身份验证 cookie。

```
// Gets the principal object
var principal = new ClaimsPrincipal(identity);

// Signs the user in (and creates the authentication cookie)
await HttpContext.SignInAsync(
         CookieAuthenticationDefaults.AuthenticationScheme,
         principal);
```

准确来说，只有身份验证方案被设为 cookies 时，登录过程中才会创建 cookie。登录过程中发生的操作的顺序取决于选定身份验证方案的处理程序。

Authentication 对象是 AuthenticationManager 类的实例。该类有两个值得注意的方法：SignOutAsync 和 AuthenticateAsync。从名称中可以猜到，前一个方法撤销身份验证 cookie，并使用户注销应用程序。

```
await HttpContext.SignOutAsync(
         CookieAuthenticationDefaults.AuthenticationScheme);
```

调用该方法时，必须指定从哪个身份验证方案注销。AuthenticateAsync 方法则只是验证 cookie，并检查用户是否通过身份验证。而且，在这里，验证 cookie 的操作也是基于选定的身份验证方案的。

5. 读取声明的内容

ASP.NET Core 身份验证的世界一半是熟悉的，一半是未知的，对于有多年的经典 ASP.NET 编程经验的开发人员尤为如此。在经典 ASP.NET 中，当系统处理了身份验证 cookie 之后，很容易访问用户名，而用户名是默认情况下唯一可用的信息。如果必须让更多关于用户的信息可用，就需要创建自己的声明，并把它们的内容序列化到 cookie 中，本质上就是创建自己的主体对象。近来，经典 ASP.NET 中也增加了对声明的支持。在 ASP.NET Core 中，声明是唯一可行的方法。创建自己的主体时，需要自己负责读取声明的内容。

在代码中通过 HttpContext.User 属性访问的 ClaimsPrincipal 实例有一个编程接口，用于查询具体的声明。下面给出了从一个 Razor 视图中摘出的例子。

```
@if(User.Identity.IsAuthenticated)
{
   var pictureClaim = User.FindFirst("picture_url");
   if (pictureClaim != null)
   {
           var picture = pictureClaim.Value;
           <img src="@picture" alt="" />
   }
}
```

当渲染页面时，可能想显示登录用户的头像。假设头像信息也保存在声明中，那么上面的代码显示了用来查询声明的对 LINQ 友好的代码。FindFirst 方法只返回具有相同名称的声明(可能有多个)中的第一个。如果想要找到所有声明，就需要使用 FindAll 方法。为读取声明的实际值，需要展开 Value 属性。

注意：

当验证了登录页面的凭据后，问题就变成如何获取要保存到 cookie 中的所有声明。注意，在 cookie 中存储的信息越多，就能够以几乎没有开销的方式获取越多的用户信息。有时，可以在 cookie 中存储一个用户键，当登录过程开始时，就使用该键从数据库中检索匹配的记录。这种方式的开销更大，但可以保证用户信息始终是最新的，而且在创建 cookie 时，不需要注销再登录用户就可以进行更新。声明的实际内容应该从你决定的位置读取。例如，声明的内容可来自数据库、云或 Active Directory。

8.2.4　外部身份验证

外部身份验证指的是使用一个外部的、经过合理配置的服务，对进入网站的用户进行身份验证。一般来说，外部身份验证是一种双赢的局面。对于最终用户来说，外部身份验证很有好处，使他们不必为自己想要注册的每个网站都创建一个账户。

外部身份验证对于开发人员也很有好处，使得他们不必添加关键的样板代码，并为自己建立的每个网站都存储和检查用户的凭据。并不是任何网站都可以作为外部身份验证服务器，因为外部身份验证服务器必须具有特定的功能。不过，如今几乎所有的社交网络都可以作为外部身份验证服务。

1. 添加对外部身份验证服务的支持

ASP.NET Core 支持从头开始使用身份提供程序进行外部身份验证。大多数时候，只需要安装合适的 NuGet 包。例如，如果想让用户能够使用 Twitter 凭据进行身份验证，那么在项目中首先要做的是引用 Microsoft.AspNetCore.Authentication.Twitter 包，并安装相关的处理程序：

```
services.AddAuthentication(TwitterDefaults.AuthenticationScheme)
   .AddTwitter(options =>
   {
      options.SignInScheme = CookieAuthenticationDefaults.AuthenticationScheme;
      options.ConsumerKey = "...";
      options.ConsumerSecret = "...";
   });
```

SignInScheme 属性是用于持久化得到的身份的身份验证处理程序的标识符。在本例中，将使用身份验证 cookie。为了查看上述中间件的效果，可添加一个控制器方法来触发基于 Twitter 的身份验证。下面给出了一个示例。

```
public async Task TwitterAuth()
   {
      var props = new AuthenticationProperties
      {
         RedirectUri = "/" // Where to go after authenticating
      };

      await HttpContext.ChallengeAsync(TwitterDefaults.AuthenticationScheme,
       props);
}
```

Twitter 处理程序的内部机制知道访问哪个 URL 来传递应用程序的身份(使用者密钥和使用者机密)，并启用用户的验证。如果一切正常，将向用户显示熟悉的 Twitter 身份验证页面。如果用户在本地设备上已经通过了 Twitter 的身份验证，那么只会要求该用户确认是否可以授予该应用程序权限，使其可以代表自己在 Twitter 上操作。

图 8-1 显示了 Twitter 的确认页面，当示例应用程序尝试对用户进行身份验证时，就会显示该页面。

接下来，当 Twitter 成功验证了用户后，SignInScheme 属性会告诉应用程序下一步要执行的操作。如果想要获得外部提供程序(本例中为 Twitter)返回的声明的 cookie，那么可以使用 Cookies 这个值。如果想要通过一个中间表单来查看并完成信息，那么需要引入一个临时的登录方案，将该过程分为两个步骤。稍后将讨论这种更加复杂的场景。现在，我们接着介绍在比较简单的场景中会发生什么。

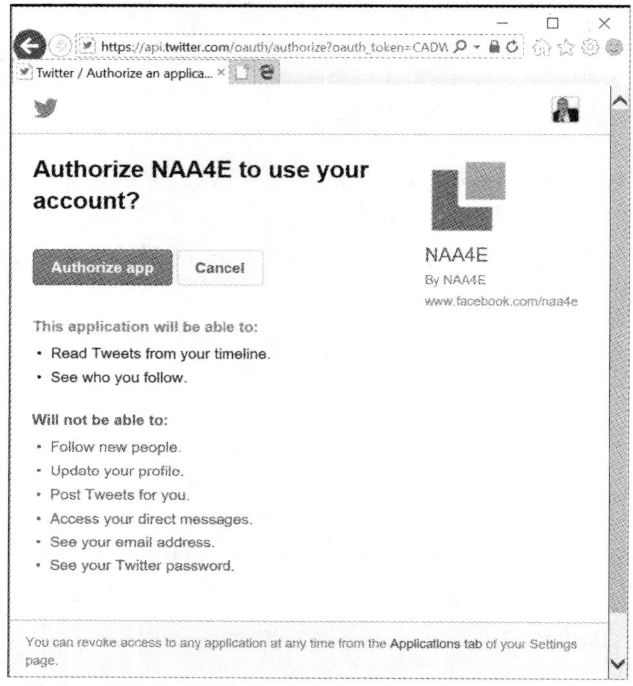

图 8-1　作为一个 Twitter 用户，现在你在授权该应用程序代表你进行操作

RedirectUri 选项指定了当成功完成身份验证后，前往什么地方。在只依赖于身份验证服务提供的声明列表这样一个简单的场景中，无法控制你知道的、关于登录系统的每个用户的数据。默认情况下，不同社交网络返回的声明列表不是同质的。例如，如果用户通过 Facebook 连接，可能得到用户的电子邮件地址。但是如果用户是通过 Twitter 或 Google 连接的，可能就得不到电子邮件地址。如果只支持一个社交网络，这不是什么大问题，但是如果支持许多社交网络，并且支持的网络数量会随时间增长，那么就需要建立一个中间页面来规范化信息，并让用户输入目前缺少的所有声明。

图 8-2 显示了当访问某个需要用户登录的受保护资源时，客户端浏览器、Web 应用程序和外部身份验证服务之间的工作流。

图中显示了 3 个框，分别代表浏览器、Web 应用程序和身份验证服务。顶部的黑色箭头将“浏览器”框与“Web 应用程序”框连接起来。底部的另一个箭头将“Web 应用程序”框与“浏览器”框连接起来。其他灰色箭头显示了通过外部服务验证用户身份时的各个步骤。

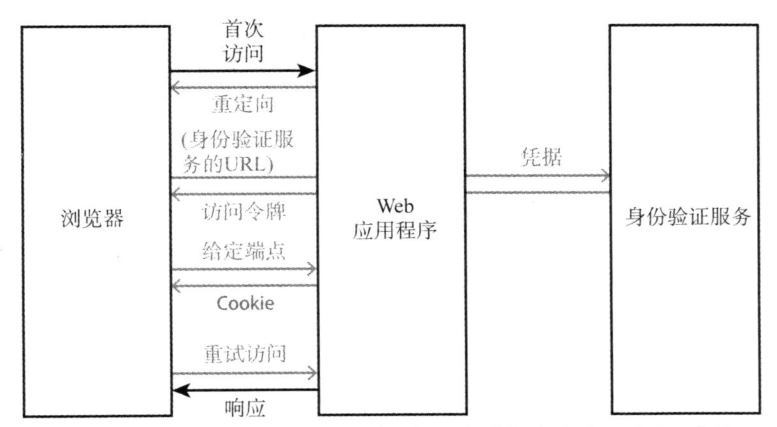

图 8-2 当访问受保护资源且通过外部服务进行身份验证时的工作流

2. 要求完善信息

为了在外部服务验证用户身份后收集额外的信息，需要对服务配置作一点调整。本质上，需要在列表中添加另一个处理程序，如下所示。

```
services.AddAuthentication(options =>
{
   options.DefaultChallengeScheme = CookieAuthenticationDefaults.
    AuthenticationScheme;
   options.DefaultSignInScheme = CookieAuthenticationDefaults.
    AuthenticationScheme;
   options.DefaultAuthenticateScheme = CookieAuthenticationDefaults.
    AuthenticationScheme;
})
   .AddCookie(options =>
   {
      options.LoginPath = new PathString("/Account/Login");
      options.Cookie.Name = "YourAppCookieName";
      options.ExpireTimeSpan = TimeSpan.FromMinutes(60);
      options.SlidingExpiration = true;
      options.AccessDeniedPath = new PathString("/Account/Denied");
})
.AddTwitter(options =>
{
   options.SignInScheme = "TEMP";
   options.ConsumerKey = "...";
   options.ConsumerSecret = "...";
})
.AddCookie("TEMP");
```

当外部的 Twitter 提供程序返回时，会使用 TEMP 方案创建一个临时 cookie。通过在质询用户的控制器方法中恰当设置重定向路径，可以检查 Twitter 返回的主体并进一步编辑。

```
public async Task TwitterAuthEx()
{
```

```
    var props = new AuthenticationProperties
    {
       RedirectUri = "/account/external"
    };
    await HttpContext.ChallengeAsync(TwitterDefaults.AuthenticationScheme,
      props);
}
```

Twitter(或使用的其他服务)现在将重定向到 Account 控制器的 External 方法来完成工作流。何时回调 External 方法由你决定。你可能会想显示一个 HTML 表单来收集额外的信息。在构建这个表单时，可以使用给定主体的声明列表。

```
public async Task<IActionResult> External()
{
   var principal = await HttpContext.AuthenticateAsync("TEMP");

   // Access the claims on the principal and prepare an HTML
   // form that prompts only for the missing information
   ...

   return View();
}
```

然后，用户将看到并填写这个表单；表单代码对数据进行验证，然后提交数据。在保存已完成表单的内容的控制器方法内，需要执行几个关键步骤。按照上面显示的那样检索主体，然后登录 cookies 方案，并注销临时的 TEMP 方案。代码如下所示：

```
await HttpContext.SignInAsync(CookieAuthenticationDefaults.AuthenticationScheme,
  principal);
await HttpContext.SignOutAsync("TEMP");
```

此时，并且只有在此时，会创建身份验证 cookie。

注意：

在前面的示例代码中，TEMP 及 CookieAuthenticationDefaults.AuthenticationScheme 只是内部标识符；只要在整个应用程序中保持一致，就可以重命名它们。

3. 外部身份验证的问题

对于用户来说，通过 Facebook 或 Twitter 等进行外部身份验证有时是很酷的，但并不总是如此。同样，这里要做一个取舍。下面介绍在应用程序中使用外部身份验证时会面临的一些挑战。

首先，用户必须登录到你选择的社交网络或身份服务器。他们可能喜欢也可能不喜欢使用已有的凭据。一般来说，应该总是只将社交身份验证作为选项提供给用户，除非应用程序本身与某个社交网络特别紧密地集成在一起，或者本身的社交性质非常强，以至于完全依赖外部身份验证也是可以接受的。总是应该考虑到，在你支持的社交网络上，用户不一定有账户。

从开发的角度看，外部身份验证意味着配置身份验证的工作在每个应用程序中都要重复进行。大多数时候，都必须处理用户登录，并填写所有必要的字段，这意味着就账户管理而言，要做大量工作。最后，必须维护本地用户存储中的账户与外部账户之间的关联。

最终来看，外部身份验证并不一定是省时的方法。如果应用程序本身的性质决定了需要使用外部身份验证，那么应该将其视为提供给应用程序用户的一项功能。

8.3　通过 ASP.NET Identity 进行用户身份验证

前面介绍了在 ASP.NET Core 中进行用户身份验证的基础知识。但是，在用户身份验证之下有着一整套功能体系，常被称为成员系统。成员系统并不只是管理用户身份验证和身份数据，它还处理用户管理，密码哈希、验证和重置，角色及其管理，甚至还处理更高级的功能，如双重身份验证(Two-Factor Authentication，2FA)。

构建自定义成员系统并不是一个庞大的任务，但很可能是一个重复性任务，对于构建的每个应用程序都需要重新执行。另一方面，并不容易把成员系统抽象出来，用极小的开销在多个应用程序中重用。多年来，已经有许多人尝试完成这种目的，Microsoft 自己也做过几次。对于成员系统，我个人的看法是，如果要编写和维护复杂度相同的多个系统，那么应该投入一些时间来构建自己的系统，并在系统中构建自己的扩展点。其他时候，就要在以下两个极端之间做出选择：本章前面讨论过的普通用户身份验证或 ASP.NET Identity。

8.3.1　ASP.NET Identity 概述

ASP.NET Identity 是一个完善的、全面的、庞大的框架，为成员系统提供了一个抽象层。如果只需要通过从简单数据库表中读出的普通凭据来验证用户的身份，那么使用 ASP.NET Identity 是大材小用。ASP.NET Identity 被设计用来将存储与安全层解耦。因此，它提供了一个丰富的 API，并且该 API 有大量扩展点，供根据自己的上下文进行调整。与此同时，它还包含一个只需要进行配置的 API。

配置 ASP.NET Identity 意味着要指定存储层(包括关系型和面向对象型)的细节，以及最能代表用户的身份模型的细节。图 8-3 说明了 ASP.NET Identity 的架构。

1. User Manager

User Manager 是一个中央控制台，在这里执行 ASP.NET Identity 支持的所有操作。如前所述，它有一个 API，可用来查询现有用户、创建新用户，以及更新或删除用户。User Manager 还提供了方法来支持密码管理、外部登录、角色管理，甚至更高级的功能，如用户锁定、2FA、根据需要发送电子邮件以及密码强度验证。

在代码中，通过 UserManager<TUser>类的服务来调用上述功能。该泛型类型指代提供的用户实体抽象。换句话说，通过该类，能够对给定用户模型执行所有代码中编写的任务。

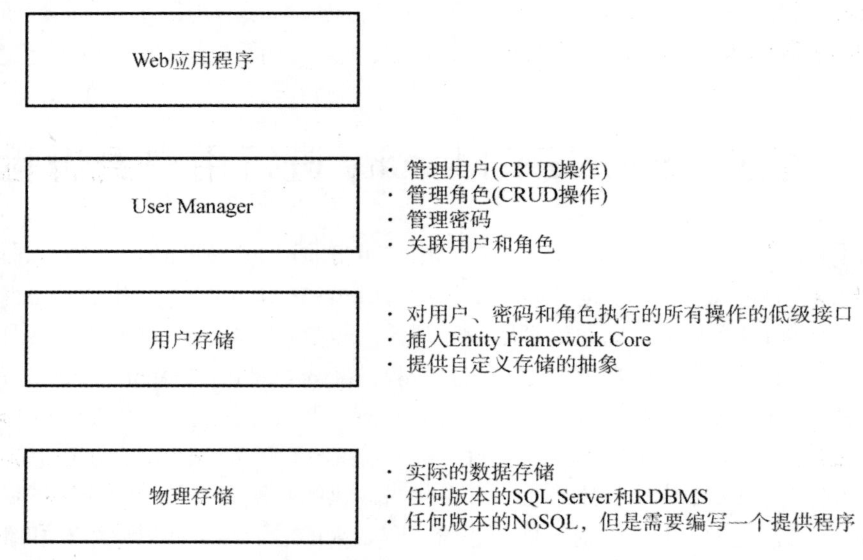

图 8-3　ASP.NET Identity 的整体架构

2. 用户身份抽象

在 ASP.NET Identity 中，用户身份的模型成为注入其机制中的一个参数，并且由于用户身份抽象机制和底层的用户存储抽象，其工作方式是有些透明的。

ASP.NET Identity 提供了一个用户基类，其中已经包含了希望在用户实体上具有的许多常见属性，例如主键、用户名、密码哈希、电子邮件地址和电话号码。ASP.NET Identity 还提供了更加复杂的属性，例如电子邮件确认、锁定状态、访问失败计数以及角色和登录名列表。ASP.NET Identity 中的用户基类是 IdentityUser。可以直接使用这个类，也可以从该类派生自己的类。

```
public class YourAppUser : IdentityUser
{
   // App-specific properties
   public string Picture { get; set; }
   public string Status { get; set; }
}
```

IdentityUser 类的某些方面已被硬编码到框架中。当把该类保存到数据库时，将把 Id 属性视为主键。这一点不能改变，不过我也想不到有什么理由要改变这种行为。默认情况下将主键作为一个字符串，但是框架的设计对主键的类型作了抽象，所以在从 IdentityUser 派生时，可以修改主键的类型。

```
public class YourAppUser : IdentityUser<int>
{
   // App-specific properties
   public string Picture { get; set; }
   public string Status { get; set; }
}
```

事实上，Id 属性的定义如下所示：

```
public virtual TKey Id { get; set; }
```

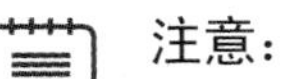

注意：

在老版本的 ASP.NET Identity(用于经典 ASP.NET)中，主键被呈现为一个 GUID，这在一些应用程序中造成一些问题。在 ASP.NET Core 中，如果愿意，也可以使用 GUID。

3. 用户存储抽象

IdentityUser 类通过某些存储 API 的服务存储到某个持久化层。最受欢迎的 API 是基于 Entity Framework Core 的，但是用户存储的抽象性允许插入几乎任何知道如何存储信息的框架。IUserStore<TUser>是主要的存储接口。下面的代码摘自该接口。

```
public interface IUserStore<TUser, in TKey> : IDisposable where TUser : class,
  IUser<TKey>
{
   Task CreateAsync(TUser user);
   Task UpdateAsync(TUser user);
   Task DeleteAsync(TUser user);
   Task<TUser> FindByIdAsync(TKey userId);
   Task<TUser> FindByNameAsync(string userName);
   ...
}
```

可以看到，抽象的是 IdentityUser 类上的普通 CRUD API。查询功能相当基础，只允许按照名称或 ID 检索用户。

但是，具体的 ASP.NET Identity 用户存储要比 IUserStore 接口表现出的复杂得多。表 8-2 列出了其他功能的存储接口。

表 8-2　一些额外的存储接口

额外的接口	目的
IUserClaimStore	此接口中的函数用于存储用户的声明。如果将声明作为与 User 实体本身的属性不同的信息进行存储，这个接口很有用
IUserEmailStore	此接口中的函数用于存储电子邮件信息，例如用于重置密码的电子邮件

(续表)

额外的接口	目的
IUserLockoutStore	此接口中的函数用于存储锁定数据，以跟踪暴力攻击
IUserLoginStore	此接口中的函数用于存储通过外部提供程序得到的链接账户
IUserPasswordStore	此接口中的函数用于存储密码及执行相关操作
IUserPhoneNumberStore	此接口中的函数用于存储 2FA 中使用的电话信息
IUserRoleStore	此接口中的函数用于存储角色信息
IUserTwoFactorStore	此接口中的函数用于存储与 2FA 相关的用户信息

实际的用户存储实现了所有这些接口。如果创建了一个自定义的用户存储，例如一个针对自定义 SQL Server 架构或者自定义 NoSQL 存储的用户存储，那么需要自己负责实现该存储。ASP.NET Identity 提供了一个基于 Entity Framework 的用户存储，可通过 Microsoft.AspNetCore.Identity.EntityFrameworkCore NuGet 包使用。该存储支持表 8-2 中列出的所有接口。

4. 配置 ASP.NET Identity

为了使用 ASP.NET Identity，首先需要选择(或创建)一个用户存储组件，并设置底层数据库。假设选择使用 Entity Framework 用户存储，那么首先必须在应用程序中创建 DbContext 类。第 9 章在专门讨论 Entity Framework Core 时，将完整解释 DbContext 类及其全部依赖所扮演的角色。

简言之，DbContext 类代表的是在代码中通过 Entity Framework 访问数据库时使用的中心控制台。在 ASP.NET Identity 中使用的 DbContext 类继承自一个系统提供的基类(IdentityDbContext 类)，并包含一个 DbSet 类，用于用户和其他实体，如登录名、声明和电子邮件。下面显示了如何布局一个类。

```
public class YourAppDatabase : IdentityDbContext<YourAppUser>
{
   ...
}
```

为了配置连接到实际数据库的连接字符串，需要使用标准的 Entity Framework Core 代码。稍后以及第 9 章将详细介绍相关内容。

在 IdentityDbContext 类中，注入用户身份类，以及其他许多可选组件。下面给出了该类的完整签名。

```
public class IdentityDbContext<TUser, TRole, TKey, TUserLogin, TUserRole,
             TUserClaim> : DbContext
   where TUser : IdentityUser<TKey, TUserLogin, TUserRole, TUserClaim>
   where TRole : IdentityRole<TKey, TUserRole>
   where TUserLogin : IdentityUserLogin<TKey>
```

```
    where TUserRole : IdentityUserRole<TKey>
    where TUserClaim : IdentityUserClaim<TKey>
{
    ...
}
```

可以看到，在该类中可以注入用户身份、角色类型、用户身份的主键、用于链接外部登录的类型、用于代表用户/角色映射的类型，以及用于代表声明的类型。

启用 ASP.NET Identity 的最后一步是在 ASP.NET Core 中注册该框架。这个步骤是在启动类的 ConfigureServices 方法中完成的。

```
public void ConfigureServices(IServiceCollection services)
{
    // Grab the connection string to use (or have it fixed)
    // Assume Configuration is set in the Startup class constructor (see Ch.7)
    var connString = Configuration.GetSection("database").Value;

    // Normal EF code to register a DbContext around a SQL Server database
    services.AddDbContext<YourAppDatabase>(options =>
            options.UseSqlServer(connString));

    // Attach the previously created DbContext to the ASP.NET Identity framework
    services.AddIdentity<YourAppUser, IdentityRole>()
            .AddEntityFrameworkStores<YourIdentityDatabase>();
}
```

知道了使用什么连接字符串连接首选的数据库之后，就使用标准的 Entity Framework 代码，将给定数据库的 DbContext 注入 ASP.NET Core 堆栈中。然后，注册用户身份角色模型、角色身份模型以及基于 Entity Framework 的用户存储。

在配置时，也可以为要创建的身份验证 cookie 指定参数。下面给出了一个示例。

```
services.ConfigureApplicationCookie(options =>
{
    options.Cookie.HttpOnly = true;
    options.Cookie.Expiration = TimeSpan.FromMinutes(20);
    options.LoginPath = new PathString("/Account/Login");
    options.LogoutPath = new PathString("/Account/Logout");
    options.AccessDeniedPath = new PathString("/Account/Denied");
    options.SlidingExpiration = true;
});
```

类似地，还可以修改 cookie 的名称，以及(一般来说可以)获得对 cookie 的完全控制。

8.3.2　使用 User Manager

UserManager 是一个中心对象，通过它来基于 ASP.NET Identity 使用和管理成员系统。不需要直接创建该类的一个实例；当在应用程序启动时注册 ASP.NET Identity

的时候，该类的一个实例会悄悄注册到 DI 系统中。

```
public class AccountController : Controller
{
   UserManager<YourAppUser> _userManager;

   public AccountController(UserManager<YourAppUser> userManager)
   {
      _userManager = userManager;
   }

   // More code here
   ...
}
```

在需要使用 UserManager 的任何控制器类中，只需要以某种方式注入该对象；例如，可以像上面的代码段一样，通过构造函数进行注入。

1. 处理用户

要创建新用户，需要调用 CreateAsync 方法，并传入在应用程序中由 ASP.NET Identity 管理的用户对象。该方法返回一个 IdentityResult 值，其中包含了一个错误对象列表，以及一个标志成功或失败的布尔值属性。

```
public class IdentityResult
{
   public IEnumerable<IdentityError> Errors { get; }
   public bool Succeeded { get; protected set; }
}

public class IdentityError
{
   public string Code { get; set; }
   public string Description { get; set; }
}
```

CreateAsync 方法有两个重载：一个只接受用户对象作为参数，另一个还接受密码。第一个重载不会为用户设置任何密码。通过使用 ChangePasswordAsync 方法，可以在以后设置或者修改密码。

当在成员系统中添加用户时，面临着一个问题：如何以及在什么地方验证系统中添加的数据的一致性。应该让用户类知道如何验证自身，还是应该将验证逻辑作为一个单独的层进行部署？ASP.NET Identity 选择了第二种模式。可以支持 IUserValidator<TUser>接口，为给定类型实现任意自定义的验证器。

```
public interface IUserValidator<TUser>
{
   Task<IdentityResult> ValidateAsync(UserManager<TUser> manager, TUser user)
}
```

需要创建一个类来实现该接口，并在应用程序启动时把它注册到 DI 系统中。

通过调用 DeleteAsync 方法，可以删除成员系统中的用户。该方法的签名与 CreateAsync 相同。要更新现有用户的状态，有许多预定义方法可选，例如 SetUserNameAsync、SetEmailAsync、SetPhoneNumberAsync、SetTwoFactorEnabledAsync 等。要编辑声明，可以使用 AddClaimAsync 和 RemoveClaimAsync，还有类似的方法可用于处理登录。

每次调用一个更新方法时，会调用底层的用户存储。作为另外一种方法，可以在内存中编辑用户对象，然后使用 UpdateAsync 方法，以批处理模式应用全部修改。

2. 获取用户

ASP.NET Identity 的成员系统为获取用户数据提供了两种模式。可以根据参数(可以是 ID、电子邮件或用户名)查询用户对象，也可以使用 LINQ。下面的代码段使用了几种查询方法。

```
var user1 = await _userManager.FindByIdAsync(123456);
var user2 = await _userManager.FindByNameAsync("dino");
var user3 = await _userManager.FindByEmailAsync("dino@yourapp.com");
```

如果用户存储支持 IQueryable 接口，那么可以在 UserManager 对象公开的 Users 集合上构建任意 LINQ 查询。

```
var emails = _userManager.Users.Select(u => u.Email);
```

如果只是需要一条特定的信息，例如电子邮件或者电话号码，那么可以使用一个 API 调用，如 GetEmailAsync、GetPhoneNumberAsync 等。

3. 处理密码

在 ASP.NET Identity 中，自动使用 RFC2898 算法进行 1 万次迭代对密码进行哈希。从安全的角度看，这是存储密码的一种极为安全的方式。哈希是通过 IPasswordHasher 接口的服务实现的。可以在 DI 系统中添加一个新的哈希生成器来替代系统提供的哈希生成器。

要验证密码的强度以及拒绝脆弱的密码，可以依赖于内置的验证器基础结构并对其进行配置，也可以创建自己的验证器。配置内置的验证器意味着设置密码的最小长度，以及决定是否必须使用字母和/或数字。下面给出了一个例子。

```
public void ConfigureServices(IServiceCollection services)
{
   services.AddIdentity<YourAppUser, IdentityRole>(options=>
   {
      // At least 6 characters long and digits required
      options.Password.RequireUppercase = false;
      options.Password.RequireLowercase = false;
```

```
        options.Password.RequireDigit = true;
        options.Password.RequiredLength = 6;
    })
    .AddEntityFrameworkStores<YourDatabase>();
}
```

要使用自定义密码验证器，需要创建一个实现了 IPasswordValidator 的类，并在应用程序启动时，调用了 AddIdentity 以后，把该类注册到 AddPasswordValidator 中。

4. 处理角色

最终，角色就是声明，而且在本章前面也见到过，有一个名为 Role 的预定义声明。从抽象的角度讲，角色只是一个字符串，没有权限和逻辑映射到该字符串，来描述用户在应用程序中能够扮演的角色。将逻辑和权限映射到角色能够使应用程序更加符合现实需要。但是，这是开发人员要做的工作。

在成员系统中，角色的目的则要具体得多。ASP.NET Identity 这样的成员系统替开发人员完成了许多工作，否则开发人员就必须做大量工作来保存和获取用户及其相关信息。成员系统做的工作之一是将用户映射到角色。此时，角色就成为用户在应用程序中能够做或不能做的操作的一个列表。在 ASP.NET Core 和 ASP.NET Identity 中，角色是保存在用户存储中的一个命名的声明组。

在 ASP.NET Identity 应用程序中，声明、用户、支持的角色以及用户和角色之间的映射是分开存储的。所有涉及角色的操作都被分组到 RoleManager 对象中。与 UserManager 对象类似，在应用程序启动时调用 AddIdentity 将 RoleManager 注册到 DI 系统中。类似地，通过 DI 将 RolerManager 的一个实例注入控制器中。角色存储在一个独立的角色存储中。在 EF 中，角色存储就是同一个 SQL Server 数据库中的一个独立的表。

在代码中管理角色与在代码中管理用户几乎是完全相同的。下面的例子显示了如何创建一个角色。

```
// Define the ADMIN role
var roleAdmin = new IdentityRole
{
   Name = "Admin"
};

// Create the ADMIN role in the ASP.NET Identity system
var result = await _roleManager.CreateAsync(roleAdmin);
```

在 ASP.NET Identity 中，除非将用户映射到角色，否则角色不会有效果。

```
var user = await _userManager.FindByNameAsync("dino");
var result = await _userManager.AddToRoleAsync(user, "Admin");
```

不过，要将用户添加到角色，需要使用 UserManager 类的 API。除了 AddToRoleAsync，UserManager 还提供了 RemoveFromRoleAsync 和 GetUsersInRoleAsync 方法。

5. 验证用户的身份

由于 ASP.NET Identity 框架十分复杂，使用该框架对用户进行身份验证需要许多步骤。这些步骤涉及的操作包括验证凭据、处理失败的登录尝试及锁定用户、处理禁用的用户，以及处理 2FA 逻辑(如果启用了该功能)。然后，必须使用声明填充 ClaimsPrincipal 对象，并发出身份验证 cookie。

所有这些步骤都封装在 SignInManager 类公开的 API 中。通过 DI 获取登录管理器的方式与 UserManager 和 RoleManager 对象相同。为了执行登录页面的所有步骤，需要使用 PasswordSignInAsync 方法。

```
public async Task<IActionResult> Login(string user, string password, bool
  rememberMe)
{
   var shouldConsiderLockout = true;
   var result = await _signInManager.PasswordSignInAsync(
                        user, password, rememberMe, shouldConsiderLockout);
   if (result.Succeeded)
   {
      // Redirect where needed
      ...
   }
   return View("error", result);
}
```

PasswordSignInAsync 方法接受用户名和密码(明文)作为参数，并使用两个布尔值标志来指定得到的身份验证 cookie 的持久化特征，以及是否考虑锁定。

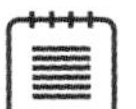

注意：

用户锁定是 ASP.NET Identity 内置的一项功能，可禁止用户登录系统。有两条信息控制着此功能：应用程序是否启用了锁定以及锁定的结束日期。有一些专门的方法可启用和禁用锁定，以及设置锁定的结束日期。如果锁定被禁用，或者虽然锁定被启用，但是当前日期已经超出了锁定的结束日期，那么用户就是活跃的。

登录过程的结果包含在 SignInResult 类型中，该类型说明了身份验证是否成功、2FA 是否是必要的或者用户是否被锁定。

8.4 授权策略

软件应用程序的授权层确保了能够允许当前的用户访问指定资源、执行指定操作或者在指定资源上执行指定操作。在 ASP.NET Core 中，有两种方法可设置授权层：使用角色或使用策略。前一种方法(即基于角色的授权)是以前版本的 ASP.NET 平台就有的。基于策略的授权则是 ASP.NET Core 中全新引入的，非常强大和灵活。

8.4.1　基于角色的授权

授权比身份验证更进一步。身份验证是为了发现用户的身份，跟踪其活动，并只允许已知的用户进入系统。授权则更加具体，为用户调用预定义的应用程序端点定义了条件。受到权限控制并进而受到授权层控制的任务的常见示例包括显示或隐藏用户界面元素、执行操作或者流转到其他服务。在 ASP.NET 中，从早期开始，角色一直是实现授权层的常见方式。

从技术上讲，角色就是一个普通的字符串，没有关联的行为。但是，ASP.NET 和 ASP.NET Core 的安全层将角色的值视为元信息。例如，这两个安全层都会检查主体对象中是否包含角色(参见主体的身份对象中的 IsInRole 方法)。除此之外，应用程序会使用角色向属于该角色的所有用户授予权限。

在 ASP.NET Core 中，角色信息在已登录用户的声明中是否可用要取决于后备身份存储。例如，如果使用社交身份验证，那么根本不会看到角色。通过 Twitter 或 Facebook 进行身份验证的用户不会携带任何对你的应用程序有意义的角色信息。但是，你的应用程序可能基于内部的和领域特定的规则，为该用户分配一个角色。

总之，角色只是元信息，应用程序——也只有应用程序——可将其转换为做或者不做特定操作的权限。ASP.NET Core Framework 只提供了一点基础结构来持久化和获取角色。支持的角色以及用户与角色的映射的列表通常存储在底层的成员系统中(可能是自定义的，也可能基于 ASP.NET Identity)，当验证用户凭据的时候会获取这个列表。接下来，角色信息将以某种方式关联到用户账户并公开给系统。身份对象(在 ASP.NET Core 中为 ClaimsIdentity)上的 IsInRole 方法是用于实现基于角色的授权的杠杆。

1. Authorize 特性

Authorize 特性以声明的方式来保护控制器或控制器的一些方法。

```
[Authorize]
public class CustomerController : Controller
{
    ...
}
```

注意，如果没有指定参数，那么 Authorize 特性只检查用户是否通过身份验证。在上面的代码段中，所有成功登录系统的用户都能够调用 CustomerController 类的任意方法。要想只选择用户的一个子集，需要使用角色。

Authorize 特性的 Roles 属性指明，只有属于列出的任意角色的用户才会被授权访问控制器的方法。在下面的代码中，Admin 和 System 用户都可以调用 BackofficeController 类的方法。

```
[Authorize(Roles="Admin, System")]
public class BackofficeController : Controller
{
    ...

   [Authorize(Roles="System")]
   public IActionResult Reset()
   {
      // You MUST be a SYSTEM user to get here
      ...
   }

   [Authorize]
   public IActionResult Public()
   {
      // You just need be authenticated and can view this
      // regardless of role(s) assigned to you
      ...
   }

   [AllowAnonymous)]
   public IActionResult Index()
   {
      // You don't need to be authenticated to get here
      ...
   }
}
```

Index 方法不要求身份验证。Public 方法只要求用户通过身份验证。Reset 方法则严格要求用户是 System 用户。其他所有方法都可被 Admin 或 System 用户调用。

如果需要多个角色才能访问控制器，那么可以多次应用 Authorize 特性。或者，可以编写自己的授权筛选器。在下面的代码中，只有具有 Admin 和 System 角色的用户才能获得调用控制器的权限。

```
[Authorize(Roles="Admin")]
[Authorize(Roles="System")]
public class BackofficeController : Controller
{
   ...
}
```

作为可选项，Authorize 特性还可以通过 ActiveAuthenticationSchemes 属性接受一个或多个身份验证方案。

```
[Authorize(Roles="Admin, System", ActiveAuthenticationSchemes="Cookies"]
public class BackofficeController : Controller
{
   ...
}
```

ActiveAuthenticationSchemes 属性是一个逗号分隔的字符串，列出了授权层在当前上下文内信任的身份验证组件。换句话说，它指定了只有当用户通过 Cookies 方案进行身份验证并且具有列出的任意角色时，才能访问 BackofficeController 类。如前所述，传递给 ActiveAuthenticationSchemes 属性的字符串值必须符合在应用程序启动时注册到身份验证服务的处理程序。因而，身份验证方案本质上就是一个选择处理程序的标签。

2. 授权筛选器

Authorize 特性提供的信息由一个预定义的、系统提供的授权筛选器使用。此筛选器在其他任何 ASP.NET Core 筛选器之前运行，因为它负责检查用户是否能够执行请求的操作。如果不能，授权筛选器将使管道短路，取消当前的请求。

可以创建自定义的授权筛选器，但是通常不需要这么做。事实上，更好的方法是配置默认筛选器所依赖的现有授权层。

3. 角色、权限和否决

角色是基于用户能够或者不能够做的操作，将应用程序的用户分组到一起的一种简单的方法。但是，角色的表达力不是特别强；至少不足以满足大部分现代应用程序的需要。例如，考虑一个相对简单的授权架构：网站中包含普通用户，也包含有权访问后端办公系统和更新内容的超级用户。基于角色的授权层可基于两种角色：用户和管理员。以此为基础，定义每组用户能够访问哪些控制器和方法。

问题是，在现实世界中，场景很少这么简单。在现实世界中，常常要细致地区分给定用户角色中的用户能够做什么和不能做什么。有了角色后，还需要确定一些例外情况和否决情况。例如，在能够访问后端办公系统的用户中，有些只能编辑客户数据，有些只能处理内容，有些能够进行上述两种操作。如何呈现图 8-4 这样的授权方案呢？

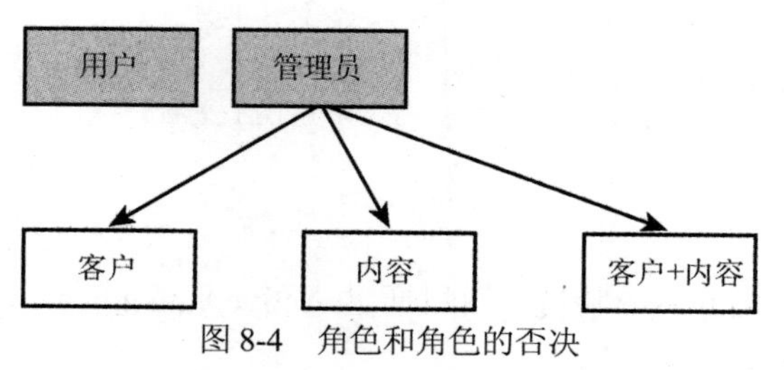

图 8-4　角色和角色的否决

这是一个由方框和箭头构成的示意图。“用户”框和“管理员”框是灰色显示的，“管理员”框向外伸出一些箭头，将其连接到了“客户”、“内容”和“客户+内容”框。

角色本质上是扁平的概念。如何让一个层次结构(即使是图 8-4 中显示的这样一个简单的层次结构)扁平化呢？例如，可以创建 4 个不同的角色：User、Admin、CustomerAdmin 和 ContentsAdmin。Admin 角色是 CustomerAdmin 和 ContentsAdmin 的并集。这种方法是可以工作的，但是当否决——它们完全是业务特定的——的数量增长时，需要的角色的数量也会显著增长。

关键在于，角色不一定是处理授权的最有效方式，不过它们对于向后兼容以及在一些非常简单的场景中是非常有用的。对于其他场景，则需要不同的方案。这时候要用到基于策略的授权。

8.4.2 基于策略的授权

在 ASP.NET Core 中，基于策略的授权框架被设计用于使授权逻辑和应用程序逻辑分离开。策略是一个实体，被设计为一个需求集合。需求就是当前用户必须满足的一个条件。最简单的策略是用户必须经过身份验证。另一个常见的需求是用户属于指定的角色。我们还可以给出一个需求的例子：用户必须有特定的声明，或者不但必须有一个特定的声明，该声明还必须有特定的值。一般来说，需求是关于用户身份的一个断言，只有该断言为 true，才会授权该用户访问指定的方法。

1. 定义授权策略

使用下面的代码创建策略对象：

```
var policy = new AuthorizationPolicyBuilder()
    .AddAuthenticationSchemes("Cookie, Bearer")
    .RequireAuthenticatedUser()
    .RequireRole("Admin")
    .RequireClaim("editor", "contents")
    .RequireClaim("level", "senior")
    .Build();
```

生成器对象使用多个扩展方法收集需求，然后生成策略对象。可以看到，需求会处理通过身份验证 cookie(或者如果使用的是持有者令牌，就从持有者令牌)读出的身份验证状态和方案、角色以及任意声明组合。

注意：

持有者令牌可替代身份验证 cookie，保存关于用户身份的信息。通常，非浏览器客户端(如移动应用程序)调用的 Web 服务会使用持有者令牌。第 10 章将讨论持有者令牌。

如果所有用来定义需求的预定义扩展方法都不能满足要求，那么总是可以通过自己的断言来定义一个新需求。实现方法如下：

```
var policy = new AuthorizationPolicyBuilder()
    .AddAuthenticationSchemes("Cookie, Bearer")
    .RequireAuthenticatedUser()
    .RequireRole("Admin")
    .RequireAssertion(ctx =>
    {
```

```
        return ctx.User.HasClaim("editor", "contents") ||
               ctx.User.HasClaim("level", "senior");
    })
    .Build();
```

RequireAssertion 方法接受一个 Lambda 函数，该 Lambda 函数接受一个 HttpContext 对象，返回一个布尔值。因此，断言是一个条件语句。注意，如果在策略的定义中多次连接 RequireRole，那么用户必须具有所有指定的角色。反过来，如果想表达一个 OR 条件，那么就需要使用断言。事实上，在上面的例子中，策略允许的用户可以是内容编辑者或者高级用户。

定义了策略后，还必须将其注册到授权中间件中。

2. 注册策略

授权中间件首先在启动类的 ConfigureServices 方法中注册为一个服务。在此过程中，会用所有必要的策略来配置该服务。可通过一个生成器对象来创建策略，并通过 AddPolicy 扩展方法来添加(或只是声明)它。

```
services.AddAuthorization(options=>
{
   options.AddPolicy("ContentsEditor", policy =>
   {
      policy.AddAuthenticationSchemes(CookieAuthenticationDefaults.
        AuthenticationScheme);
      policy.RequireAuthenticatedUser();
      policy.RequireRole("Admin");
      policy.RequireClaim("editor", "contents");
   });
};
```

添加到授权中间件的每个策略都有一个名称，该名称将用于在控制器类的 Authorize 特性内引用对应的策略。下面显示了如何通过设置一个策略而不是角色，在控制器方法上定义权限。

```
[Authorize(Policy = "ContentsEditor")]
public IActionResult Save(Article article)
{
   ...
}
```

通过 Authorize 特性，可以用声明的方式设置策略，允许 ASP.NET Core 的授权层在方法执行前强制实施策略。或者，可以通过编程的方式强制实施策略。需要的代码如下所示：

```
public class AdminController : Controller
{
   private IAuthorizationService _authorization;
   public AdminController(IAuthorizationService authorizationService)
   {
```

```
        _authorization = authorizationService;
    }
    public async Task<IActionResult> Save(Article article)
    {
        var allowed = await _authorization.AuthorizeAsync(
                User, "ContentsEditor");
        if (!allowed.Succeeded)
                return new ForbiddenResult();
        // Proceed with the method implementation
        ...
    }
}
```

对授权服务的引用也是通过 DI 注入的。AuthorizeAsync 方法接受应用程序的主体对象和策略名称，返回一个 AuthorizationResult 对象，该对象中包含一个 Succeeded 布尔值属性。当该属性的值为 false 时，可通过 Failure 属性的 FailCalled 或 FailRequirements 了解失败的原因。如果检查权限的代码失败，那么应该返回一个 ForbiddenResult 对象。

注意：

当权限检查失败时，返回 ForbiddenResult 与返回 ChallengeResult 有一个细小区别；如果将 ASP.NET Core 1.x 纳入考虑范围，则这种区别更加难以捉摸。ForbiddenResult 是一个干净利落的回答——你失败了，然后返回一个 HTTP 401 状态码。ChallengeResult 是更加友好的响应。如果用户已经登录，它会导致得到 ForbiddenResult; 如果用户还未登录，就重定向到登录页面。但是，从 ASP.NET Core 2.0 开始，ChallengeResult 不再将未登录用户重定向到登录页面。因此，在响应权限检查失败的情况时，ForbiddenResult 是唯一合理的方式。

3. Razor 视图中的策略

到现在为止，我们已经看到了控制器方法中的策略检查。在 Razor 视图中，尤其是当使用第 5 章讨论的 Razor 页面的时候，也可以执行相同的检查。

```
@{
    var authorized = await Authorization.AuthorizeAsync(User, "ContentsEditor")
}
@if (!authorized)
{
    <div class="alert alert-error">
        You're not authorized to access this page.
    </div>
}
```

要想使上面的代码可以工作，首先必须注入对授权服务的依赖。

```
@inject IAuthorizationService Authorization
```

在视图中使用授权服务可以帮助隐藏当前用户无权查看的用户界面部分。

重要

仅仅基于对授权的权限进行检查来显示或隐藏用户界面元素(如指向受保护页面的链接)并不足以保证安全。只要也在控制器方法级别进行权限检查，那么这么做是可以的。记住，控制器方法是访问系统后端的唯一方式，而人们总是可以通过在浏览器中键入 URL 来试图直接访问页面。隐藏链接并不是绝对安全的。理想的方法是在入口处检查权限，而入口就是控制器级别。唯一的例外是，从 ASP.NET Core 2.0 开始，使用的是 Razor 页面。

4. 自定义需求

常见需求覆盖了声明和身份验证，并为基于断言进行自定义提供了一个通用的机制。我们也可以创建自定义需求。策略需求由两个元素组成：只用于保存数据的需求类，以及验证用户数据的授权处理程序。如果使用常用工具不能表达自己期望的策略，那么可以创建自定义需求。

举个例子，假设我们想扩展 ContentsEditor 策略，添加一个需求来要求用户必须有至少 3 年的经验。下面给出了一个自定义需求的示例类。

```
public class ExperienceRequirement : IAuthorizationRequirement
{
   public int Years { get; private set; }
   public ExperienceRequirement(int minimumYears)
   {
      Years = minimumYears;
   }
}
```

需求必须至少有一个授权处理程序。处理程序是一个类型为 AuthorizationHandler<T> 的类，其中 T 是需求的类型。下面的代码显示了 ExperienceRequirement 类型的一个示例处理程序。

```
public class ExperienceHandler : AuthorizationHandler<ExperienceRequirement>
{
   protected override Task HandleRequirementAsync(
      AuthorizationHandlerContext context,
      ExperienceRequirement requirement)
   {
      // Save User object to access claims
      var user = context.User;
      if (!user.HasClaim(c => c.Type == "EditorSince"))
         return Task.CompletedTask;

      var since = int.Parse(user.FindFirst("EditorSince").Value);
      if (since >= requirement.Years)
         context.Succeed(requirement);
```

```
        return Task.CompletedTask;
    }
}
```

示例授权处理程序读取与用户关联的声明，并查找一个自定义的 EditorSince 声明。如果没有找到，就不作处理，直接返回。只有当该声明存在，并且包含的整数值不小于指定的年数时，处理程序才会返回成功。自定义声明应当是以某种方式关联到用户的信息，如 Users 表中的一列，并保存到身份验证 cookie 中。但是，当获得了对用户的引用后，总是可以从声明中获得用户名，然后对数据库或外部服务运行查询，获知用户有多少年的经验，之后在处理程序中使用这条信息。

注意：

当然，在上面的示例中，如果 EditorSince 包含一个 DateTime 值，并计算从用户成为一个 Editor 以后是否已经经过了给定的年数，那么该示例会更加符合现实需要。

授权处理程序调用 Succeed 方法，表明需求已被成功验证。如果需求没有通过验证，则处理程序不需要作任何处理，可以直接返回。但是，如果处理程序想要确定需求的失败原因，而不考虑针对相同需求的其他处理程序可能会成功，那么可以调用授权上下文对象的 Fail 方法。

重要

一般来说，应该把在处理程序中调用 Fail 视为一种例外情况。事实上，授权处理程序一般要么成功，要么什么都不做，因为一个需求可以有多个处理程序，其他处理程序可能会成功。当在一些关键的场景中想要不计后果地不让其他任何处理程序成功时，可以选择调用 Fail。还要注意，即使在代码中调用了 Fail，授权层也会对其他需求求值，因为处理程序可能会产生一些副作用，如日志记录。

下面演示了如何向策略添加一个自定义需求。由于这是一个自定义需求，所以没有扩展方法，必须通过策略对象的 Requirements 集合执行操作。

```
services.AddAuthorization(options =>
{
   options.AddPolicy("AtLeast3Years",
      policy => policy
               .Requirements
               .Add(new ExperienceRequirement(3)));
});
```

此外，必须把新的处理程序注册到 DI 系统中的 IAuthorizationHandler 类型下。

```
services.AddSingleton<IAuthorizationHandler, ExperienceHandler>();
```

如前所述，需求可以有多个处理程序。当在 DI 系统中为授权层的同一个需求注册了多个处理程序时，至少有一个成功就够了。

在授权处理程序的实现中，有时可能必须检查请求的属性或者路由数据。

```
if (context.Resource is AuthorizationFilterContext)
{
   var url = mvc.HttpContext.Request.GetDisplayUrl();
   ...
}
```

在 ASP.NET Core 中，AuthorizationHandlerContext 对象公开了一个 Resource 属性，将其设为筛选器上下文对象。取决于涉及的框架，上下文对象会有所不同。例如，MVC 和 SignalR 会发送自己的上下文对象。是否要强制转换 Resource 属性的值，取决于要访问的内容。例如，User 信息始终是存在的，并不需要进行转换。但是，如果想要获得 MVC 特定的细节，如路由或 URL 和请求信息，就必须进行转换。

8.5　小结

为保护 ASP.NET Core 应用程序的安全，需要经过两个层：身份验证层和授权层。身份验证的目的是将来自特定用户代理的请求关联到一个身份。授权的目的是检查该身份是否能够以某种方式执行其请求的操作。

身份验证可以使用一个基本 API 来创建身份验证 cookie，或者也可以依赖一个专用框架的服务，该框架即 ASP.NET Identity，提供了一个可高度定制的成员系统。授权分为两种形式。一种是传统的、基于角色的授权，工作方式与在经典 ASP.NET MVC 中相同。另一种是基于策略的授权，这是一种新方法，提供了一种更加丰富、表达力更强的权限模型。策略是需求和自定义逻辑的集合，需求基于声明，而自定义逻辑则基于可从 HTTP 上下文或外部源注入的其他任何信息。需求关联着一个或多个处理程序，处理程序负责实际对需求求值。

在讨论 ASP.NET Identity 时，我们简单提到了一些数据库相关的对象和概念。在第 9 章，我们将介绍 ASP.NET Core 中的数据访问。

第 9 章 访问应用程序数据

隐藏起你的无知，就不会有人打击你，但是你也失去了从犯错中学习的机会。

——雷·布莱伯利，《华氏 415 度》

十多年前，Eric Evans 引入了领域驱动设计(DDD)。在他撰写的开创性的图书中，有一句话撼动了软件开发的支柱。本质上，他说的是，在设计系统时，持久化应该是架构师最后关注的问题。当然，这并不是说它是最不值得关注的问题。本章将从这种理念出发，尝试解释现代 Web 应用程序中的数据访问，并为有效的应用程序后端开发一个相对通用的模式。持久化显然是应用程序后端的一部分，不管想在持久化层之上添加一个什么样的抽象层，持久化层明显由一个在某个持久化存储中读写数据的框架构成，并且这个持久化存储很可能位于某个云平台中的远程服务器上。越来越多的应用程序使用 NoSQL 存储，不少应用程序会使用两种不同的堆栈来处理数据：命令堆栈和查询堆栈。

讨论现代的 ASP.NET Core 应用程序中的数据访问并不只是简单地介绍数据访问库的实质细节。本章要传递的理念是设计优先，而不是技术优先。因此，在 DDD 著名的分层架构模式的启发下，我们首先介绍用于应用程序后端的一个通用模式的核心知识，然后介绍在实际读写应用程序数据时可以采用的数据访问选项。在这个方面，我们将介绍 Entity Framework Core 的关键功能。

9.1　创建相对通用的应用程序后端

在建议的 Layered Architecture 模式中，Evans 再次分析了规范的三层模型——表示层、业务层和数据层，并引入了两个关键的变化。第一个变化是他将关注点放到了 layer 的概念上，而不是 tier。layer 指的是应用程序组件之间的逻辑分隔，而 tier 指的是物理上不同的应用程序和服务器。第二个变化是模式中识别的层数不同。分层架构基于 4 个层：表示层、应用层、领域层和基础结构层。

与规范的三层模式相比，可以看到，业务层被分成了两个部分：应用程序逻辑和领域逻辑，数据层则被重命名为含义更加广泛的基础结构层(如图 9-1 所示)。

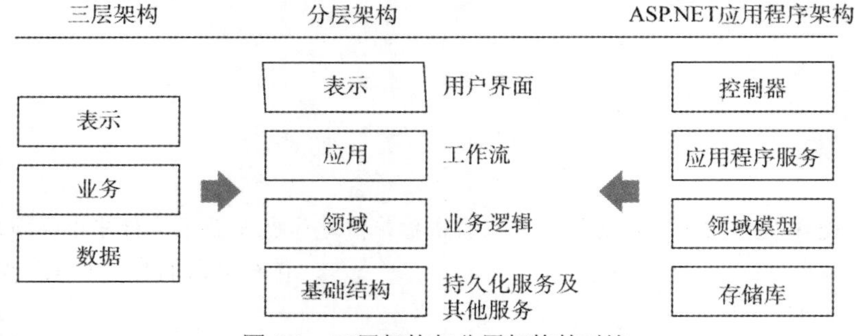

图 9-1　三层架构与分层架构的对比

从图中很容易看出 ASP.NET 应用程序的各个部分如何映射到分层架构的各层。在图 9-1 的层中，只有基础结构层的组件需要知道数据库的细节，如数据库的位置和连接字符串。理想情况下，系统的其余部分应该被设计为不知道持久化的数据的实际模式。最顶层的应用程序层看到的只会是符合它们需要的数据。因此，任何应用程序要想工作，持久化的数据依然至关重要，但是应用程序只需要知道如何读取和写入自己所需的数据。读写的细节能够并且应该被尽可能地隐藏。

9.1.1　整体式应用程序

在经典的自底向上设计(几十年来被广泛采用的一种设计理念)中，能够向外界证明我们理解了系统的第一个成果就是数据模型。其他的方方面面都是基于数据模型的，包括过程以及尤为依赖数据模型的用户界面和用户体验。

在整体式应用程序中，数据从底部的持久化存储传递到前端，然后再返回持久化存储。数据会经过几个转换点，它们会根据存储需要来调整在用户界面中收集的数据，也会对后端存储的数据进行调整，使其适合进行显示(参见图 9-2)。

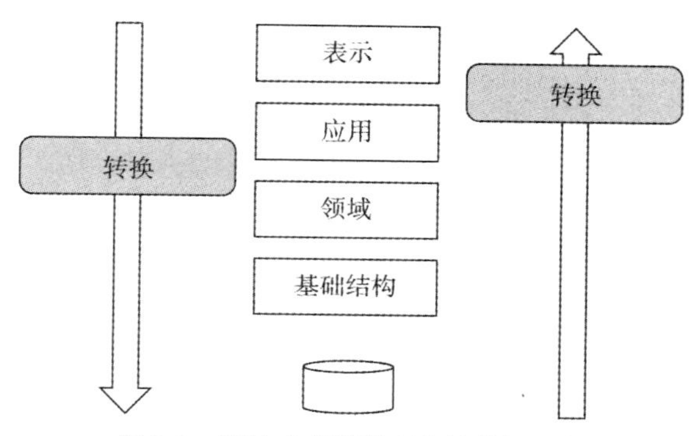

图 9-2　整体式应用程序中的数据形式

从图中很容易猜到，数据会经过两个不同的路径：从存储到前端以及从前端回到存储。我们不应该考虑把应用程序堆栈分成两个部分吗？独立处理命令堆栈和读堆栈对于开发来说是不是更加有效？这个问题带来了 NoSQL 存储，也使得经典 RDBMS 系统开始支持 XML 和 JSON。这也正是 Command and Query Responsibility Segregation(CQRS)模式的作用。对于理想情况下以一种方式存储数据，而以另一种方式读取数据的真实场景来说，将命令堆栈和查询堆栈分隔开是更有效的做法。

虽然分层架构中并非必须使用 CQRS，但是当结合了 CQRS 时，分层架构就提供了一个设计的起点，很可能是最适合如今的大部分场景的选项(如图 9-3 所示)。

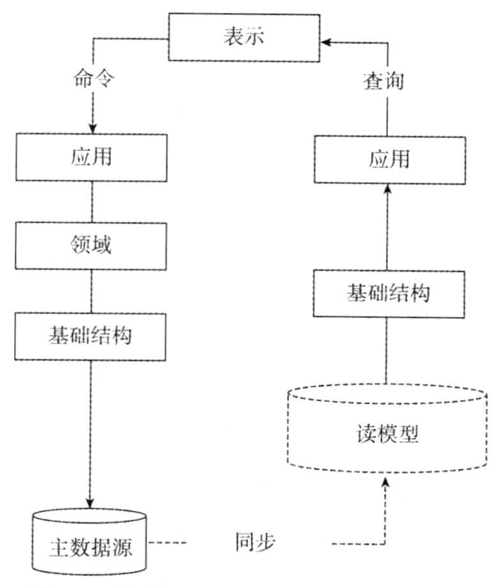

图 9-3　结合了 CQRS 设计的分层架构模式

9.1.2 CQRS 方法

一旦思想上接受了有两个不同的堆栈(一个用于读应用程序的状态，一个用于更新应用程序的状态)，许多潜在的实现场景就会浮现出来。没有哪种场景是适合所有人的。这里没有放之四海而皆准的模式，但是 CQRS 的一般思想能够让每个人受益。

有经验的开发人员会记得，创建出一个理想的数据模型并使其能够将关系数据模型的原则和最终用户实际需要的视图的复杂性结合起来是一项多么困难的工作。如果只有一个应用程序堆栈，就只能有一个面向持久化的数据模型，但是需要调整这个模型，使其能够有效地满足前端的需要。特别是与某种方法学(如领域驱动设计)的额外的抽象层结合起来时，后端(业务逻辑和数据访问逻辑)的设计很容易变得一团乱。

在这个方面，CQRS 通过将设计问题分解为两个较小的问题，并帮助找到每个问题的正确设计方案，而不施加外部约束，使得设计变得更加简单。这是新的应用程序架构设想的显现。具有不同的堆栈的好处是，很容易为实现命令和查询使用不同的对象模型。如有必要，可以为命令使用一个完整的领域模型，而为表示使用一个定制的普通数据传输对象，可能这些对象是从 SQL 查询具体化的。另外，当需要多个表示前端(如 Web、移动 Web 和移动应用)时，只需要额外创建读模型。整体复杂度是个体复杂度的和，而不是笛卡尔积。图 9-3 要表达的就是这一点。

1. 使用不同的数据库

将后端分解成不同的堆栈使设计和编码变得简单，并提供了前所未有的扩展能力。与此同时，这种方法也提出了一些问题，需要在架构级别仔细考量。如何使两个堆栈保持同步，使数据命令写入能够被一致地读回？取决于想要解决的业务问题，CQRS 实现可以基于一种或两种数据库。如果使用了一个共享数据库，那么要为查询目的获取正确的数据投影，只需要在读堆栈中的普通查询之上做一些额外的工作。与此同时，共享数据库确保了经典的 ACID 一致性。

至于性能或可扩展性，可以考虑为命令堆栈和读堆栈使用不同的持久化端点。例如，命令堆栈可能有一个事件存储、一个 NoSQL 文档存储，可能还有一个非持久的存储(如内存缓存)。命令数据与读数据的同步可能是异步发生的，甚至可以根据过期数据(以及数据的过期程度)对表示的影响来调度同步操作，使其定时进行。当使用了不同的数据库时，读数据库常常是一个普通的关系数据库，只是提供了数据的一个(或多个)投影，如图 9-4 所示。

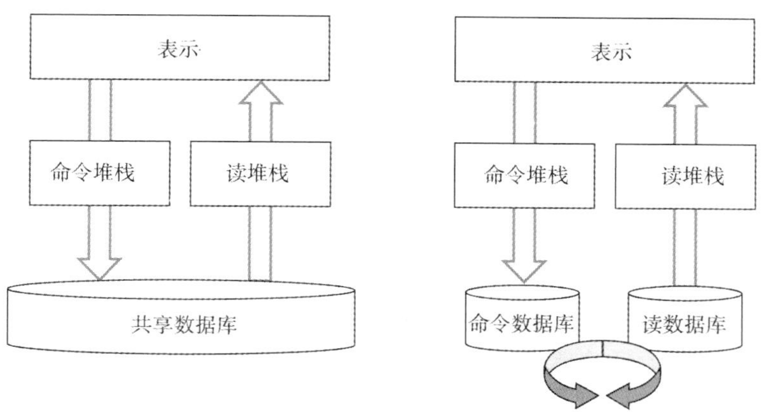

图 9-4　为命令堆栈和查询堆栈使用共享数据库和独立数据库时的 CQRS 架构的对比

2. 什么时候适合使用 CQRS

CQRS 并不是用于企业级系统设计的一种全面的方法。它只是一种模式，指导我们为一个可能很大的系统架构一个具体的、有界的上下文。CQRS 架构模式主要被设计用来解决高并发业务场景中的性能问题，在这类场景中，同步处理命令并执行数据分析的问题变得越来越多。许多人似乎认为，离开了这种协作式系统，CQRS 的效果就会显著降低。事实上，CQRS 的效果之所以在协作式系统中闪耀，是因为它允许以平滑得多的方式来处理复杂性和竞争的资源。我认为，它还有很多作用并不是一眼就能看到的。

即使在简单得多的场景中，查询堆栈与命令堆栈的分隔简化了设计并大大降低了发生错误的风险，CQRS 也足以为使用架构买单。换句话说，CQRS 降低了实现一个系统甚至是一个复杂的系统所需要的技能水平。使用 CQRS 使得几乎任何团队都有能力在可扩展性和代码整洁性方面做得很好。

注意：

使用 CQRS，并且堆栈之间整洁地、彻底地分隔开(例如使用不同的数据库)，为使用事件作为主要数据源铺平了道路。使用事件作为主要数据源意味着命令堆栈只是记录发生了什么(例如系统中新添加了一个客户)，而不一定更新当前的客户列表。获取最新的客户列表是读堆栈的职责，为了保护性能，还可以添加带外同步，使得记录下的每个事件都会触发读堆栈进行更新，从而使得对于应用程序而言不可缺少的所有数据快照都保持最新。

9.1.3　基础结构层的构成

在一个真实的应用程序后端中，基础结构层是与使用具体的技术相关的所有东西，包括数据持久化(O/RM 框架，如 Entity Framework)、外部 Web 服务、特定的安全 API、日志记录、跟踪、IoC 容器、缓存等。基础结构层中最突出的组件是持久化层，其实也就是原来的数据访问层，只不过可能经过扩展，包含了更多的数据源，而不只是普通的关系数据存储。持久化层知道如何读和/或写数据，它是由存储库类构成的。

1. 持久化层

如果采用经典的存储系统当前状态的方法，那么对于每个相关的实体组，都会有一个存储库类。所谓的实体组，指的是总是在一起出现的实体，例如订单和订单项。这个概念在 DDD 中称为“聚合”。存储库的结构可以类似于 CRUD，即对于泛型类型 T，有 Save、Delete 和 Get 方法，而且使用谓词来查询数据的专门部分。不过，也不是不能让存储库具有 RPC 风格，使其方法所代表的操作——读、写或插入——满足业务目的。我通常把这一点总结为：没有哪种编写存储库的方式是错误的。

2. 缓存层

系统中并不是所有的数据都以相同的速率变化。因此，每当收到请求时，让数据库服务器读取没有发生变化的数据其实并不合理。而另一方面，在 Web 应用程序中，请求是并发传入的。每秒可能有许多请求到达 Web 服务器，并且在并发请求中，许多可能在请求同一个页面。那么，为什么不缓存该页面，或者至少缓存该页面使用的数据呢？

尽管在没有缓存的情况下，所有的系统都应该能够工作，但是实际上，在没有数据缓存的情况下，极少应用程序能够坚持一两秒。在高流量网站上，一两秒能够产生巨大的影响。在许多情况下，缓存已经成为构建在专用框架上的附加层，这些专用框架实际上是内存数据库，如 Memcached、ScaleOut 或 NCache。但是，内存解决方案也并不是没有问题，因为对于生存期较长的二代对象，它们可能触发频繁而耗时较长的垃圾回收操作。在边缘案例中，这可能导致超时。

3. 外部服务

基础结构层的另外一个场景是只能通过 Web 服务访问数据。这种场景的例子包括 Web 应用程序位于某个 CRM 软件之上，或者必须使用某个公司的专利服务。一般来说，基础结构层负责根据需要封装外部服务。从架构的角度来讲，如今我们的思维方式应该是考虑基础结构层，而不是封装了关系数据库的普通数据访问层。

9.2　.NET Core 中的数据访问

要在 ASP.NET Core 应用程序中访问数据，首先想到的选项常常是使用 Entity

Framework Core(EF Core)。EF Core 是新面孔，是在规范的 Entity Framework 6.x 的基础上专门设计的，为开发人员提供了一个主要的 O/RM 选项。本章剩余部分将介绍使用 EF Core 来执行的基本的、最常见的任务。但是，在那之前，有必要简单了解一下其他数据访问选项。你会惊讶地发现，原来有这么多选项可用。

9.2.1　Entity Framework 6.x

Entity Framework 6.x(EF6)是老版本的 O/RM 框架，我们在.NET 应用程序中多年来都使用它编写数据访问任务。EF6 只与新的.NET Core 平台部分兼容。换句话说，可以在.NET Core 项目中使用 EF6，但是这要求必须针对完整的.NET Framework 来编译.NET Core 代码。问题在于，EF6 并不能完全支持.NET Core。因此，在 ASP.NET Core 应用程序中使用 EF6 时，并不能获得跨平台功能。针对完整的.NET Framework 编译的 ASP.NET Core 应用程序(可能重用了一些现有的 EF6 代码)只能运行在 Windows 上。

注意：

当运行在 Windows 上时，可以在 IIS 中托管 ASP.NET Core 应用程序，也可以在 Windows 服务中托管并使其运行在 Kestrel 上。虽然这么做失去了 IIS 的更高级的服务，但是却非常高效。不过，另一方面，并非始终需要那些服务。所以，这依然是一个需要权衡利弊的决定。

1. 将 EF6 代码封装到独立的类库中

在 ASP.NET Core 应用程序中使用 EF6 的推荐方法是，将所有的类(包括 DB 上下文和实体类)放到一个独立的类库项目中，使其基于完整的框架。然后，在新的 ASP.NET Core 项目中添加对前一个项目的引用。必须执行这个额外的步骤，因为 ASP.NET Core 项目并不支持 EF6 上下文类中能够通过代码触发的全部功能。因此，并不支持在 ASP.NET Core 项目中直接使用 EF6 上下文类。

重要

从现实的角度讲，使用中间类库并不是一种局限。事实上，在 ASP.NET Core(或者只是.NET Core)项目中使用 EF6 的主要目的是重用现有的代码，而不是使用熟悉的老 API。现有的代码很有可能已经被隔离到一个独立的类库中。但是，即使要编写新的 EF6 代码，使其与项目主体隔离开也是一个很好的设计决定，能够便于在将来替换数据访问框架，使用一个完全支持的跨平台框架 API(如 EF Core)或者本章支持的其他选项。

2. 获取连接字符串

EF6 上下文类获取连接字符串的方式与 ASP.NET Core 中最新的、完全重写的配置层并不完全兼容。考虑下面的常见代码段。

```
public class MyOwnDatabase : DbContext
{
   public MyOwnDatabase(string connStringOrDbName = "name=MyOwnDatabase")
      : base(connStringOrDbName)
   {

   }
}
```

应用程序特定的 DbContext 类通过参数接受连接字符串，或者从 web.config 文件中获取连接字符串。在 ASP.NET Core 中，并没有 web.config 文件，所以连接字符串要么是一个常量，要么应该从.NET Core 配置层读取并传入。

3. 将 EF 上下文与 ASP.NET Core DI 集成

在网上可以找到的大部分 ASP.NET Core 数据访问示例展示了如何通过依赖注入(DI)，将 DB 上下文注入应用程序的所有层中。在 DI 系统中注入 EF6 上下文的方式与注入其他服务相同。理想的作用域是每个请求，这意味着同一个 HTTP 请求内的所有调用方会共享同一个实例。

```
public void ConfigureServices(IServiceCollection services)
{
   // Other services added here
   ...

   // Get connection string from configuration
   var connString = ...;
   services.AddScoped<MyOwnDatabase>(() => new MyOwnDatabase(connString));
}
```

添加了上面的配置后，现在甚至可以将 EF6 DB 上下文直接注入控制器或存储库类(这种情况更有可能出现)中。

```
public class SomeController : Controller
{
   private readonly MyOwnDatabase _context;

   public SomeController(MyOwnDatabase context)
   {
      _context = context;
   }

   // More code here
   ...
}
```

上面的代码段将一个 DB 上下文注入一个控制器类中，这在文章和文档中比较常见，但是我不建议你这么做，理由很简单：这会导致控制器变得臃肿，并且会产生一个庞大的代码层，从输入级别一直进入数据访问级别。我宁愿在存储库类中使用 DI 模式，或者根本不为 DB 上下文类使用 DI 模式。

9.2.2　ADO.NET 适配器

在 ASP.NET Core 2.0 中，Microsoft 又重新引入了原来的 ADO.NET API 的一些组件，具体来说包括 DataTable 对象、数据读取器和数据适配器。虽然 ADO.NET 经典 API 始终是.NET Framework 的组成部分，但是近年来，它在被一步步放弃，新开发的应用程序更偏向于使用 Entity Framework。因此，在设计.NET Core API 1.x 时，ADO.NET 经典 API 成为牺牲品，但是由于呼声很高，在.NET Core API 2.0 版本中，又重新把它引入进来。因此，在 ASP.NET 2.0 应用程序中，可以编写数据访问代码来管理连接、SQL 命令和游标，就像在刚进入.NET 时代时那样。

1. 发出 SQL 命令

在 ASP.NET Core 中，ADO.NET API 的编程接口几乎与在完整的.NET Framework 中完全一样，而且编程范式也是相同的。首先也是最重要的，通过编程来管理数据库连接并创建命令及其参数，可以获得对每条命令的完全控制。下面给出了一个例子：

```
var conn = new SqlConnection();
conn.ConnectionString = "...";
var cmd = new SqlCommand("SELECT * FROM customers", conn);
```

准备就绪后，必须通过一个打开的连接来发出命令。为此，需要再添加几行代码。

```
conn.Open();
var reader = cmd.ExecuteReader(CommandBehavior.CloseConnection);

// Read data and do any required processing
...
reader.Close();
```

由于在打开数据读取器的时候会请求关闭连接的行为，因此在关闭读取器时，连接将自动关闭。SqlCommand 类的几个方法能够执行命令，如表 9-1 所示。

表 9-1　SqlCommand 类的执行方法

执行方法	描述
ExecuteNonQuery	执行命令，但不返回值。特别适用于非查询语句，如 UPDATE

(续表)

执行方法	描述
ExecuteReader	执行命令，并返回一个指向输出流的开始位置的游标。特别适用于查询命令
ExecuteScalar	执行命令，并返回单个值。特别适用于返回一个标量值的查询命令，如 MAX 或 COUNT
ExecuteXmlReader	执行命令，并返回一个 XML 读取器。特别适用于返回 XML 内容的命令

表 9-1 中的方法提供了多种选项，可用来获取想要执行的任何 SQL 语句或存储过程的结果。下面的例子显示了如何遍历一个数据读取器的记录。

```
var reader = cmd.ExecuteReader(CommandBehavior.CloseConnection);
while(reader.Read())
{
   var column0 = reader[0];              // returns an Object
   var column1 = reader.GetString(1)     // index of the column to read

   // Do something with data
}
reader.Close();
```

注意：

.NET Core 中的 ADO.NET API 与.NET Framework 中的 API 相同，不支持 SQL Server 领域近期的发展，如 SQL Server 2016 及更新版本中对 JSON 的原生支持。例如，没有 ExecuteJsonReader 这样的方法将 JSON 数据解析为一个类。

2. 将数据加载到已断开连接的容器

如果需要处理一个很长的响应，同时使占用的内存量最少，那么特别适合使用读取器。如果是其他情况，更好的方法是将查询结果加载到一个已断开连接的容器，如 DataTable 对象。有几种方法用于此目的。

```
conn.Open();
var reader = cmd.ExecuteReader(CommandBehavior.CloseConnection);
var table = new DataTable("Customers");
table.Columns.Add("FirstName");
table.Columns.Add("LastName");
table.Columns.Add("CountryCode");
table.Load(reader);
reader.Close();
```

DataTable 对象是具有架构、关系和主键的数据库表的内存版本。要填充一个 DataTable 对象，最简单的方法是获取一个数据读取器游标，并加载声明的列中的所有内容。映射是按照列索引进行的，Load 方法背后的实际代码非常接近前面看到的循环。开发人员只需要使用一个方法，但是仍然需要负责管理数据库连接的状态。因此，一般来说，可以采取的最安全的方法是使用 Dispose 模式，在 C# using 语句中创建数据库连接。

3. 通过适配器获取数据

要将数据加载到内存容器，最简洁的方式是使用数据适配器。数据适配器是一个汇总了整个查询过程的组件，由一个命令对象或 select 命令文本以及一个连接对象构成。数据适配器帮助打开和关闭连接，并将查询的所有结果(包括多个结果集)打包到一个 DataTable 或 DataSet 对象中(DataSet 是 DataTable 对象的一个集合)。

```
var conn = new SqlConnection();
conn.ConnectionString = "...";
var cmd = new SqlCommand("SELECT * FROM customers", conn);
var table = new DataTable();
var adapter = new SqlDataAdapter(cmd);
adapter.Fill(table);
```

如果熟悉 ADO.NET API，会发现.NET 和 ASP.NET Core 2.0 中的它与原来一样。这保证了又有一部分遗留代码可以移植到其他平台。除此以外，对 ADO.NET 的支持又为在.NET Core 和 ASP.NET Core 中使用 SQL Server 2016 的较高级功能(例如 JSON 支持和更新历史)提供了一个机会。事实上，对于这类功能，EF6 和 EF Core 没有提供专门的支持。

9.2.3　使用微型 O/RM 框架

O/RM 框架查询数据行并把它们映射到一个内存对象的属性。相比前面讨论的 DataTable 对象，O/RM 将相同的低级数据加载到一个强类型类中，而不是一个通用的、面向表的容器中。提到.NET Framework 中的 O/RM 框架，大部分开发人员会想到 Entity Framework 或 NHibernate。它们是最流行的框架，但也是最庞大的框架。对于 O/RM 框架来说，“庞大”意味着支持的功能多——从映射功能到缓存功能，从事务性到并发性，都可能支持。对于用于.NET 的现代 O/RM 来说，支持 LINQ 查询语法至关重要。而支持 LINQ 查询语法，就需要支持许多功能，从而不可避免地影响到单独操作的内存占用量，甚至性能。因此，有些人和有些公司近来开始使用微型 O/RM 框架。对于 ASP.NET Core 应用程序来说，存在一些选项。

1. 微型 O/RM 与完整 O/RM 的对比

事实上，微型 O/RM 完成的基本工作与完整 O/RM 相同，而大部分时候，我们并不需要使用一个功能完善的 O/RM。Stack Overflow 就是一个很好的例子。这是流量最高的网站之一，但它没有使用完整 O/RM。甚至出于性能原因，Stack Overflow

还创建了自己的微型 O/RM。尽管如此，我个人的观点是，大部分应用程序之所以使用 Entity Framework，只是因为这是.NET Framework 框架的一部分，使得编写查询成为编写 C#代码，而不是 SQL 语句。生产效率很重要。一般来说，我倾向于认为使用完整 O/RM 是生产效率更高的选择，因为其中存在大量示例和功能，包括对命令进行内部优化，以保证任何时候都能做到合理取舍。

微型 O/RM 占用的内存量之所以小，是因为提供的功能少。问题在于，微型 O/RM 缺少的功能是否会对应用程序造成影响。缺少的主要功能是二级缓存和对关系的内置支持。二级缓存指的是框架管理着额外的一层缓存，负责在配置的一定时间内持久化多个连接和事务的结果。NHibernate 支持二级缓存，但是 Entity Framework 不支持(不过借助一些迂回的方法能在 EF6 中实现这种效果，而对于 EF Core，则有一个扩展项目)。这意味着二级缓存并不是区分微型 O/RM 框架和完整 O/RM 框架的重要因素。另外一个缺少的功能则更加重要，即对关系的支持。

编写查询时(假设在 EF 中编写)，可以在查询中包含任何外键关系，而不考虑基数。将查询结果扩展到连接表是语法的组成部分，并不需要使用一种不同的、更加清晰的语法来构建查询。微型 O/RM 通常不能提供这种能力。在微型 O/RM 中，就需要在这个时候做出取舍。可以投入更多时间，编写需要更高级的 SQL 技能的复杂查询，以此为代价来获得更快的操作性能。另一方面，可以跳过需要 SQL 技能的部分，让系统替你完成相关工作。如果利用系统提供的这种额外的服务，代价就是占用的内存量更大，整体性能会降低。

另外，完整 O/RM 还可以提供设计器和/或迁移功能，这使它显得更加庞大，但是并不是每个人都喜欢或者使用这些功能。

2. 微型 O/RM 示例

Stack Overflow 团队选择创建定制的微型 O/RM，即 Dapper 框架，他们自己编写优化程度极高的 SQL 查询并自己添加大量外部缓存层。通过 http://github.com/StackExchange/Dapper 可以访问 Dapper 框架。该框架特别擅长对 SQL 数据库执行 SELECT 语句，并将返回的数据映射到对象。其性能接近于使用数据读取器，即在.NET 中查询数据的最快的方式，但是它可以返回一个内存对象的列表。

```
var customer = connection.Query<Customer>(
            "SELECT * FROM customers WHERE Id = @Id",
            new { Id = 123 });
```

NPoco Framework 采用了相同的指导原则，甚至代码与 Dapper 也只有极小的区别。通过 http://github.com/schotime/npoco 可以访问 NPoco 框架。

```
using (IDatabase db = new Database("connection_string"))
{
   var customers = db.Fetch<Customer>("SELECT * FROM customers");
}
```

微型 O/RM 的数量每天都在增长，对于 ASP.NET Core 还有其他微型 O/RM 可用，如 Insight.Database(http://github.com/jonwagner/Insight.Database)和 PetaPoco(http://www.toptensoftware.com/petapoco)，后者作为一个大文件提供，可集成到应用程序中。

但是，关于微型 O/RM 的关键点并不是应该使用哪一个微型 O/RM，而是是否应该使用微型 O/RM，而非完整 O/RM。

注意：

根据 Stack Overflow 的工程师在 Dapper 主页(http://github.com/StackExchange/Dapper)上发布的数据，就性能而言，对于单个查询，Dapper 比 Entity Framework 最多快 10 倍。这是巨大的差别，但是不一定足以让每个人决定使用 Dapper 或另外一个微型 O/RM。这个决定要取决于运行的查询的数量，以及编写查询的开发人员的技能水平，还有就是可以用来提升性能的备选方案。

9.2.4　使用 NoSQL 存储

术语 NoSQL 有多种含义，可指代许多不同的产品。但是，最终可以把 NoSQL 总结如下：当不想要或者不需要关系存储时，NoSQL 是首选的数据存储范式。一般来说，只有在一种情况中会真正想要使用 NoSQL 存储：当记录的模式有变化，但是记录在逻辑上彼此关联时。

考虑这种场景：在一个多租户应用程序中，需要填写并存储一个表单或问卷。每个租户都可以有自己的字段列表，而我们需要保存多个用户的值。每个租户的表单可能是不同的，但是得到的记录在逻辑上是相关联的，理想情况下应该保存到同一个存储中。在关系数据库中，并没有多少选项可用，只能创建一个模式，让这个模式是所有潜在字段的联合。但是，即使是这样，要为某个租户添加一个新字段时，也需要修改表的模式。按行而不是按列组织数据引发了其他问题，例如每当某个租户的查询超出了 SQL 页面大小时，就会对性能造成冲击。虽然情况会随着具体的应用程序使用而有不同，但是事实是，无模式的数据并不适合使用关系存储。NoSQL 存储在这种场景中可以一展所长。

如前所述，NoSQL 存储有多种分类方式。在本书中，我倾向于简单地把它们分为物理存储和内存存储。虽然做出了这种区分，但是二者之间的区别其实很小。NoSQL 存储主要用作一种缓存形式，不常用作主数据存储。当它们确实被用作主数据存储时，通常是因为应用程序具有事件溯源架构。

1. 经典的物理存储

物理 NoSQL 存储是一种无模式数据库，它将.NET Core 对象存储到磁盘上，并提供了获取和筛选.NET Core 对象的功能。MongoDB 可能是最流行的 NoSQL 存储，同时还有 Microsoft 的 Azure DocumentDB。有意思的是，使用 MongoDB API 的应用程序只需要修改连接字符串，就可以改为写入 DocumentDB 数据库。下面是针对 DocmentDB 的一个查询示例。

```
var client = new DocumentClient(azureEndpointUri, password);
var requestUri = UriFactory.CreateDocumentCollectionUri("MyDB", "questionnaire-
  items");
var questionnaire = client.CreateDocumentQuery<Questionnaire>(requestUri)
       .Where(q => q.Id == "tenant-12345" && q => q.Year = 2018)
       .AsEnumerable()
       .FirstOrDefault();
```

NoSQL 存储的主要好处在于能够存储结构不同但是彼此相关的数据，能够扩展存储，并且查询使用起来很容易。其他物理 NoSQL 数据库还包括 RavenDB、CouchDB 和 CouchBase，后者特别适用于移动应用程序。

2. 内存存储

内存存储本质上就是用作键-值字典的大缓存应用程序。尽管它们确实备份内容，但是仍被视为大块内存，应用程序把数据保存在这些内存区域以便能够快速检索。Redis(http://redis.io)是内存存储的一个很好的例子。

为了理解这类框架的实用性，再次考虑 Stack Overflow 公开的架构。StackOverflow (www.stackoverflow.com)使用定制版本的 Redis 作为一个中间的二级缓存，用来长时间地维护问题和数据，从而不需要重新查询数据库。Redis 支持磁盘级持久化、LRU 逐出、复制和分区。在 ASP.NET Core 中不能直接访问 Redis，但是可以通过 ServiceStack API(参见 http://servicestack.net)访问。

Apache Cassandra 是另外一个 NoSQL 内存数据库，可通过 DataStax 驱动程序在 ASP.NET Core 中访问。

9.3　EF Core 的常见任务

如果希望保持在 ASP.NET Core 的完整 O/RM 的领域内，可选择的只有 Entity Framework 的新的、定制的版本，即 EF Core。EF Core 支持提供程序模型，通过这个模型可以使用多种关系 DBMS，具体来说包括 SQL Server、Azure SQL Database、MySQL 和 SQLite。对于这些数据库，EF Core 有一个原生提供程序。而且，还有一个内存提供程序，非常适合测试目的。对于 PostgreSQL，需要使用 http://npgsql.org 提供的一个外部提供程序。用于 EF Core 的 Oracle 提供程序预计在 2018 年上半年可用。

要在 ASP.NET Core 应用程序中安装 EF Core，需要 Microsoft.EntityFrameworkCore

包，以及想要使用的数据库提供程序的具体包(SQL Server、MySQL、SQLite 等)。下面介绍使用 EF Core 执行的最常见的任务。

9.3.1　建模数据库

EF Core 只支持 Code First 方法，这意味着它需要一组类来描述数据库和容器表。可以从头编写这一组类，也可以通过一些工具，对某个现有数据库进行逆向工程来得到这组类。

1. 定义数据库和模型

数据库最终是按照一个派生自 DbContext 的类进行建模的。这个类包含一个或多个类型为 DbSet<T>的集合属性，其中 T 是表中记录的类型。下面给出了一个示例数据库的结构。

```
public class YourDatabase : DbContext
{
   public DbSet<Customer> Customers { get; set; }
}
```

Customer 类型描述了 Customers 表中的记录。底层的物理关系数据库需要有一个名为 Customers 的表，其模式与 Customer 类型的公有接口相匹配。

```
public class EntityBase
{
   public EntityBase()
   {
      Enabled = true;
      Modified = DateTime.UtcNow;
   }

   public bool Enabled { get; set; }
   public DateTime? Modified { get; set; }
}
public class Customer : EntityBase
{
   [Key]
   public int Id { get; set; }

   public string FirstName { get; set; }
   public string LastName { get; set; }
}
```

在布局 Customer 类的公有接口时，仍然可以使用常用的面向对象技术，并使用基类在所有的表之间共享公共的属性。在示例中，当表映射到的类继承自 EntityBase 时，这些表中将自动添加 Enabled 和 Modified 属性。另外，注意任何将会生成表的类必须定义一个主键字段。例如，这可以通过 Key 特性实现。

数据库的模式和映射到的类必须始终保持同步；否则，EF Core 将抛出异常。这意味着即使在表中添加一个新的可空列，也会是一个问题。另一方面，向类添加一个公有属性也可能会造成问题。不过，在这种情况中，使用 NotMapped 特性就不会抛出异常。事实上，EF Core 假定只会通过它的迁移脚本与物理数据库交互。迁移脚本是使模型和数据库保持同步的官方方式。但是，迁移主要是开发人员的工作，而数据库通常是 IT 部门的财产。在这种情况下，模型和数据库之间的迁移只能手动完成。

2. 注入连接字符串

在上面的代码中，看不到代码与数据库之间的物理连接。那么，如何注入连接字符串呢？从技术上讲，从 DbContext 派生的类并没有被完整配置，还必须指定提供程序和运行它所需的所有信息(最主要的是连接字符串)，这样才能让这个类操作数据库。可以设置一个提供程序，使其重写 DbContext 类的 OnConfiguring 方法。该方法接受一个选项生成器对象，后者为每个原生支持的提供程序都提供了一个扩展方法，包括 SQL Server、SQLite 以及一个仅用于测试的内存数据库。要配置 SQL Server(包括 SQL Express 和 Azure SQL Database)，需要使用下面的代码。

```
public class YourDatabase : DbContext
{
   public DbSet<Customer> Customers { get; set; }

   protected override void OnConfiguring(DbContextOptionsBuilder optionsBuilder)
   {
      optionsBuilder.UseSqlServer("...");
   }
}
```

UseSqlServer 的参数必须是连接字符串。如果连接字符串可以是常量，则只需要在上面代码段中的省略号位置键入该字符串。但是，更现实的情况是，需要对不同的环境(生产、暂存、开发等)使用不同的连接字符串。在这种情况下，就需要找到一种方式来注入连接字符串。

因为连接字符串不会动态变化(如果确实发生变化，就属于一种很特殊的场景，需要作特殊处理)，所以首先想到的选项是在 DbContext 类中添加一个全局静态属性，以便将其设置为连接字符串。

```
public static string ConnectionString = "";
```

现在，ConnectionString 属性将被悄悄传递给 OnConfiguring 方法的 UseSqlServer 方法。通常从配置文件中读取连接字符串，并在应用程序启动时设置它。

```
public void Configure(IApplicationBuilder app, IHostingEnvironment env)
{
   YourDatabase.ConnectionString = !env.IsDevelopment()
      ? "production connection string"
      : "development connection string";

   // More code here

}
```

类似地，可以为生产和开发使用不同的 JSON 配置文件，并在其中存储要使用的连接字符串。从运维的角度看，这种方法可能也更加简单，因为按照约定，发布脚本只会选择正确的 JSON 文件(参见第 2 章)。

3. 注入 DbContext 对象

如果搜索 EF Core 的相关文章，包括 Microsoft 的官方文档，会看到许多示例都采用了与下面的代码段相同的指导原则。

```
public void ConfigureServices(IServiceCollection services)
{
      var connString = Configuration.GetConnectionString("YourDatabase");
      services.AddDbContext<YourDatabase>(options =>
            options.UseSqlServer(connString));
}
```

代码将 YourDatabase 上下文对象添加到 DI 子系统中，从而能够在应用程序的任何地方获取该对象。添加上下文的时候，代码还对其进行了完整的配置，使其作用域为当前的请求，并且(在本例中)在指定连接字符串上使用了 SQL Server 提供程序。

另一种方法是，自己创建数据库上下文的实例，根据需要为它们分配生存期(如 singleton 或 scoped)，并在上下文中只注入连接字符串。上面讨论过的静态属性也可作为一个选项。下面给出了另外一个选项。

```
public YourDatabase(IOptions<GlobalConfig> config)
{
    // Save to a local variable the connection string
    // as read from the configuration JSON file of the application.
}
```

如第 7 章所述，可以应用 Options 模式，将全局配置数据从 JSON 资源加载到一个类中，然后通过 DI 将这个类注入其他类构造函数中。

注意：

注入连接字符串的方法有很多，应该选择哪种方法呢？我个人选择使用静态属性，因为这种方法简单、直接并易于理解和使用。其次，我会选择将配置注入 DbContext。至于将完全配置的 DbContext 注入 DI 系统，这种方法让我不安，因为这可能导致开发人员在有需要的地方就调用 DbContext，让为隔离关注点所做的努力功亏一篑。

4. 自动创建数据库

建模数据库并将其映射到类的整体流程与在 EF6 中有一点区别；当数据库还不存在时，创建数据库所需的代码也与 EF6 有一些区别。在 EF Core 中，必须显式请求这个步骤，它不再由数据库初始化程序实现。如果想要创建一个数据库，需要把下面的两行代码放到启动类的 Configure 方法中：

```
var db = new YourDatabase();
db.Database.EnsureCreated();
```

如果数据库还不存在，EnsureCreated 方法就会创建数据库，否则会跳过此方法。将初始数据加载到数据库的操作也可在代码中完全控制。常用的模式是在 DbContext 类中公开一个公有方法(名称由你自己决定)，然后在 EnsureCreated 方法之后调用该方法。

```
db.Database.SeedTables();
```

在初始化程序中，可以直接调用 EF Core 方法，或者如果定义了存储库，也可以调用它们。

注意：
通过许多命令行工具，可以控制基架任务，例如对现有数据库进行逆向工程或将类的变化迁移到数据库。更多细节请访问网址 http://docs.microsoft.com/en-us/ef/core/get-started/aspnetcore/existing-db。

9.3.2　处理表数据

总体上，使用 EF Core 读写数据与使用 EF6 是相同的。当正确地创建了数据库或者对某个现有数据库进行逆向工程后，查询和更新的工作方式是相同的。EF6 和 EF Core 的 API 之间存在一些区别，但是总体上，我认为最好按照 EF6 中的方式进行操作，只有当例外情况确实出现时，才关注它们。

1. 获取记录

下面的代码显示了如何按照主键获取记录。这种方法更加通用，显示了如何根据条件获取记录。

```
public Customer FindById(int id)
{
   using (var db = new YourDatabase())
```

```
    {
        var customer = (from c in db.Customers
                        where c.Id == id
                        select c).FirstOrDefault();
        return customer;
    }
}
```

相比代码本身，有两点更加重要。

- 首先，代码被封装到一个存储库类的方法中。存储库类是一个封装类，它使用 DbContext 的新实例或者注入的副本(具体使用什么由你自己决定)来公开数据库操作。
- 其次，上面的代码可以算是一个整体。它打开了一个数据库连接，获取数据库中的数据，然后关闭连接。这些操作都发生在一个透明的数据库事务中。如果需要运行两个不同的查询，就要考虑到，两次调用一个存储库方法会打开/关闭与数据库的连接两次。

如果正在编写的业务流程需要对数据库执行两次或更多次查询，那么可以尝试在一个透明事务中把它们连接起来。DbContext 实例的作用域决定了系统创建的数据库事务的作用域。

```
public Customer[] FindAdminAndSupervisor()
{
    using (var db = new YourDatabase())
    {
      var admin = (from c in db.Customers
                   where c.Id == ADMIN
                   select c).FirstOrDefault();
      var supervisor = (from c in db.Customers
                   where c.Id == SUPERVISOR
                   select c).FirstOrDefault();
       return new[] {admin, supervisor};
    }
}
```

在本例中，通过不同的查询检索两条记录，不过这两个查询位于同一个事务内，在同一个连接上执行。另一个值得注意的用例是，整个查询是一点点构建的。假设有一个方法获取一块记录，其输出被传递给另一个方法，以便基于运行时条件进一步限制结果集。下面给出了一些示例代码：

```
// Opens a connection and returns all EU customers
var customers = FindByContinent("EU");

// Runs an in-memory query to select only those from EAST EU
if (someConditionsApply())
{
   customers = (from c in customers where c.Area.Is("EAST") select c).ToList();
}
```

最终能够得到自己需要的结果，但是内存使用量不是最优的。下面给出了一种更好的方法。

```
public IQueryable<Customer> FindByContinent(string continent)
{
   var customers = (from c in db.Customers
                    where c.Continent == continent
                    select c);

   // No query is actually run at this point! Only the formal
   // definition of the query is returned.
   return customers;
}
```

在查询表达式的末尾不调用 FirstOrDefault 或 ToList 并不会实际运行查询；相反，只是返回查询的描述。

```
// Opens a connection and returns all EU customers
var query = FindByContinent("EU");

// Runs an in-memory query to select only those from EAST EU
if (someConditionsApply())
{
   query = (from c in query where c.Area.Is("EAST") select c;
}

var customers = query.ToList();
```

第二个筛选器现在只是编辑查询，添加一个额外的 WHERE 子句。接下来，当调用 ToList 时，运行该查询一次，获取所有来自 Europe 并且居住在 East 的客户。

2. 处理关系

下面的代码定义了两个表之间的一对一关系。Customer 对象引用 Countries 表中的 Country 对象。

```
public class Customer : EntityBase
{
   [Key]
   public int Id { get; set; }
   public string FirstName { get; set; }
   public string LastName { get; set; }

   [ForeignKey]
   public int CountryId { get; set; }
   public Country Country { get; set; }
}
```

这足以让数据库定义两个表的外键关系。当查询客户记录时，很容易通过一个底层的 JOIN 语句来展开 Country 属性。

```
var customer = (from c in db.Customers.Include("Country")
```

```
                where c.Id == id
                select c).FirstOrDefault();
```

由于使用了 Include 调用，因此返回的对象的 Country 属性会通过配置的外键的 JOIN 语句进行填充。传递给 Include 的字符串就是外键属性的名称。从技术上讲，在一条查询语句中，可以有任意数量的 Include 调用。但是，使用的 Include 调用越多，返回的对象图和额外占用的内存量也会增加。

3. 添加记录

要添加一条新记录，需要编写一些代码在内存中添加一个对象，然后把集合持久化到磁盘。

```
public void Add(Customer customer)
{
    if (customer == null)
      return;
    using (var db = new YourDatabase())
    {
        db.Customers.Add(customer);
        try
        {
          db.SaveChanges();
        }
        catch(Exception exception)
        {
            // Recover in some way or expand the way
            // it works for you, For example, only catching
            // some exceptions.
        }
    }
}
```

只要传递的对象被完整配置，并且所有必要字段都被填充，那么上面这些代码就足够了。对于数据访问层，一个好方法是从业务角度出发，在应用层(在控制器调用的服务类中)验证对象，然后假定存储库中一切正常，或者如果发生问题，就抛出异常。又或者，在存储库方法中，可以做一些检查，确保一切正常。

4. 更新记录

在 EF Core 中，更新记录涉及两个步骤。首先，查询要更新的记录。然后，在相同的 DbContext 中，更新记录在内存中的状态并持久化修改。

```
public void Update(Customer updatedCustomer)
{
    using (var db = new YourDatabase())
    {
        // Retrieve the record to update
        var customer = (from c in db.Customers
                        where c.Id == updatedCustomer.Id
```

```
                    select c).FirstOrDefault();
        if (customer == null)
            return;

        // Make changes
        customer.FirstName = updatedCustomer.FirstName;
        customer.LastName = updatedCustomer.LastName;
        customer.Modified = DateTime.UtcNow;
        ...

        // Persist
        try
        {
           db.SaveChanges();
        }
        catch(Exception exception)
        {
           // Recover in some way or expand the way
           // it works for you, For example, only catching
           // some exceptions.
        }
    }
}
```

使用提交的记录更新获取的记录时，要编写的代码十分枯燥。虽然手动地逐个字段复制肯定是最快的方法，但是使用反射或者高级工具(如 AutoMapper)可以节省时间。另外，只需要写一行代码就能克隆对象是很有帮助的。不过，虽然如此，要考虑到更新记录主要是一项业务操作，而不是单纯的数据库操作，只有在微不足道的应用程序中，这二者才会重合。这里要表达的是，取决于业务条件，一些字段任何时候都不应该更新，或者只应该获得系统计算出的值。不止如此，有时只更新记录是不够的，还需要在同一个业务事务的上下文中执行其他操作。这意味着虽然一开始看起来，在一个更新方法中，什么都不考虑，直接将属性从源对象复制到目标对象是一种很常见的场景，但其实并非如此。稍后在讨论事务时还会继续说明这一点。

5. 删除记录

删除记录与更新记录类似。在删除记录时，必须获取要删除的记录，从数据库的内存集合中删除该记录，然后更新物理表。

```
public void Delete(int id)
{
   using (var db = new YourDatabase())
   {
      // Retrieve the record to delete
      var customer = (from c in db.Customers
                      where c.Id == id
                      select c).FirstOrDefault();
      if (customer == null)
```

```
            return;
        db.Customers.Remove(customer);

        // Persist
        try
        {

            db.SaveChanges();
        }
        catch(Exception exception)
        {
            // Recover in some way or expand the way
            // it works for you, For example, only catching
            // some exceptions.
        }
    }
}
```

关于删除操作，有两点需要注意。首先，删除也是业务操作，而业务操作极少需要销毁数据。一般来说，删除记录是在逻辑上删除它，这其实是使删除操作成为更新操作。EF6 和 EF Core 中的删除操作的实现看起来令人生畏，但是为应用任何所需要的逻辑留下了空间。

如果确实需要从数据库中物理删除记录，而不考虑数据库级别是否配置了级联选项，那么可以使用普通的 SQL 语句。

```
db.Database.ExecuteSqlCommand(sql);
```

一般来说，我建议你(和你的客户)在物理删除记录之前要三思。长远的开发需要着眼于事件的可溯源性，而事件溯源的核心之一就是数据库采用只追加结构的设计。

9.3.3　处理事务

在真实的应用程序中，大部分数据库操作都是事务的一部分，有时是分布式事务的一部分。默认情况下，如果底层数据库提供程序支持事务，那么调用一次 SaveChanges 要保存的所有修改将在一个事务内处理。这意味着如果任意一条修改失败，整个事务将会回滚，使得所有尝试要做的修改都不会物理应用到数据库。换句话说，SaveChanges 要么完成它要做的所有工作，要么什么都不做。

1. 显式控制事务

当不能通过调用一次 SaveChanges 保存所有修改时，可以通过 DbContext 类上的一个专门的方法，定义一个显式的事务。

```
using (var db = new YourDatabase())
{
```

```
    using (var tx = db.Database.BeginTransaction())
    {
       try
       {
          // All database calls including multiple SaveChanges calls
          ...

          // Commit
          tx.Commit();
       }
       catch(Exception exception)
       {
          // Recover in some way or expand the way
          // it works for you, For example, only catching
          // some exceptions.
       }
    }
}
```

同样要注意，并不是所有的数据库提供程序都可能支持事务。但是，流行的数据库(如SQL Server)的提供程序都支持事务。当提供程序不支持事务时会发生什么？这要取决于提供程序自身：要么抛出一个异常，要么什么都不做。

2. 共享连接和事务

在 EF Core 中创建 DbContext 对象的实例时，可以注入一个数据库连接和/或一个事务对象。这两个对象的基类分别是 DbConnection 和 DbTransaction。

如果将相同的连接和事务注入两个不同的 DbContext 对象中，那么这两个上下文中的所有操作将发生在同一个数据库连接上和同一个事务内。下面的代码段演示了如何在 DbContext 中注入一个连接。

```
public class YourDatabase : DbContext
{
   private DbConnection _connection;
   public YourDatabase(DbConnection connection)
   {
         _connection = connection;
   }

   public DbSet<Customer> Customers { get; set; }
   protected override void OnConfiguring(DbContextOptionsBuilder optionsBuilder)
   {
      optionsBuilder.UseSqlServer(_connection);
   }
}
```

要注入一个事务作用域，则需要使用下面的代码：

```
context.Database.UseTransaction(transaction);
```

要从正在运行的事务中获得一个事务对象，需要使用 GetDbTransaction 方法。

更多信息请访问 http://docs.microsoft.com/en-us/ef/core/saving/transactions。

注意：

.NET Core 2.0 中添加了一些对 TransactionScope 的支持，但是在开始认真进行开发之前，建议仔细检查，确保在想要使用 TransactionScope 的场景中，它可以工作。这个类是存在的，但是就目前来看，其行为与其在完整的.NET Framework 中似乎不同。顺便提一句，完整的.NET Framework 中的 TransactionScope 允许同时使用关系事务、文件系统和/或 Web 服务操作。

9.3.4　关于异步数据处理

在 EF Core 中，可触发数据库操作的所有方法都有一个异步版本，例如 SaveChangesAsync、FirstOrDefaultAsync、ToListAsync 等(这里只是列出了最常用的方法的异步版本)。那么，应该使用这些异步版本吗？它们能够提供什么样的优势？在 ASP.NET Core 应用程序中，异步处理有什么意义？

异步处理本身并不比同步处理快。但是，异步调用的执行流要比同步调用更加复杂。在 Web 应用程序中，异步处理主要是为了在等待同步调用返回时，线程不会阻塞，而不是为了处理后面的请求。因此，整个应用程序能够接受和处理更多请求，所以响应性变得更好。这就让人感觉速度提高了，更重要的是，可扩展性也变好了。

C#语言使用 async/await 关键字，以非常简单的方式将明显的同步代码转换为异步代码。但是，权力越大，责任越大：有些工作负载可能不需要异步处理，所以一定要知道在生成额外的线程来处理工作负载时需要的开销。记住，在这里处理的不是并行，而是将工作负载转发给另外一个线程，当前线程则返回线程池，处理更多传入的请求。可扩展性变得更好，但是速度上可能会受到一点影响。

1. ASP.NET Core 应用程序中的异步处理

假设将一个控制器方法标记为异步方法。代码从某个网站下载内容，并跟踪异步操作之前和之后的线程 ID。

```
public async Task<IActionResult> Test()
{
   var t1 = Thread.CurrentThread.ManagedThreadId.ToString();
   var client = new HttpClient();
   await client.GetStringAsync("http://www.google.com");
   var t2 = Thread.CurrentThread.ManagedThreadId.ToString();
   return Content(string.Concat(t1, " / ", t2));
}
```

代码的效果如图 9-5 所示。

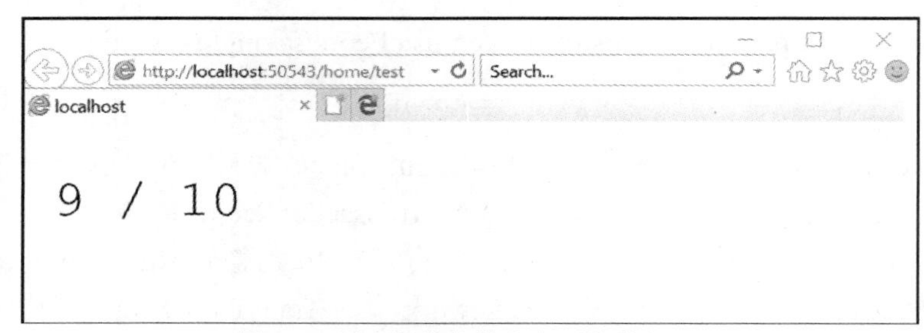

图 9-5　异步操作之前和之后的线程 ID

如图所示，在异步操作之前和之后，处理请求的是不同的线程。对特定页面的请求并没有真正从这个异步实现获益，但是网站的其余部分则可以。原因在于，没有 ASP.NET 线程在忙于等待某个 I/O 操作完成。在请求.NET 线程池调用 GetStringAsync 异步操作之后，9 号线程返回 ASP.NET 池，以处理任何新传入的请求。当异步方法完成后，将开始执行线程池中第一个可用的线程。这个线程可能是 9 号线程，也可能是其他线程。在高流量网站中，在耗时操作占用的数秒内，传入的请求数量可能一直很高，还可能降低网站的响应性。

2. 数据访问中的异步处理

要让线程返回线程池，准备好处理另一个请求，该线程必须等待一个异步操作。这种语法表述起来可能让人感到困惑：当看到 await MethodAsync 出现时，意味着当前线程将对 MethodAsync 的调用推入.NET 线程池并返回。MethodAsync 调用之后的代码在该方法返回后，将在任何可用的线程上执行。调用 Web 服务也是可行的。另一种可行的方法是通过 EF Core 异步调用某个数据库。

考虑一种常见的场景。假设有一个由静态内容构成的 Web 应用程序，视图的渲染速度相对较快，并且由于一些视图需要运行时间较长的数据库操作，运行速度比其他视图慢得多。

假设有许多并发请求耗尽了线程池。其中的一些请求需要访问数据库，因而所有这些线程用于处理请求，但是实际上是空闲的，等待着数据库查询返回。系统无法处理更多请求，但是 CPU 的使用率几乎为 0！看起来将数据库访问转换成异步代码能够解决问题，但实际上，这要视情况而定。

首先，要将数据库访问转换成异步代码，意味着要重构数据访问层的大量代码。不管怎么看，这都不会是一个轻松的任务。不过，我们还是假设重构了代码。这样一来，另一个问题是，转换成异步代码后，真正实现的是让更多线程回到线程池，准备处理其他传入请求。但是，如果要处理这些请求，也需要访问数据库，会发生什么？把数据访问代码转换成异步模式，得到的结果只是让数据库变得更加拥堵！之所以转换成异步模式，是因为数据库太慢，不能及时响应传入的请求，但是这么做，只是向数据库发送了更多查询。这并不是解决问题的方法。在 Web 服务器和数据库之间添加一个缓存是更好的解决方案。花一些时间来测量分布式应用程序在有负载的情况下的性能，如果有需要，再更新代码和架构。

另一方面，这并不是唯一可能出现的场景。还有可能发生的是，转换为异步模式后能够处理更多的请求，因为请求的是静态资源或简单页面。在这种情况下，网站将给用户提供响应速度好得多的体验，也会提供更好的可扩展性。

3. 希望使哪个服务器变慢

在我看来，当网站由于运行时间长(与 CPU 无关)的操作而导致响应速度慢时，就应该做一个决定：对于 Web 服务与数据库服务器，能够接受哪个服务器的速度变慢？

一般来说，相比数据库服务器，ASP.NET 线程池能够处理多得多的并发请求。性能计数器会告诉你，问题是实际的 HTTP 流量对于 IIS 配置而言过高，或者 Web 服务器没有问题，但是数据库处境艰难。在 IIS/ASP.NET 配置中，有一些设置可增加每个 CPU 处理的请求数和线程数。如果数据显示，快速请求成为队列中的牺牲品，那么简单地提高这个数字要比把代码转换为异步代码更快。

如果数据显示，数据库接受了太多需要很长时间才能完成的查询请求，成为了瓶颈，那么就需要审查后端的整体架构，或者想办法使用缓存，还有一种方法是提高查询的效率。

后端架构的变化可能意味着将请求卸载到一个外部队列，让队列在处理完请求后回调。最好把运行时间长的查询作为“发后不理”的操作。我知道，这种方法可能需要一个完全不同的、基于消息的架构。但是，这是向上扩展的关键。异步处理每个操作并不能保证极高的性能，但也不会是性能杀手。不要欺骗自己，认为异步处理能够解决一切问题。

9.4　小结

ASP.NET Core 应用程序能够通过多种方式访问数据。EF Core 并不是唯一的选项，但是这个 O/RM 是专门为.NET Core 平台设计的，能够在 ASP.NET Core 中很好地工作。在本章看到，可以使用 ADO.NET 及微型 O/RM 来创建数据访问层。我的建议是，将数据访问层视为一个独立的层，并且使其不直接依赖于表示层，但是可以依赖于应用层，并在应用层中集中处理所有的工作流。

第 IV 部分

前　　端

第 IV 部分关注应用程序前端，介绍用于构建高可用的现代表示层所需的技术和补充框架。

第 10 章介绍如何使用 ASP.NET Core 构建真正的 Web API，使其返回 JSON、XML 或其他数据。使用这些技术可以解决现代应用程序场景中普遍存在的问题，即多种多样的客户端不断调用远程后端来下载数据或请求处理。

第 11 章介绍如何使用 JavaScript 在 ASP.NET Core 中提交数据，而没有原来的全页面表单刷新的开销。之后，第 12 章将介绍如何通过 JavaScript 直接刷新浏览器的内容，而不必重新加载。该章将演示如何下载和动态替换一个 HTML 页面的一部分，并设置 JSON 端点，使得客户端能够查询这些端点来获取新数据，从而完全在客户端重新生成 HTML 布局。

第 13 章将完成对 Web 应用程序前端的介绍。在该章中，将学习如何通过能够输出 JavaScript 和 HTML5 的富应用控件来模拟原生小组件，克服一个艰巨的挑战：在 iPhone 或 Android 上交付类似原生的 Web 应用程序体验。

第 10 章 设计 Web API

不管天翻地覆，我们都得生活。

——D. H. 劳伦斯，《查泰莱夫人的情人》

在 ASP.NET Core 的上下文中，Web API 这个术语终于具备了其真正的意义，清晰而不模糊，不需要进一步解释其特征。Web API 是一种编程接口，由许多公开的 HTTP 端点构成，这些端点通常(但并非必须)返回 JSON 或 XML 给调用方。Web API 非常适合如今的一种相当常见的应用程序场景：客户端应用程序需要调用某个远程后端来下载数据或请求处理。客户端应用程序可以有许多形式，包括 JavaScript 密集型 Web 页面、富客户端或移动应用程序。本章将介绍如何在 ASP.NET Core 中构建 Web API。我们将特别关注 API——无论是面向 REST 的还是面向过程的——的哲学，以及如何保护 Web API 的安全。

10.1 使用 ASP.NET Core 构建 Web API

Web API 的核心是一个 HTTP 端点集合。这意味着在 ASP.NET Core 中，如果应用程序配有一个终止中间件，且该中间件能够解析查询字符串并决定要采取的操作，那么这个应用程序就是一个极简的但是可以工作的 Web API。不过，更可能的情况是，使用控制器来构建 Web API，以更好地组织功能和行为。对于设计 API，有两种主要的方法。可以公开端点，使其引用自己完全控制的实际业务工作流和操作，或者也可以定义业务资源，并使用完整的 HTTP 堆栈(包括头、参数、状态码和动词)来接受输入和返回输出。前一种方法是面向过程的，通常被称为 RPC，代表远程过程调用(Remote Procedure Call)。后面一种方法受到了 REST 哲学的启发。

REST 方法更加标准，并且一般来说，对于设计企业业务内的公有 API，更加推荐使用这种方法。如果客户使用你的 API，那么应该根据一套普遍接受的、为人熟知的设计规则来公开自己的 API。如果 API 只是用于处理数量有限的客户端，而且这些客户端大部分也受到 API 创建者的控制，那么使用 RPC 还是 REST 设计方法没有真正的区别。我们暂时忽略 REST 原则，而关注如何在 ASP.NET Core 中公开 HTTP JSON 端点。

10.1.1　公开 HTTP 端点

尽管可以在终止中间件中直接嵌入一些请求处理逻辑，但最常用的方法是使用控制器处理。总体上，使用控制器和 MVC 应用程序模型减轻了你的负担，使你不必处理路由和参数绑定。但是，稍后将会看到，ASP.NET Core 也足够灵活，能够处理服务器具有极简的结构并且以不拘小节的方式快速执行工作的场景。

1. 从操作方法返回 JSON

要返回 JSON 数据，只需要在一个新的或者现有的 Controller 类中创建一个专用方法。对这个新方法的唯一要求是返回一个 JsonResult 对象。

```
public IActionResult LatestNews(int count)
{
   var listOfNews = _service.GetRecentNews(count);
   return Json(listOfNews);
}
```

Json 方法确保将给定对象打包到一个 JsonResult 对象中。从控制器类返回 JsonResult 对象后，当实际进行序列化时，操作调用程序将处理该 JsonResult 对象。就是这样而已。我们检索自己需要的数据，打包成一个对象，然后传递给 Json 方法。这就行了。至少，当数据是完全可被序列化的时候，工作就完成了。

用来调用端点的实际 URL 可通过常用的路由方法来确定，即传统路由和/或特性路由。

2. 返回其他数据类型

要处理其他数据类型，所需的方法并无不同。模式始终是相同的：获取数据并序列化为格式合适的字符串。控制器基类的 Content 方法允许序列化任何文本，其第二个参数告诉浏览器准备使用的 MIME 类型。

```
[HttpGet]
public IActionResult Today(int o = 0)
{
   return Content(DateTime.Today.AddDays(o).ToString("d MMM yyyy"),
     "text/plain");
}
```

要返回一个服务器文件的内容，例如一个要下载的 PDF 文件，可以使用下面的代码。

```
public IActionResult Download(int id)
{
    // Locate the file to download (whatever that means)
    var fileName = _service.FindDocument(id);

    // Reads the actual content
    var bytes = File.ReadAllBytes(fileName);
    return File(bytes, "application/pdf", fileName);
}
```

如果文件保存在服务器上(例如，应用程序是本地托管的)，那么可以按名称定位该文件。如果文件被上传到一个数据库或 Azure Blob 存储，那么需要用字节流的方式获取其内容，仍将其引用传递给 File 方法的合适重载。设置正确的 MIME 类型的工作由你完成。File 方法的第三个参数是下载的文件的名称(如图 10-1 所示)。

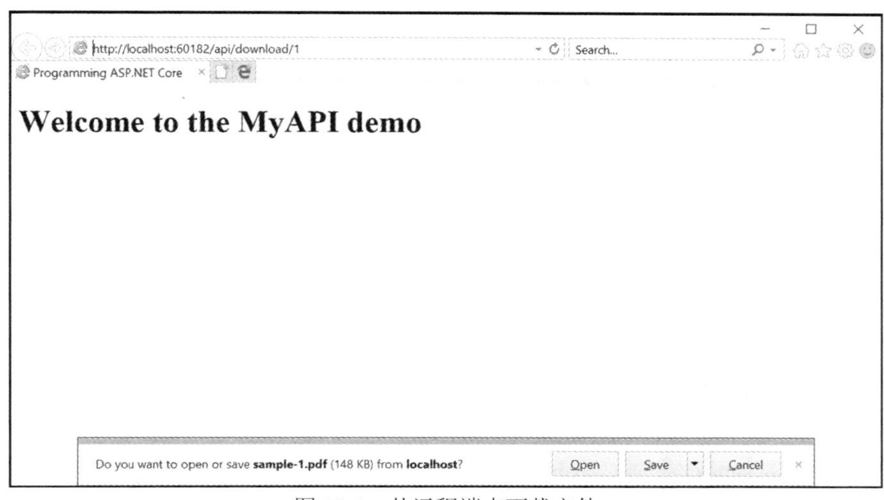

图 10-1　从远程端点下载文件

3. 以特定的格式请求数据

在前面的示例中，端点的返回类型是固定的，由运行中的代码决定。但是，不同的客户端请求相同的内容是相当常见的场景，每个客户端有其首选的MIME类型。我自己就经常遇到这种场景。我为某个特定客户编写的大部分服务只是返回 JSON 格式的数据。企业开发人员在.NET 应用程序、移动应用程序和 JavaScript 应用程序中使用服务，这能够满足他们的需要。但是，有时一些端点还会被 Flash 应用程序使用，而这些应用程序出于许多原因首选处理 XML 数据。要解决这个问题，一种简单的方法是在端点 URL 中添加一个参数，该 URL 使用适合你的需要的约定，知道期望的输出格式。下面给出了一个例子。

```
public IActionResult Weather(int days = 3, string format = "json")
{
   // Get weather forecasts for the specified number of days for a given city
   var cityCode = "...";
   var info = _weatherService.GetForecasts(cityCode, days, "celsius");

   // Return data as requested by the user
   if (format == "xml")
       return Content(ForecastsXmlFormatter.Serialize(info), "text/xml");
   return Json(info);
}
```

ForecastsXmlFormatter 是一个自定义类，返回一个自定义的 XML 字符串，这个字符串是针对在特定上下文中能够工作的模式编写的。

注意：

为了避免使用魔幻字符串，如"json"和"xml"，可以考虑使用 MediaTypeNames 类中定义的 MIME 类型的常量。但是要注意，在该类目前的定义中，缺少不少 MIME 类型，特别是 application/json。

4. 限制动词

在目前讨论过的所有示例中，处理请求的代码都是一个控制器方法。因此，可以使用控制器操作方法的所有编程特性来控制参数的绑定，更重要的是，能够控制触发代码的 HTTP 动词和/或必要的头或 cookies。适用的规则就是第 3 章讨论过的路由规则。例如，下面的代码限制只能通过 GET 请求来调用 api/weather 端点。

```
[HttpGet]
public IActionResult Weather(int days = 3, string format = "json")
{
   ...
}
```

采用基本类似的方式，可以(为 JavaScript 客户端)对来源 URL 和/或同源安全策略应用限制。

重要

需要重点注意，在本章的这一节，我只是在展示用非常简单但是依然有效的方式来解决 Web API 的常见问题。对于设计和安全性，存在结构更好的解决方案，本章后面将介绍它们。

10.1.2　文件服务器

在我们重新思考 API 设计的关键方面并为其添加安全性之前，先简要回顾第 2 章给出的一个示例：一个极简网站。

1. 使用终止中间件来捕捉请求

第 2 章介绍了终止中间件，并讨论了一些针对它的值得注意的用例。下面的代码即取自第 2 章给出的一个示例。

```
public void Configure(IApplicationBuilder app,
            IHostingEnvironment env,
            ICountryRepository country)
{
   app.Run(async (context) =>
   {
      var query = context.Request.Query["q"];
      var listOfCountries = country.AllBy(query).ToList();
      var json = JsonConvert.SerializeObject(listOfCountries);
      await context.Response.WriteAsync(json);
   });
}
```

Run 方法就是终止中间件，它捕捉没有在其他地方处理的所有请求。例如，它会捕捉未通过任何配置的控制器的请求。无论实际的端点是什么，上面的代码将查找特定的查询字符串参数(名为 q)，并根据该值筛选内部的国家列表。可以把这段代码重构为一个文件服务器。

2. 使终止中间件只捕捉某些请求

终止中间件被设计为捕捉所有请求，除非将其限制到一些具体的 URL。要限制有效的 URL，可以使用 Map 中间件方法。

```
public void Configure(IApplicationBuilder app)
{
   app.Map("/api/file", DownloadFile);
}

private static void DownloadFile(IApplicationBuilder app)
{
   app.Run(async context =>
   {
      var id = context.Request.Query["id"];
      var document = string.Format("sample-{0}.pdf", id);
      await context.Response.SendFileAsync(document);
   });
}
```

因为使用了 Map 方法，所以每当传入的请求指向/api/file 路径时，代码会试图找到一个 id 查询字符串参数。然后，代码构建一个文件路径，并将其内容返回给调用方。

我们得到了一个很瘦的文件服务器，它能够智能地获取存储的图片的路径并返回这些图片，所需要使用的代码极少。

10.2　设计 RESTful 接口

在前面对公开 JSON 和数据端点给外部 HTTP 调用方的讨论中，有两个事实浮现了出来。首先，公开端点是很容易的，与公开网站的常用部分没有什么区别。只不过，返回的不是 HTML，而是 JSON 或其他格式。其次，当公开 API 而不是网站时，需要更加关注服务器代码的某些方面，并作一些更加深入的预先思考。

首先，必须以非常清晰而且一致的方式确定每个端点需要什么和提供什么。这并不是简单地把 URL 和 JSON 模式记录下来。还需要设置严格的规则，决定如何接受和处理 HTTP 动词和头，以及如何返回状态码。而且，可能需要在 API 上方添加一个授权层，用来验证调用方的身份，并检查它们在各个端点上的权限。

REST 是一种非常常用的方法，可将公有 API 公开给客户端的方式统一起来。ASP.NET Core 控制器支持一些额外的功能，使输出尽可能 RESTful。

10.2.1　REST 简介

REST 的核心理念是，Web 应用程序(主要是 Web API)完全基于 HTTP 协议的完整功能集(包括动词、头和状态码)工作。REST 是 Representational State Transfer 的简写，指的是应用程序将以 HTTP 动词(GET、POST、PUT、DELETE 和 HEAD)操作资源的形式来处理请求。在 REST 中，资源几乎与域实体完全相当，由一个唯一的 URI 代表。

> **注意：**
> REST 是 Web 上的一种 CRUD，处理的是由 URI 标识的资源，而不是由主键标识的数据库实体。REST 通过 HTTP 动词定义操作，就像 CRUD 通过 SQL 语句定义操作一样。

REST 已经问世了一段时间，只不过在一开始，它容易与另外一个服务概念 SOAP 混淆，SOAP 是 Simple Object Access Protocol(简单对象访问协议)的简写。REST 是 Roy Fielding 在 2000 年定义的，SOAP 的出现大约也在那段时间。REST 和 SOAP 之间存在深刻的哲学区别。

- SOAP 的目的是访问隐藏在 Web 外观背后的对象，以及调用这些对象的操作。SOAP 公开了一组对象的可编程性，本质上是在执行远程过程调用(RPC)。
- REST 是通过基本的核心操作(HTTP 动词)来直接操作对象。

考虑到这种根本性的区别，SOAP 的实现中只使用了 HTTP 动词的一个很小的子集：GET 和 POST。

1. HTTP 动词的意义

HTTP 动词的含义大部分都是自我解释的，很容易记住。它们将数据库的基本的创建-读取-更新-删除(CRUD)语义应用到了 Web 资源上。Web 资源在根本上是通过 Web API 访问的业务实体。如果业务实体是一个预订，那么在特定预订的 URI 上执行 POST 命令会在系统中新添加一个预订。当介绍 ASP.NET Core 控制器类起到的作用时，将对符合 REST 的请求(POST、PUT、GET 等)的细节进行详细介绍。表 10-1 列出了 HTTP 动词，并对它们作了一些说明。

表 10-1　HTTP 动词

HTTP 动词	描述
DELETE	发出请求来删除指定的资源，这具体意味着什么由后端决定。“删除”操作的实际实现由应用程序控制，可以是物理删除，也可以是逻辑删除
GET	发出请求来获取指定资源的当前表示。使用额外的 HTTP 头可以细微调整实际的行为。例如，使用 If-Modified-Since 头时，只有当变化是在指定时间以后发生的，才会收到响应，这可以减少请求
HEAD	与 GET 相同，只不过返回的是指定资源的元数据，而不是主体。此命令主要用于检查某个资源是否存在
POST	发出添加一个资源的请求，并且事先不知道 URI。此请求的 REST 响应会返回新创建的资源的 URI。同样，“添加资源”对后端实际上意味着什么要由后端来决定
PUT	发出请求，确保指定资源的状态符合提供的信息。此命令是更新命令的逻辑对等命令

对于传入(动词和头)和传出(状态码和头)的内容，上面的每个请求都应该具有众所周知的布局。

2. REST 请求的结构

我们来逐个看看表 10-1 中列出的动词，了解建议对请求使用的模板(如表 10-2 所示)。

表 10-2　REST 请求的模式

HTTP 动词	请求	成功时的响应
DELETE	所有能够标识资源的参数。例如，资源的唯一整数标识符。http://apiserver/booking/12345 这个请求是希望删除 ID 为 12345 的预订资源	对于响应，有多个选项： • void 响应 • 状态码 200 或 204 • 状态码 202，表示请求已被成功接收并接受，但是将在以后执行

(续表)

HTTP 动词	请求	成功时的响应
GET	所有能够标识资源的参数，以及可选的头，如 If-Modified-Since	状态码 200。响应体包含关于指定资源状态的信息
HEAD	同上	状态码 200。响应体为空，资源的元数据将作为 HTTP 头返回
POST	任何与操作有关的数据。POST 操作会创建一个新资源，所以不需要传递标识符	对于成功的 POST 操作，需要注意几点： • 状态码 201(已创建)，但是也接受状态码 200 或 204 • 响应体包含对调用方有价值的任何信息 • Location HTTP 头被设为新创建的资源的 URI
PUT	所有能够标识资源的参数，以及与操作有关的任何数据	对于响应，有多个选项： • 状态码为 200 或 204 • void 响应也是可以接受的

状态码 200 表示所执行的任何操作都成功了。一般来说，成功的操作可能要求返回指定资源的 URI。对于成功的 POST 操作，这是可接受的，因为它会返回新创建的资源的 URI。但是，对于 DELETE 操作，就存在争议，因为如果成功执行 DELETE 以后，返回指定资源的 URI，该 URI 将指向一个不应该再存在的资源。为了表示操作成功，但是没有响应，可以返回状态码 200 和一个可选的空响应体；或者更精确的方法是，返回状态码 204，该状态码意味着成功但是响应体为空的响应。选择 200 还是 204 要取决于动词，但是在一定程度上，也是 API 设计者的一个主观决定。

发生错误时，返回 500 或者一个更加具体的错误代码。如果找不到资源，就返回 404。如果未获授权，就返回 401 或者更加具体的错误代码。

3. 是否使用 REST

在我看来，是否使用 REST 主要是一个哲学问题。哲学一般来说是很好的，但是其具体的实用性也取决于具体环境。如果处在一个“不生即死”的境地中，就很难成为一个哲学家。但是，好的哲学可能降低陷入“不生即死”境地的可能性。

这里的意思是，是否使用 REST 完全由 Web API 的设计者来决定。

REST 提供了一种干净而整洁地组织 API 的方式。但是，如果在实际的实现中，只是部分做到了干净整洁，那么这也是一个问题，使得在其他地方做的整理工作失去了意义。

REST 本身不是绝对的好，RPC 本身也不是绝对的坏。REST 的好与坏取决于具体上下文。例如，如果计划设计一个公有 API 来让客户购买许可，或者只是广泛地使用该 API，那么越干净、越整洁越好。在我的公司中，有许多 Web 服务来运行业务和大型公共事件，但是它们都没有使用 REST。不过，这种方法是有效果的，而且我们主要在内部或者与合作伙伴一起使用这些 Web 服务。

使用 RPC 可能是更加自然的选择，因为其本身是业务驱动的。从开发的角度看，REST 需要相当多的提前思考和纪律。不过，REST 并不是能够立即解决问题的魔杖。

相比 RPC，REST 还有两个考虑因素。

- 一个是超媒体，这种想法是让 HTTP 响应返回一个额外的字段(名为_links)，指定当接收到响应以后可以采取的进一步操作。因此，超媒体向客户端提供了下一步可以执行的操作的信息。
- REST 的另一个考虑因素可能对客户端产生积极影响：REST 期望 HTTP 响应声明其可缓存性。

10.2.2　在 ASP.NET Core 中使用 REST

在 ASP.NET Core 之前，Microsoft 设计了 Web API 框架，专门用于构建 Web API，对 RESTful Web API 提供了完整的编程支持。Web API 框架并没有完全集成到底层的 ASP.NET 管道，当请求被路由到这个框架后，必须经过一个专用的管道。在 ASP.NET MVC 5.x 应用程序的上下文中使用 Web API 可能是也可能不是一个合理的决定。使用 ASP.NET MVC 5.x 控制器(甚至 RESTful 接口)可以实现相同的目标，只是并没有内置的设置来帮助实现 RESTful。因此，是否做到 RESTful 由你自己决定；你需要添加额外的代码来匹配表 10-2 中的要求。

在 ASP.NET Core 中，没有独立的、专用的 Web API 框架。有的只是控制器(有其自己的一组操作结果和帮助程序方法)。如果想要构建一个 Web API，只需要返回 JSON、XML 或前面讨论过的其他内容。如果想构建一个 RESTful API，就要熟悉另外一组操作结果和帮助程序方法。

1. RESTful 操作结果

第 4 章已经给出了与 Web API 相关的操作结果类型的完整列表。下面用一个表格展示了操作结果，并按照执行的核心操作对它们进行了分组(如表 10-3 所示)。

表 10-3　与 Web API 相关的 IActionResult 类型

类型	描述
AcceptedResult	返回 202 状态码，并设置要检查的 URI，以便获知请求的当前状态
BadRequestResult	返回 400 状态码

(续表)

类 型	描 述
CreatedResult	返回201状态码，以及创建的资源的URI(在Location头中设置)
NoContentResult	返回204状态码和null内容
OkResult	返回200状态码
UnsupportedMediaTypeResult	返回415状态码

可以看到，操作结果类型准备的响应与表10-2中描述的典型的REST行为相符。表中的一些类型有一些兄弟类型，提供了稍有不同的行为。例如，对于202和201状态码，存在3种不同的操作结果。

除了AcceptedResult和CreatedResult，还有*xxx*AtActionResult和*xxx*AtRouteResult类型。区别在于这些类型表达URI的方式，当指定了URI以后，就可以监控已经接受的操作的状态，以及刚创建的资源的位置。*xxx*AtActionResult类型用一个控制器和操作字符串对的形式表达URI，而*xxx*AtRouteResult类型则使用一个路由名称。

其他一些操作类型有一个*xxx*ObjectResult变体。OkObjectResult和BadRequestObjectResult是两个很好的例子。区别在于，对象结果类型还允许在响应中追加一个对象。例如，OkResult只是设置200状态码，而OkObjectResult除了设置200状态码，还会追加一个你选择的对象。此功能常被用于当收到有问题的请求时，返回一个用检测到的错误更新过的ModelState字典。NotFoundObjectResult是另外一个例子，它可以设置请求的当前时间。

最后，NoContentResult和EmptyResult之间也有一个值得注意的区别。二者都返回一个空响应，但是NoContentResult设置状态码204，而EmptyResult设置状态码200。

2. 常用操作的基本骨架

接下来，我们基于ASP.NET Core的控制器，讨论一个REST API的代码。示例控制器有一个代表新闻的资源，下面的代码显示了如何编写GET、DELETE、POST和PUT操作。

```
[HttpPost]
public CreatedResult AddNews(News news)
{
    // Do something here to save the news
    var newsId = SaveNewsInSomeWay(news);

    // Returns HTTP 201 and sets the URI to the Location header
    var relativePath = String.Format("/api/news/{0}", newsId);
    return Created(relativePath, news);
```

```
}

[HttpPut]
public AcceptedResult UpdateNews(Guid id, string title, string content)
{

   // Do something here to update the news
   var news = UpdateNewsInSomeWay(id, title, content);
   var relativePath = String.Format("/api/news/{0}", news.NewsId);
   return Accepted(new Uri(relativePath));
}

[HttpDelete]
public NoContentResult DeleteNews(Guid id)
{
   // Do something here to delete the news
   // ...

   return NoContent();
}

[HttpGet]
public ObjectResult Get(Guid id)
{
   // Do something here to retrieve the news
   var news = FindNewsInSomeWay(id);

   return Ok(news);
}
```

所有的返回类型都派生自 IActionResult，实际的实例是使用 Controller 基类公开的一个专门的帮助程序方法创建的。需要注意的是，相比以前的 Web API，在 ASP.NET Core 中，控制器帮助程序方法通过完成大部分常见的 REST 任务，让工作变得更加简单。事实上，如果查看 CreatedResult 类的源代码，会看到下面的代码：

```
// Invoked from the base class ObjectResult
public override void OnFormatting(ActionContext context)
{
   if (context == null)
       throw new ArgumentNullException("context");
   base.OnFormatting(context);
   context.HttpContext.Response.Headers["Location"] = (StringValues)
     this.Location;
}
```

在 Web API 中，这种代码大部分都需要我们自己编写。在让控制器类更加 RESTful 方面，ASP.NET Core 表现得更好。要查看 ASP.NET Core 中与 Web API 有关的类的源代码，可访问 http://github.com/aspnet/Mvc/blob/dev/src/Microsoft.AspNetCore.Mvc.Core 文件夹。

3. 内容协商

内容协商是 ASP.NET Core 控制器的一项功能，而 ASP.NET MVC 5 控制器并不支持它。引入内容协商是为了满足 Web API 框架的需要。在 ASP.NET Core 中，内容协商被内置到引擎中，供开发人员使用。顾名思义，内容协商指的是调用方和 API 之间悄悄发生的协商。协商会考虑返回数据的实际格式。

如果传入的请求包含一个 Accept 头，说明了调用方可以理解的 MIME，那么就要考虑内容协商。ASP.NET Core 中的默认行为是将任何返回对象序列化为 JSON。例如，在下面的代码中，News 对象将被序列化为 JSON，除非内容协商决定使用另一种格式。

```
[HttpGet]
public ObjectResult Get(Guid id)
{
    // Do something here to retrieve the news
    var news = FindNewsInSomeWay(id);

    return Ok(news);
}
```

如果控制器检测到 Accept 头，那么就会扫描头内容中列出的类型，直到找到自己可以提供的格式。这种扫描遵循的是 MIME 类型出现的顺序。如果没有找到控制器能够支持的类型，就使用 JSON。

注意，如果传入的请求包含 Accept 头，并且控制器发回的响应是 ObjectResult 类型，则会触发内容协商。如果序列化控制器的响应(例如使用了 Json 方法)，那么不管是不是发送了 Accept 头，都不会发生内容协商。

注意：

另一个操作结果类型 UnsupportedMediaTypeResult 看起来与内容协商有一定关系。处理这个操作结果将返回 HTTP 状态码 415，意味着发送了 Content-Type 头——Accept 之外的一个 HTTP 头——来描述请求的内容。例如，Content-Type 头指定了上传的图片文件的实际格式。如果控制器不支持该内容类型(例如，服务器不支持上传的 PNG 文件)，就可能返回状态码 415。考虑到这一点，UnsupportedMediaTypeResult 类型实际上并不与内容协商相关。

10.3 保护 Web API 的安全

保护 Web 应用程序要比保护通过 HTTP 公开的 API 简单。Web 应用程序由 Web 浏览器使用，而 Web 浏览器很容易处理 cookie。在 ASP.NET Core 中，操作方法上的 Authorize 特性告诉运行时，只有经过身份验证的用户才能调用该方法。在

ASP.NET Core(以及任意的 Web 应用程序)中，cookie 是存储和转发用户身份信息的主要方式。对于在 Web 上公开的 API，还需要考虑其他场景。客户端可能是桌面应用程序，但更可能是移动应用程序。突然之间，cookie 不再是一种有效的方式，既不能保护 API 的安全，又不能使 API 被尽可能多的客户端使用。

总体上，我把 Web API 的安全选项分为两大类：简单但在一定程度上有效的方法和最佳实践方法。

10.3.1　只计划真正需要的安全性

安全性是一个严肃的问题，不是吗？那么，为什么有时要考虑不是最佳实践的方法？原因在于，安全性对于不同人的含义有可能不同。安全性不是一种功能性需求，其重要性会根据上下文发生变化。我的某些生产环境中的 Web API 就根本没有授权层，任何人只要能够找出这些 API 的 URL，就能够调用它们。我还有另外一些 Web API 实现了非常基本的访问控制层，这对于可以想见的大部分场景都够用了。最后，我还有几个 Web API，对它们使用了访问控制的最佳实践。

简单但在一定程度上有效的方法和最佳实践方法之间的取舍点在于实现最佳实践安全性所需的时间和成本。拥有并通过 API 分享的数据的重要性对于做出这个决定至关重要。如果一个 API 是只读的，只分享公有或非敏感数据，那么从访问控制的角度看，造成问题的可能性要小得多。

关于这一点，我想分享一个趣事，它发生在我近期讲授的 ASP.NET MVC 课程的课堂上。在讲到 ASP.NET MVC 安全模块的时候，一个听课人问我，他为什么需要使用我讲的这一大堆主体、角色、声明、令牌等。我礼貌地指出，这要视数据的重要性而定。他的回答让我笑了，但是确实能够说明这里的要点。他说："在我的应用程序中，最坏的情况就是有人查看了其他人的奶牛的照片。不算什么大事。"的确，我非常同意！

重要

在受到访问控制的操作方法上使用 Authorize 特性对于 Web API 是有作用的，但是只能要求通过 Web 浏览器客户端连接的用户证明其身份。如果用户通过移动应用程序或桌面应用程序访问 API，就必须找到一种方式来支持 cookie。Windows 确实有一些 API 可用于此用途，而在移动应用程序中，可以通过一些专用的网络来建立连接，这些专用的网络基本上就是使用 Web 视图来处理 cookie。保护 API 的关键是找出一种统一的方法——不基于 cookie，同时仍然保证能够检测用户的身份。

10.3.2　较为简单的访问控制方法

我们接下来讨论的一些选项可在 Web API 之上添加一个访问控制层。这些方法都不完美，但是也都不是完全没有效果。

1. Basic 身份验证

要在 Web API 中加入访问控制，最简单的方法是使用 Web 服务器中内置的 Basic 身份验证。Basic 身份验证基于的思想是：每个请求中都打包了用户的凭据。

Basic 身份验证有其优点和缺点。优点是，Basic 身份验证得到了主流浏览器的支持，是一种 Internet 标准，并且易于配置。缺点是，凭据会随着每个请求发送，更糟的是，凭据是作为明文发送的。

Basic 身份验证期望的是，发送的凭据在服务器端验证。只有凭据有效，才接受请求。如果请求中不包含凭据，则将显示一个交互式对话框。现实中，Basic 身份验证还需要某种专门的中间件，根据某个数据库中存储的账户来验证凭据。

> **注意：**
> 当与一个对凭据进行自定义验证的层结合起来时，Basic 身份验证会非常简单又非常有效。为了克服凭据作为明文发送这个局限，应该总是在 HTTPS 上实现 Basic 身份验证解决方案。

2. 基于令牌的身份验证

这种方案的思想是，Web API 接收一个访问令牌(通常是 GUID 或一个字母数字字符串)，然后验证这个令牌。如果该令牌未过期，且对于应用程序是有效的，就处理请求。有多种方式可发放令牌。最简单的方法是线下发放令牌，即当客户联系公司来获取 API 的许可时，创建令牌并将其与这个特定的客户关联起来。之后，API 若被滥用或误用，都是客户的责任。服务器端的方法只有在识别了令牌后才会工作。

Web API 后端需要有一个检查令牌的层。可以把这个层作为普通代码添加到任何方法中，或者更好的方法是，将其配置为应用程序中间件的一部分。令牌可以追加到 URL 中(例如，作为查询字符串参数)，或者作为 HTTP 头嵌入请求中。这些方法都不完美，但是也没有更加安全的方法。在这两种情况中，令牌的值都可能被窥探。使用头相对来说是更好的方法，因为在 URL 中不会一眼看到 HTTP 头。

为了加固防御，可以对令牌使用某种严格的过期策略。不过，总的来说，这种方法的优点是，你始终知道谁应该为滥用或误用 API 负责，并且能够在任何时候禁用令牌，阻止他们的滥用或误用行为。

3. 额外的访问控制障碍

除了前面的方法之外(或者作为它们的替代方法)，仍然可以只处理来自指定URL 和/或 IP 地址的请求。在控制器方法内，可以使用下面的表达式，检查请求来自哪个 IP 地址：

```
var ip = HttpContext.Connection.RemoteIpAddress;
```

但是要注意，如果应用程序位于负载平衡器(如 Nginx)的后面，那么获取 IP 地址可能会更加困难，需要一些回退逻辑来检查和处理 X-Forwarded-For HTTP 头。

原始的 URL 通常在 referer HTTP 头中设置，该头指出了用户在发出请求前所在的最后一个页面。可以指定，只有当 referer 头包含特定的值时，Web API 才处理请求。不过，专门的机器人能够轻松地设置 HTTP 头。

一般来说，检查 IP 地址和/或 HTTP 头(如 referer，甚至 user-agent)这样的技术主要是将安全的标准提得越来越高。

10.3.3　使用身份管理服务器

一般来说，身份管理服务器位于许多应用程序和组件的中间，并外包身份服务。换句话说，不是在内部建立身份验证逻辑，而是配置一个身份管理服务器，让它来完成验证身份的工作。在 Web API 中，身份服务器能够在配置的、相关的 API 和访问控制之间提供单点登录。在 ASP.NET Core(以及经典 ASP.NET)中，Identity Server 是流行的选择。ASP.NET Core 需要使用 Identity Server 4(参见 http://www.identityserver.com)。Identity Server 是一个开源产品，实现了 OpenID Connect 和 OAuth 协议。在这个方面，它是一个极好的工具，可以把访问控制委托给它来保护 Web API 的安全。在本章的剩余部分，我们将讨论用于 ASP.NET Core 的 Identity Server 4。

注意：
使用身份服务器来控制对 Web API 的访问的优势在于，仍然使用 Authorize 特性标记操作方法，但不会使用 cookie 来提供用户的身份。Web API 收到(并检查)作为 HTTP 头传入的授权令牌。当允许用户的数据访问 Web API，并使用用户的数据配置了选定的 Identity Server 实例后，该实例就会设置令牌的内容。由于不涉及 cookie，因此使用 Identity Server 保护的 Web API 能够轻松地处理移动应用程序、桌面应用程序和任何现有的或未来的 HTTP 客户端。

1. 为使用 Identity Server v4 做好准备

图 10-2 从整体上显示了 Identity Server 如何与 Web API 及其启用的客户端进行交互。

Identity Server 必须是一个专用的自托管应用程序，在 ASP.NET Core 中，可以通过 Kestrel 或者反向代理直接公开。无论如何，需要一个广为人知的 HTTP 地址来联系服务器。公正来说，需要使用一个广为人知的 HTTPS 地址来联系 Identity Server。HTTPS 为通过网络交换的内容添加了隐私性。Identity Server 提供了访问控制，但是在现实应用中，应该总是在身份服务器上使用 HTTPS。

图 10-2 显示，Identity Server 最好与 API 是不同的应用程序。为了全面进行演示，我们将使用三个不同的项目——一个托管 Identity Server，一个托管 Web API 示例，还有一个模拟客户端应用程序。

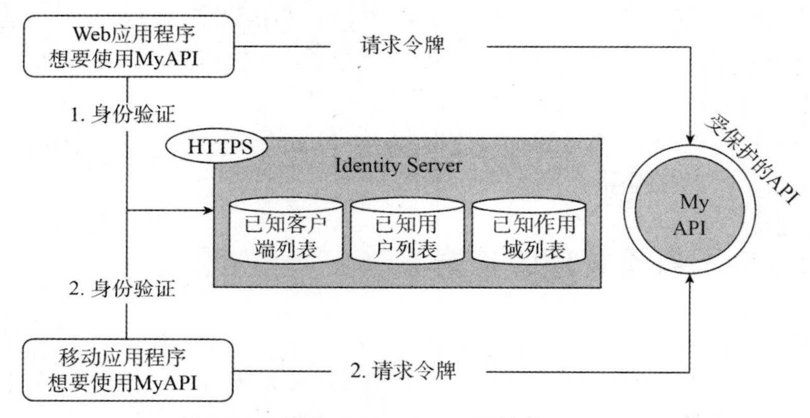

图 10-2　使用 Identity Server 保护的 Web API

2. 构建 Identity Server 的宿主环境

为托管 Identity Server，首先创建一个全新的 ASP.NET Core 项目，并添加 IdentityServer4 NuGet 包。如果已经在使用 ASP.NET Identity(参见第 8 章的介绍)，那么还应该添加 IdentityServer4.AspNetIdentity。根据实际启用的功能，可能还需要添加其他的包。启动类如下所示(后面将解释 Config 方法)。

```
public class Startup
{
    public void ConfigureServices(IServiceCollection services)
    {
        services.AddIdentityServer()
            .AddDeveloperSigningCredential()
            .AddInMemoryApiResources(Config.GetApiResources())
            .AddInMemoryClients(Config.GetClients());
    }

    public void Configure(IApplicationBuilder app, IHostingEnvironment env)
    {
        app.UseDeveloperExceptionPage();
        app.UseIdentityServer();

        app.Run(async (context) =>
```

```
        {
            await context.Response.WriteAsync(
                "Welcome to Identity Server - Pro ASP.NET Core book");
        });
    }
}
```

图 10-3 显示了将看到的主页。现在，服务器没有端点，也没有用户界面，但是添加管理员用户界面来修改配置是你的工作。对于 Identity Server 4，已经有一个 AdminUI 服务插件可用(请访问 http://www.identityserver.com)。

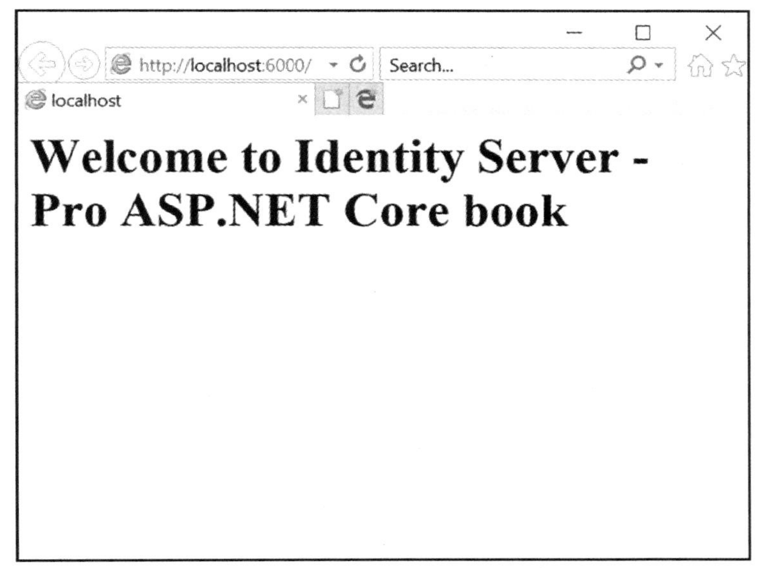

图 10-3　运行中的 Identity Server 实例

接下来，我们详细介绍服务器的配置参数，具体来说包括客户端、API 资源和签名凭据。

3. 向 Identity Server 添加客户端

客户端列表指的是获准连接 Identity Server 并访问其保护的资源和 API 的客户端应用程序。必须配置每个客户端应用程序，说明允许它做什么以及怎么做。例如，可以限制一个客户端应用程序，使其只能调用某个 API 的一部分。至少，需要为客户端应用程序配置一个 ID 和一个密码，以及授权类型和范围。

```
public class Config
{
    public static IEnumerable<Client> GetClients()
    {
        return new List<Client>
        {
            new Client
```

```
            {
                ClientId = "contoso",
                ClientSecrets = {
                    new Secret("contoso-secret".Sha256())
                },
                AllowedGrantTypes = GrantTypes.ClientCredentials,
                AllowedScopes = { "weather-API" }
            }
        };
    }
    …
```

如果你曾经使用过社交网络 API，那么可能会熟悉 ID 和密码。例如，要访问 Facebook 的数据，首先要创建一个 Facebook 应用程序，并用两个字符串完全标识这个应用程序。在 Identity Server 中，把这两个字符串分别称为 ID 和密码。授权类型说明了允许客户端如何与服务器交互。一个客户端应用程序可以有多个授权类型。需要注意的是，这里的客户端应用程序与运行一个实际的应用程序不同。实际上，这里讨论的客户端应用程序是一个 OpenID Connect 和 OAuth2 概念。例如，一个具体的移动应用程序和一个实际的网站可以使用相同的客户端应用程序来访问 Identity Server。

如果想要保护一个 Web API，通常需要使用 ClientCredentials，这意味着对于单独的用户，并不是必须要有请求令牌；只有对于客户端应用程序，请求令牌才是必需的。换句话说，作为 Web API 的所有者，要向客户端应用程序及其所有的个人用户授予访问权限。不过，一般来说，Identity Server 可用来针对每个用户进行访问控制，这就需要有多个授权类型，甚至需要同一个客户端应用程序具有多个授权类型。除了在服务器之间的通信中保护 Web API，还有其他的场景，关于这些场景的更多信息，可访问 http://docs.identityserver.io/en/release/topics/grant_types.html。

当使用了 ClientCredentials 选项时，得到的流程与图 10-2 完全相同。当实际的应用程序需要调用受保护的 API 时，首先向 Identity Server 的令牌端点发送一个令牌请求。在这么做的时候，实际的应用程序会使用配置的某个 Identity Server 客户端的凭据(ID 和密码)。如果身份验证成功，实际的应用程序会获得一个访问令牌，代表要传递给 Web API 的客户端(稍后详细介绍)。

4. 向 Identity Server 添加 API 资源

一般来说，API 资源指的是想要进行保护，使之避免受到未授权访问的资源(例如 Web API)。具体来说，API 资源只是一个在 Identity Server 中标识 Web API 的标签。API 资源由一个键和一个显示名构成。通过 API 资源，客户端应用程序可设置其范围，方式与在 Facebook 应用中声明想要访问的用户的声明相同。声明感兴趣的 API 资源可防止客户端应用程序访问不在范围内的任何 Web API 或者 Web API 的某个部分。向 Identity Server 注册时，Web API 会声明自己处理的资源。

```
public class Config
{
   public static IEnumerable<ApiResource> GetApiResources()
   {
      return new List<ApiResource>
      {
         new ApiResource("fun-API",
         "My API just for test and fun"),
         new ApiResource("weather-API",
             "My fabulous weather API"),
      };
   }
...}
```

上面的代码将 Identity Server 配置为支持两种资源：fun-API 和 weather-API。前面定义的客户端应用程序只对 weather-API 感兴趣。

5. 客户端和资源的持久化

在这里讨论的示例中，我们使用了静态定义的客户端和资源。虽然在某些部署的应用程序中，可能会出现这种场景，但是其实不怎么符合现实应用。如果在一个封闭的环境中能够控制所有组件，并且当某个地方必须发生改变，需要使用一个新的资源或新的客户端时，能够重新编译和重新部署 API、服务器和实际的应用程序，那么使用静态定义的客户端和资源可能是合理的。

但是，更可能出现的情况是，客户端和资源是从某个持久存储中加载的。实现方式有两种。一种是编写自己的代码来获取客户端和资源，并把它们作为内存对象传递给 Identity Server。另一种方法则利用 Identity Server 内置的基础结构。

```
services.AddIdentityServer()
   .AddDeveloperSigningCredential()
   .AddConfigurationStore(options =>
   {
      options.ConfigureDbContext = builder =>
         builder.UseSqlServer("connectionString...",
            sql => sql.MigrationsAssembly(migrationsAssembly));
   })
...
```

如果选择这种方法，则需要迁移来传递数据库的架构，然后将悄悄创建数据库。要创建迁移程序集，需要运行专门的命令，它们包含在另外一个 NuGet 包 IdentityServer4.EntityFramework 中，所以还需要安装这个 NuGet 包。最后，注意出于性能的原因，Identity Server 还提供了一个插入缓存组件的机会。在这种情况中，插入的组件实现指定的接口就足够了，而不管为了保存数据，底层实际使用了什么技术。

注意：

要想全面了解在持久化和签名方面有什么选项可用，请访问 http://docs.identityserver.io/en/release/quickstarts/8_entity_framework.html。

6. 签名凭据

在上面的启动代码中可以看到，AddDeveloperSigningCredential 方法用于创建一个临时键，这个键用来对作为身份证明返回的令牌进行签名。如果在第一遍运行后查看项目，会看到项目中添加了一个名为 tempkey.rsa 的 JSON 文件。

```
{"KeyId":"c789...","Parameters":{"D":"ndm8...",...}}
```

虽然对于练习，这行代码很方便，但是在生产场景中，需要将其替换为一个持久键或凭据。现实中，需要在某个时候(可能是在检查了当前环境之后)切换到 AddSigningCredential。AddSigningCredential 方法添加一个签名键服务，该服务获取 AddDeveloperSigningCredential 从持久存储动态创建的键信息。AddSigningCredential 方法可接受多种格式的数字签名。签名可以是 X509Certificate2 类型的对象，也可以是对证书存储中的某个证书的引用。

```
AddIdentityServer()
    .AddSigningCredential("CN=CERT_SIGN_TEST_CERT");
```

它还可以是 SigningCredentials 类或 RsaSecurityKey 的实例。

注意：

要想全面了解有哪些签名选项可用，请访问 http://docs.identityserver.io/en/release/topics/crypto.html。

7. 使 Web API 适应 Identity Server

至此，服务器已经运行，准备好控制对 API 的访问了。但是，Web API 仍然缺少一层代码，让自己与 Identity Server 连接起来。要通过 Identity Server 添加授权，需要两个步骤。首先，需要添加 IdentityServer4.AccessTokenValidation 包。这个包会添加必要的中间件来验证 Identity Server 返回的令牌。其次，需要像下面这样配置服务。

```
public void ConfigureServices(IServiceCollection services)
{
    // Configure the MVC application model
    services.AddMvcCore();
    services.AddAuthorization();
    services.AddJsonFormatters();
    services.AddAuthentication(IdentityServerAuthenticationDefaults.
      AuthenticationScheme)
        .AddIdentityServerAuthentication(x =>
        {
            x.Authority = "http://localhost:6000";
            x.ApiName = "weather-API";
            x.RequireHttpsMetadata = false;
        });
}
```

注意，最起码也需要用到这个代码段中使用的 MVC 应用程序模型配置。身份验证方案是 Bearer，Authority 参数指向了使用的 Identity Server 的 URL。ApiName 参数指向 Web API 实现的 API 资源，RequireHttpsMetadata 则决定了要发现 API 端点，并不是必须使用 HTTPS。

另外，只需要将所有不想被公开访问的 API 放到 Authorize 特性下。通过 HttpContext.User 属性可检查用户信息。就是这些！当把访问令牌提交给 Web API 时，Identity Server 的访问令牌验证中间件将会检查这个访问令牌，并将传入请求的受众范围与 ApiName 属性的值匹配起来(如图 10-4 所示)。如果没有找到匹配，就返回未授权错误代码。

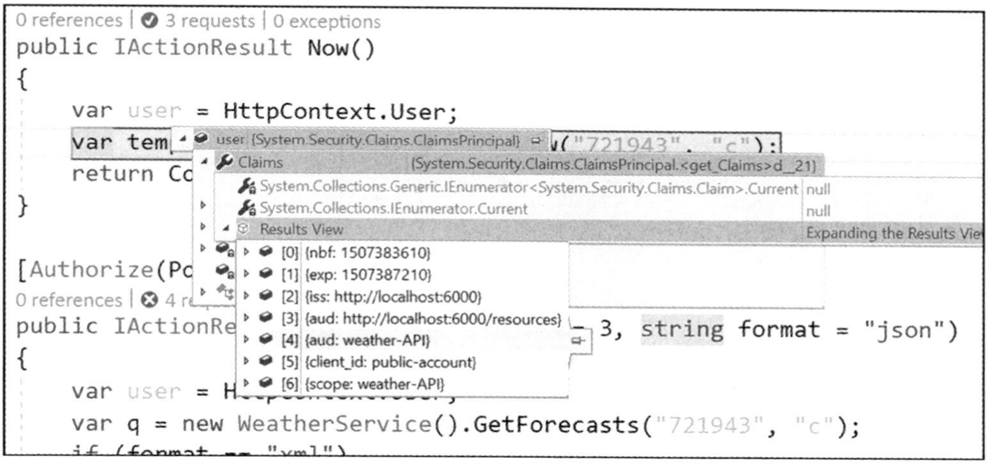

```
0 references | 3 requests | 0 exceptions
public IActionResult Now()
{
    var user = HttpContext.User;
    var tem  user {System.Security.Claims.ClaimsPrincipal}  v("721943", "c");
    return Co  Claims  {System.Security.Claims.ClaimsPrincipal.<get_Claims>d__21}
}              System.Collections.Generic.IEnumerator<System.Security.Claims.Claim>.Current  null
               System.Collections.IEnumerator.Current  null
               Results View  Expanding the Results Vie
[Authorize(Po    [0] {nbf: 1507383610}
                 [1] {exp: 1507387210}
0 references |   [2] {iss: http://localhost:6000}
public IActionRe [3] {aud: http://localhost:6000/resources}  3, string format = "json")
{                [4] {aud: weather-API}
                 [5] {client_id: public-account}
    var user = H [6] {scope: weather-API}
    var q = new WeatherService().GetForecasts("721943", "c");
```

图 10-4　在 Visual Studio 中检查 HttpContext.User 对象的内容

下面看看如何才能实际调用 API。

8. 综合运用

由于安全层的存在，Web API 的调用方现在必须提供凭据才能建立连接。建立连接的过程分为两个步骤。首先，调用方试图从配置好的 Identity Server 端点获取一个请求令牌。这样一来，调用方就提供了凭据。此凭据必须与 Identity Server 中注册的客户端应用程序的凭据匹配。其次，如果识别了凭据，就发放访问令牌，调用方必须把这个访问令牌传递给 Web API。代码如下所示。

```
// Obtains the actual URL to request the token from the instance of Identity Server.
// By default, it is <server-URL>/connect/token.
var disco = DiscoveryClient.GetAsync("http://localhost:6000").Result;

// Attempts to get an access token to call the web API. ID and secret of
// the client application to use must be provided.
var tokenClient = new TokenClient(disco.TokenEndpoint,
                                  "public-account", "public-account-secret");
```

```
var tokenResponse = tokenClient.RequestClientCredentialsAsync("weather-
  API").Result;
if (tokenResponse.IsError) { ... }
```

上面代码中使用的类要求客户端应用程序项目中添加 IdentityModel NuGet 包。最后，在调用 Web API 时，必须追加访问令牌作为 HTTP 头。

```
var http = new HttpClient();
http.SetBearerToken(tokenResponse.AccessToken);
var response = http.GetAsync("http://localhost:6001/weather/now").Result;
if (!response.IsSuccessStatusCode) { ... }
```

如果要许可某个客户使用 API，只需要执行两个步骤。首先，提供在 Identity Server 中为客户端应用程序创建的用于调用 Web API 的凭据；其次，提供为 API 资源选择的名称。还可以为每个客户创建一个客户端应用程序，并为每个请求追加额外的声明，或者在 Web API 方法中运行一些授权代码来检查实际调用方的身份并决定如何处理。

10.4　小结

在如今的大部分应用程序中，Web API 是一个常用的元素。Web API 用于向 Angular 或 MVC 前端提供数据，以及向移动或桌面应用程序提供服务。在 Web 到 Web 的场景中，通过 cookie 很容易实现安全性，但是基于持有者的方法不依赖于 cookie，从而使得在任何 HTTP 客户端都能够轻松调用 API。

身份管理服务器是 Web API(也包括 Web 应用程序)与其调用方之间的一个应用程序，提供了身份验证的能力，就像社交网络能够做的那样。它们在底层使用的协议是相同的：OpenID Connect 和 OAuth2。Identity Server 是一个开源产品，可以在自己的环境中设置并配置它，将其作为自己的身份验证和授权服务器。

第 11 章 从客户端提交数据

一个人的出身并不重要，重要的是他成长为什么样的人

——J. K. 罗琳，《哈利·波特与火焰杯》

诚然，从 HTML 表单向 Web 服务器提交数据不需要动脑。HTML 会完成这项工作，你需要学习的只是如何处理基本的 HTML 语法。至于表单的 HTML 语法，从早期的 HTML 到 HTML 5 都没有变化。在本章，我们将直面现实：与几年前相比，最终用户不再那么乐于接受经典的 HTML 表单。继续让浏览器提交表单，意味着将刷新整个页面。对于登录表单，刷新整个页面也许是可以接受的，但是如果表单的目的只是提交一些内容，而不需要让用户立即跳转到不同的页面，就无法接受了。

本章将全面分析 HTML 表单，首先概述 HTML 语法，然后使用一些客户端 JavaScript 代码来实际提交表单内容。使用 JavaScript 执行提交引发一些额外的问题，例如处理服务器端不断执行的操作的反馈，以及刷新当前视图的某个部分。

11.1 组织 HTML 表单

当按下 HTML 表单中包含的某个提交(submit)按钮时，浏览器就会自动提交 HTML 表单的内容。浏览器会自动扫描 FORM 元素包含的输入字段，将它们的内容序列化为字符串，然后对目标 URL 设置 HTTP 命令。这个 HTTP 命令的类型(通常是 POST)和目标 URL 是通过 HTML FORM 元素的特性设置的。目标 URL 背后的代码——ASP.NET MVC 应用程序中的控制器操作方法——处理提交的内容，并且通常会返回新的 HTML 视图。处理提交数据时产生的任何反馈，都包含在返回的页面中。下面简单介绍一下 HTML 表单的语法和问题。

11.1.1　定义 HTML 表单

HTML 表单是由一组 INPUT 元素构成的，当按下某个提交按钮时，这些 INPUT 元素的值将被流传输到一个远程 URL。一个表单可以有一个或多个提交按钮。如果没有定义提交按钮，那么除非使用专门的脚本代码，否则不能提交该表单。

```
<form method="POST" action="@Url.Action(action, controller)">
   <input type="text" value="" />
   ...
   <button type="submit">Submit</button>
</form>
```

在表单中，可以有任意多的 INPUT 元素，每个 INPTU 元素的 type 特性的值决定了其特征。type 特性可以取的值包括 text、password、hidden、date 和 file 等。INPUT 元素的 value 特性包含了该元素初始显示的值，以及按下提交按钮时要上传的内容。

除了子 INPUT 元素生成的内容以外，FORM 元素没有用户界面。需要的所有风格，都必须通过 CSS 添加；而且想要的任何布局，都必须添加到 FORM 元素内部或者包围 FORM 元素，因为这最合适。关于 HTML 表单，并没有什么新增或者新奇的地方，但是如果超出了基本应用范围去使用，会有一些问题。总之，在 MVC 应用程序模型中，有 3 个与表单有关的编程问题。

- 如果表单中有多个提交按钮，如何轻松检测出哪个按钮用于提交表单？
- 必须使用很多输入字段时，如何组织表单的布局？
- 提交了表单并处理了表单的内容后，如何刷新屏幕？

接下来就深入研究这些问题。

1. 多个提交按钮

有时候，提交表单的内容可触发服务器上的一些不同的操作。如何理解服务器上期望执行的操作呢？如果只使用一个提交按钮，就必须找到一种方法，在表单中的某个位置添加足够的信息，使 MVC 控制器能够确定期望执行的任务。否则，可以在表单中添加多个提交按钮。

但是，在这种情况下，无论单击了哪个提交按钮，目标 URL 总是相同的，所以就面临着同样的问题：如何让服务器知道应该执行什么操作呢？接下来就看看如何把这样的信息包含到 BUTTON 元素本身。

```
<form class="form-horizontal">
<div class="form-group">
   <div class="col-xs-12">
      <button name="option" value="add" type="submit">ADD</button>
      <button name="option" value="save" type="submit">SAVE</button>
      <button name="option" value="delete" type="submit">DELETE</button>
   </div>
```

```
</div>
</form>
```

按照设计，浏览器在传递提交按钮的名称时，也会传递该元素的值。但是，大部分时候，不会为提交按钮设置 name 和 value 特性。使用单个提交按钮来提交表单时，也可以忽略这两个特性，但是存在多个提交按钮时，设置这两个值就非常关键。如何设置 name 和 value 特性呢？在 MVC 应用程序模型中，所有提交的数据都由模型绑定层处理。了解了这一点以后，可以让所有提交按钮具有相同的名称，但在 value 特性中存储不同的值，用于在服务器上指明下一个操作。

更好的方法是，将 value 特性中设置的值与一个 enum 类型的元素关联起来，如下所示。

```
public enum Options
{
   None = 0,
   Add = 1,
   Save = 2,
   Delete = 3
}
```

图 11-1 显示了在提交包含多个提交按钮的表单时，使用这种 HTML 代码的效果。

```
1 reference
public class DemoController : Controller
{
    private readonly HomeService _service;
    0 references
    public DemoController(HomeService service)
    {
        _service = service;
    }

    0 references
    public IActionResult Multiple(string input, Options option)
    {                                                    option Save
        var model = _service.GetHomeViewModel();  ≤6,773ms elapsed
        return View(model);
    }
```

图 11-1　提交按钮的值映射到 enum 类型的对应值

2. 大表单

通常，一个表单中需要的输入字段的数量非常多。对于这种情况，可以使用一个很长的、可以滚动的 HTML 表单，但是在用户体验方面，很难说这是最有效的方案。首先，也是最重要的，用户必须上下移动才能看到不同的字段，这意味着他们有时候会转移注意力，忘记自己刚刚输入了什么。另外，错误输入的值也是个问题。更严重的是，当数据有严格的输入顺序，先输入的某些数据会影响后来输入的某些数据时，也会出现问题。因此，单独的一个大表单不是个好方案。那么，如何把大表单分解为更小的、更容易管理的部分呢？

可以在HTML表单体内引入标签页。FORM元素体可以包含除子表单以外的任何HTML元素。因此，最简单、最有效的技巧是，使用标签页将相关的输入字段分为一组，使其他所有输入字段隐藏起来不可见。这种方式对于用户而言更加方便，因为用户可以一次只关注一部分信息。虽然分组输入控件让用户感觉像是有多个表单，但是在提交表单内容方面并无不同。实际上，FORM容器是一个表单，因此，要提交的只有一个输入字段的集合。

```
<form method="post" action="...">
    <div id="wizard">
        <!-- Tabstrip -->
        <ul class="nav nav-tabs" role="tablist">
            <li role="presentation" class="active">
                <a href="#personal" role="tab" data-toggle="tab">You</a>
            </li>
            <li role="presentation">
                <a href="#hobbies" role="tab" data-toggle="tab">Hobbies</a>
            </li>
            :
        </ul>

        <!-- Tab panes -->
          <div class="tab-content">
             <div role="tabpanel" class="tab-pane active" id="personal">
            <!-- Input fields -->
            </div>
            <div role="tabpanel" class="tab-pane" id="hobbies">
               <!-- Input fields -->
            </div>
            :
            </div>
      </div>
</form>
```

将大表单分解为更小的部分，最简单的方法是使用Bootstrap的标签页组件。将表单中的全部输入字段分为几个标签页，然后让Bootstrap渲染它们。用户将看到一个经典的tabstrip，其中的每个窗格包含原输入表单的一小节。这样，用户可以一次只关注一小块信息，几乎不需要上下滚动浏览器窗口。

提交按钮的列表可放到你认为最合适的地方。例如，可以把它们与标签页放在同一行，可能靠近视区的右边缘。下面的Bootstrap标记用于tabstrip内的一个表单提交按钮。

```
<ul>
<li> ... </li>
<li> ... </li>
<li> ... </li>
<button class="btn btn-danger pull-right">SAVE</button>
</ul>
```

图 11-2 显示了一个大的、用标签页分隔的表单。

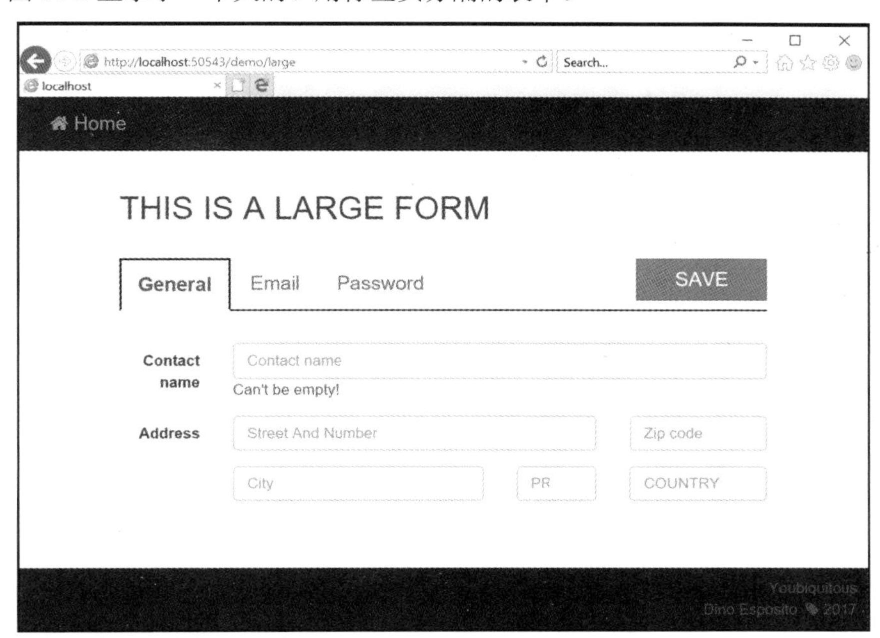

图 11-2　由标签页分隔的输入表单

注意：

可以自由访问所有标签页，就如同这个表单只是一个长长的输入字段列表。如果想实施规则，让表单的体验接近向导，建议在创建自己的基础结构之前，先研究一些 jQuery 插件。可以从 Twitter Bootstrap Wizard 插件入手。

如前所述，数据是照常提交的，并且照常被 MVC 模型绑定层捕获。客户端验证也是照常发生的。但是，在这种情况下，有另外一个问题：当输入字段存在错误时，如何向用户反馈？假设用户进入 Password 标签页，输入了一些无效的数据。接下来，她进入 Email 标签页，输入一些可接受的数据，然后单击 SAVE 按钮。在当前可见的标签页验证失败，所以用户无法立即看到所渲染的任何界面上的反馈。在这种情况下，建议找到一种方法来拦截验证错误，在发生错误的标签页上添加一个图标，使用户知道在什么地方输入了无效数据(稍后将继续讨论这一问题)。

11.1.2　Post-Redirect-Get 模式

在服务器端的 Web 开发中，有一些由来已久的问题，至今还没有找到能够被普遍接受的权威解决方案。其中一个问题就是如何处理 POST 请求的响应，不管这个响应是普通的 HTML 视图、JSON 包还是错误。处理 POST 响应的问题对客户端应用程序基本没什么影响，在这样的应用程序中，POST 请求是通过 JavaScript 从客户端发出和管理的。为此，许多开发人员称之为“假问题”，只有老派的开发人员才可能遇到。但是，如果读到了这里，并且 MVC 是你首选的应用程序模型，那么很有可能你的解决方案并不是完全由客户端交互构成。这意味着讨论 Post-Redirect-Get 模式——处理表单提交时建议使用的模式——是有意义的。

注意：
从 CQRS 的角度看，Post-Redirect-Get 模式也很有启发意义。CQRS(Command-Query Responsibility Segregation，命令-查询职责分离)是一种新出现的模式，用于使应用程序的查询堆栈和命令堆栈分隔开，从而独立地开发、部署和扩展它们。在 Web 应用程序中，表单提交由命令堆栈处理，向用户显示一些可视化的响应则由查询堆栈负责。因此，当完成了全部任务，并且用户界面以其他方式更新后，提交请求才会结束。此外，Post-Redirect-Get 模式提供了一种刷新用户界面的方式，实现了命令-查询堆栈的分隔。

1. 使问题正式化

假设用户在一个 Web 页面内提交了一个表单。从浏览器的角度看，这是一个普通的 HTTP POST 请求。在服务器端，该请求被映射到一个控制器方法，该方法通常渲染回 Razor 模板。结果，用户收到一些 HTML 并感到满意。一切都很正常，哪里有问题呢？

问题有两个。一是显示的 URL(反映了表单操作，因而可能显示“save”或“edit”)与用户看到的视图(是一个 get 操作)不一致。另一个问题与浏览器跟踪的最后一个操作有关。

所有的浏览器都会跟踪用户最后请求的 HTTP 命令，当用户按下 F5 键或者“刷新”菜单项时，就会重新执行该命令。在这种情况下，最后的请求是 HTTP POST 请求。重复提交可能很危险，因为 POST 操作通常会改变系统的状态。为安全起见，操作应当是一个幂等操作(即重复执行时，不会修改状态)。为了警告用户在提交后刷新可能存在风险，所有的浏览器都会显示一条如图 11-3 所示的消息。

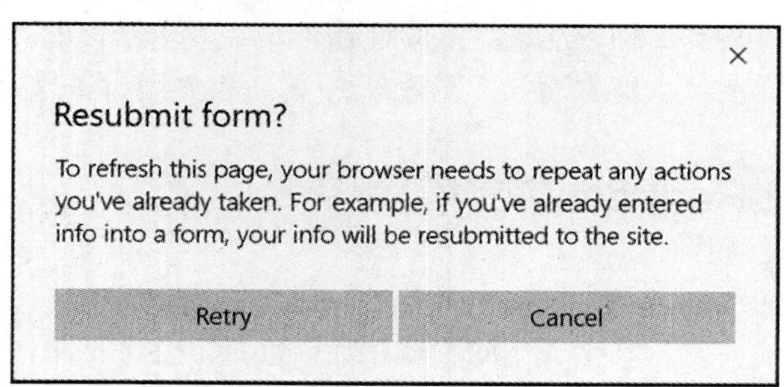

图 11-3 重复执行 POST 请求时，Microsoft Edge 浏览器显示的警告消息

这种警告对话框已经存在了很多年，并没有阻止 Web 的传播，但是很难看。不过，消除这些对话框并不像看起来那样简单。为了避免看到这种消息，应该重新考虑服务器端 Web 操作的整个流程，但这又产生了新问题。

2. 解决问题

Post-Redirect-Get (PRG)模式包含一些建议，旨在保证每个 POST 命令实际上以 GET 命令结束。它解决了 F5 刷新问题，并使 HTTP 的命令操作和查询操作之间的分隔更整洁。

问题的根源在于，在典型的 Web 交互中，渲染用户界面的 POST 命令会后跟一个隐式的 GET。PRG 模式建议通过重定向或者另外一个与重定向效果相同的客户端请求，使这个 GET 命令成为显式命令。下面给出了一些具体的代码。

```
[HttpGet]
[ActionName("register")]
public ActionResult ViewRegister()
{
   // Display the view through which the user will register
   return View();
}
```

要进行注册，用户需要填写并提交表单。这会产生一个新的请求，以 POST 命令的形式提交，并用下面的代码处理。

```
[HttpPost]
[ActionName("register")]
public ActionResult PostRegister(RegisterInputModel input)
{
   // Alters the state of the system (i.e., register the user)
   ...

   // Queries the new state of the system for UI purposes.
   // (This step is an implicit GET)
   return View()
}
```

如上面的代码所示，PostRegister 方法会修改系统的状态，并通过一个内部的服务器端查询返回修改后的状态。对于浏览器而言，这只是一个 POST 操作，返回一些 HTML 响应。要对这段代码应用 PRG 模式，只需要做一点修改：在 POST 方法中，不返回视图，而是将用户重定向到另一个页面。例如，可以重定向到相同操作的 GET 方法。

```
[HttpPost]
[ActionName("register")]
public ActionResult PostRegister(RegisterInputModel input)
{
   // Alters the state of the system (i.e., register the user)
   ...
```

```
        // Queries the new state of the system for UI purposes.
        // (This step is NOW an explicit GET via the browser)
        return RedirectToAction("register")
    }
```

因此，最后跟踪到的操作是 GET，这就解决了 F5 刷新问题。不止如此，浏览器地址栏中显示的 URL 现在更有意义。

如果要创建经典的服务器应用程序，在处理每个请求后刷新整个页面，就应该采用 PRG 模式。有一种更加现代的方法没有 POST/GET 被合并到一起的问题，就是通过 JavaScript 提交表单的内容。

11.2　通过 JavaScript 提交表单

如果提交是浏览器发起的操作，那么目标 URL 返回的输出不经筛选就会显示给用户。如果通过 JavaScript 提交，则客户端代码就很有可能控制并管理整个提交操作，使用户体验非常流畅。

不管使用什么框架(可能是普通的 jQuery，也可能是更加复杂的框架)，提交 HTML 表单的步骤都可以总结如下：

- 从表单的输入字段中收集要提交的数据。
- 将各个字段值序列化为数据流，以便能够打包到一个 HTTP 请求中。
- 准备并运行 Ajax 调用。
- 接收响应，检查错误，并相应地调整用户界面。

但是，不需要手动执行上面的所有步骤。所有的浏览器都提供一个 API 来编写 FORM 元素的脚本，就像在本地 DOM 中的编码一样。因此，我们要做的就是编写 JavaScript 代码，让浏览器带外提交表单，并相应处理响应。

11.2.1　上传表单内容

HTML 标准文件中定义了包含表单内容的 HTTP 请求的请求体应该是什么样子的。这个请求体是字符串，由输入的名称和相关的值连接起来构成。每个名称/值对通过&符号连接到下一个名称/值对。

```
name1=value1&name2=value2&name3=value3
```

有很多方式可以创建这种字符串。可以读取 DOM 元素的值，自己创建这个字符串，但是使用 jQuery 工具更快，也更可靠。

1. 序列化表单

特定情况下，jQuery 库提供的 serialize 函数接受 FORM 元素作为参数，通过 INPUT 子元素来循环，并返回最终的字符串。

```
var form = $("#your-form-element-id");
var body = form.serialize();
```

jQuery 中的另一个选项是$.param 函数。这个函数的输出与 serialize 函数相同，但是它接受的输入类型与 serialize 函数不同。serialize 只能在表单上调用，它会自动扫描输入字段的列表；$.param 则要求提供显式的名称/值对，不过产生的输出是相同的。

有了要序列化的内容后，只需要发出 HTTP 请求。注意，浏览器还在 DOM 的 FORM 元素上提供了 submit 方法。其效果与发出 HTTP 调用不同。submit 方法产生的效果与按下提交按钮相同，即浏览器上传表单内容，然后刷新整个页面。如果管理自己的 HTTP 调用，能够完全控制工作流。

2. 发出 HTTP 请求

要发出 HTTP 请求，需要再次使用 jQuery。使用 HTML form 元素的 method 特性指定的 HTTP 动词上传表单。目标 URL 则是由其 action 特性的内容指明的。下面给出了 AJAX 调用示例，可用于上传 HTML 表单的内容。

```
var form = $("#your-form-element-id");
$.ajax({
    cache: false,
    url: form.attr("action"),
    type: form.attr("method"),
    dataType: "html",
    data: form.serialize(),
    success: success,
    error: error
});
```

jQuery 的 ajax 函数允许传入两个回调来处理请求的成功或者失败。需要注意的是，成功或者失败是指响应的状态码，而不是物理 HTTP 请求背后的业务操作。换句话说，如果请求触发的命令失败，但是服务器代码能够处理这个异常，并在 HTTP 200 响应中返回一条错误消息，则不会触发错误回调。下面看看通过 Ajax 和 JavaScript 调用 ASP.NET MVC 端点的情况。

```
public IActionResult Login(LoginInputModel credentials)
{
    // Validate credentials
    var response = TryAuthenticate(credentials);
    if (!response.Success)
        throw new LoginFailedException(response.Message);
```

```
    var returnUrl = ...;
    return Content(returnUrl);
}
```

在这里，如果身份验证失败，就会抛出异常，意味着请求的状态码变为 HTTP 500，将调用错误处理程序。否则，返回下一个 URL，即希望在用户成功登录后将其重定向到的 URL。注意，因为这个方法是通过 Ajax 调用的，重定向到另一个 URL 的操作只能通过 JavaScript 在客户端完成。

```
window.location.href = "...";
```

表单的提交是在表单按钮的 click 处理程序中调用的。为了防止单击按钮时浏览器自动提交表单，可能需要将按钮的 type 特性从 submit 改为 button。

```
<button type="button" id="myForm">SUBMIT</button>
```

在提交表单之前和之后，click 处理程序可以执行额外的任务，包括向用户提供一些反馈。

3. 向用户提供反馈

无论请求成功还是失败，回调处理程序都会收到控制器方法返回的所有数据，并负责显示这些数据。要显示这些数据，可能需要解包数据，并把数据分割到 HTML 用户界面的各个部分。如果表单提交成功，可能需要向用户显示一条确认消息，例如“操作成功完成!”。更重要的是，如果表单提交失败，可能需要提供一些细节，指出某些输入数据不正确。你自己决定是硬编码消息(成功或失败)，还是在服务器端根据不同的上下文显示不同的消息。如果在服务器端生成消息，则可能需要定义要返回的可序列化的数据结构，该数据结构包含操作的结果，并描述操作过程中发生了什么。我喜欢使用下面的结构：

```
public class CommandResponse
{
    public bool Success { get; set; }
    public string Message { get; set; }
}
```

消息应该一直在屏幕上显示，直到执行下一个操作吗？让错误消息一直显示在屏幕上，直到下一次提交，可能是合理的，但是在某个时间点，必须删除错误消息。可以在刚好要再次提交表单之前删除错误消息。对于成功消息，情况有所不同。显示成功确认消息很重要，但是这条消息不能打扰到用户，也不应该显示太长时间。对于成功消息，我会避免使用模式弹出对话框，而是将消息绑定到一个定时器，让它一开始显示为一条文本，穿插在常规的用户界面中，然后在几秒钟之后，无须用户干预就自动消失。

折中的方法是在 DIV 中显示消息，这个 DIV 看起来像警告框，给用户提供了单击按钮关闭消息的机会。采用这种方法时，通常使用 Bootstrap 的 alert 类来设置消息容器的样式，并在全局布局中使用下面的 JavaScript 代码，使其自动应用到所有警告框，这样关闭它们会更简单。

```
$(".alert").click(function(e) {
    $(this).hide();
});
```

注意，Bootstrap 本身也支持可关闭的警告框，但是我发现，用上面的技巧编写起来更快，对于用户而言也更简单，因为用户可以单击或触摸任意位置来关闭消息。图 11-4 显示了在通过 JavaScript 提交表单时出现的错误消息。

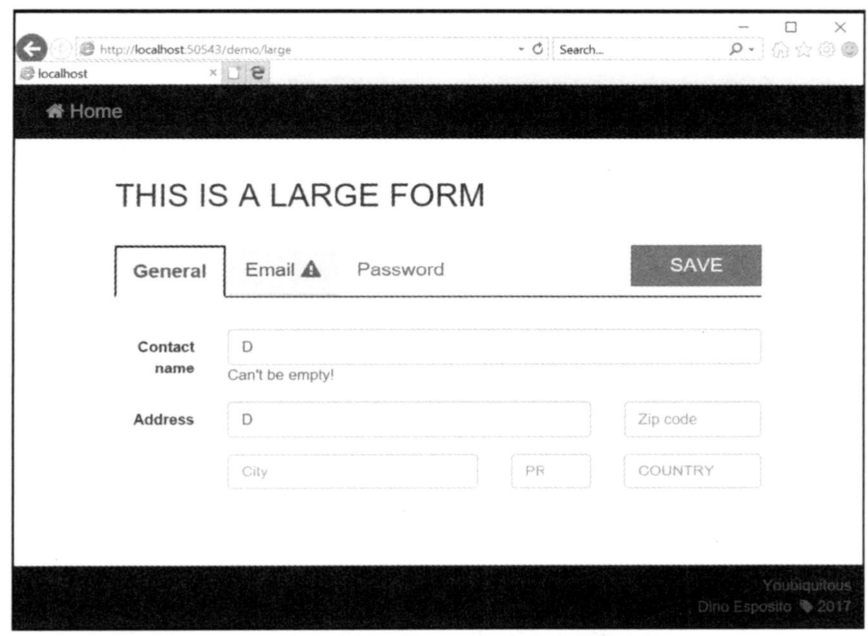

图 11-4　客户端管理的 HTML 表单中的错误消息

给用户的反馈是放在客户端页面的。下面给出了一些示例代码。要想了解更多细节，特别是用于支持所描述行为的 JavaScript 库的细节，参考本书附带的示例代码(参见 http://github.com/despos/progcore)。具体来说，可查看 Ch11 文件夹中的 ybq-core.js 文件。

```
Ybq.postForm("#large-form",
     function(data) {
         var response = JSON.parse(data);
         Ybq.toast("#large-form-message",
                   response.message,
                   response.success);
});
```

postForm 函数只是一个包装器，包含前面给出的 Ajax 代码段：

```
var form = $("#your-form-element-id");
$.ajax({
    cache: false,
    url: form.attr("action"),
    type: form.attr("method"),
    dataType: "html",
    data: form.serialize(),
    success: success,
    error: error
});
```

toastr 方法是一个辅助程序例程，在 DIV 中显示消息，并在几秒后使其自动超时。DIV 的样式与操作的结果(成功或失败)一致(如图 11-5 所示)。

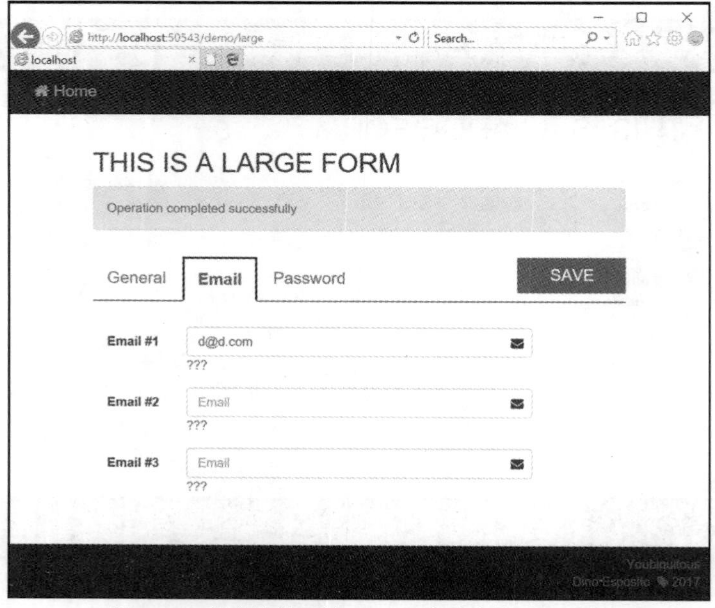

图 11-5　客户端管理的 HTML 表单中的错误消息

注意：

在 ASP.NET Core 中，序列化对象并返回给客户端的 Json 方法足够智能，能够根据 JavaScript 的大小写约定进行序列化。为此，当序列化前面的 CommandResponse 类型时，C#属性(如 Success 和 Message)变成了 JavaScript 属性(success 和 message)。这与 MVC 5.x 不同。

11.2.2　刷新当前屏幕的一部分

提交表单且操作成功完成后，有时需要刷新当前用户界面的几个部分。如果表单是通过浏览器提交的，那么 PRG 模式确保使用最新的信息完全重绘新的页面。但使用 JavaScript 从客户端提交表单内容时，是另外一种情况。

1. 更新用户界面的一小部分

有时候，当前用户界面中需要更新的部分很少，而且更重要的是，从表单的内容可以确定新的内容是什么。在这种情况下，要做的就是将小段新内容保存到一些局部变量中，使用它们来更新相关的 DOM 元素。在这种上下文中，用户界面的一小部分可以非常简单、简洁，如字符串或者数字。

```
Ybq.postForm("#large-form",
    function(data) {
        // Deserialize the received response
        var response = JSON.parse(data);

        // Update the UI
        if (response.success) {
             var name = $("#contactname").val();
             $("#public-name").html(name);
        }

        // Give feedback about the overall operation
        Ybq.toast("#large-form-message",
                    response.message,
                    response.success);
});
```

在这个示例中，假定视图包含一个文本标签 public-name，将其设置为表单中联系人的名称。

2. 回调服务器来获取分部视图

有时，刷新用户界面可能没那么简单。刷新标签的文本并不复杂，但有时需要使用一整段 HTML。这段 HTML 可以放到客户端，但是除非使用了某个客户端数据绑定库(本章稍后详细介绍)，否则只是引入了潜在的双重故障点。基本上，服务器端的代码和客户端的代码在不同时间生成了相同的 HTML 输出。这意味着要修改实际的样式或布局，必须使用两种不同的语言应用到两个不同的地方。

在这些情况中，更可靠的方法是回调服务器，让服务器提供需要的 HTML 代码段。这有助于使用户界面组件化。第 5 章讨论了视图组件。我的看法是，如果 HTML 代码段足够复杂，就可以将其实现为视图组件，并命令它刷新。有时候，可以使其成为分部视图，只是向某个控制器添加一个新的操作方法，使其返回系统当前状态修改过的分部视图。下面给出了一个例子。

```
[HttpGet]
public IActionResult GetLoginView()
{
```

```
        // Get any necessary data
        var model = _service.GetAnyNecessaryData();
        return new PartialView("pv_loginbox", model);
    }
```

这个方法是通过 Ajax 调用的，返回了某个用户界面部分的当前状态。它把填充 HTML 所需要的数据收集起来，传递给 Razor 视图引擎来填充分部视图。客户端应用程序收到一个 HTML 字符串，使用 jQuery 的 html 方法来更新 HTML 元素(最常见的是 DIV)。

11.2.3　将文件上传到 Web 服务器

在 HTML 中，文件的处理方式基本上与其他类型的输入一样，尽管文件与基本数据之间区别非常大。与之前一样，首先创建一个或多个 INPUT 元素，将其 type 特性设为 file。原生的浏览器用户界面允许用户选择一个本地文件，然后简化该文件的内容与表单的其余内容。在服务器端，将文件内容映射到新类型 IFormFile，并且与以前版本的 MVC 相比，模型绑定层处理文件内容的方式更加统一。

1. 设置表单

要选择一个本地文件上传，严格来说使用下面的标记就足够了。

```
<input type="file" id="picture" name="picture">
```

虽然出于用户界面的原因，必须把上面的代码放到 HTML 页面中，但是通常把它隐藏起来。这就允许应用程序提供更好看的用户界面，同时仍然能够打开本地资源管理器窗口。

常见的技巧是隐藏 INPUT 元素(如图 11-6 所示)，显示一个好看的用户界面让用户单击。然后，单击处理程序会将单击事件转发给隐藏的 INPUT 元素。

```
<input type="file" id="picture" name="picture">
<div onclick="$('#picture').click()">image not available</div>
```

要正确上传表单内容，还必须使用固定值 multipart/form-data 指定 enctype 特性。

2. 在服务器上处理文件内容

在 ASP.NET Core 中，将文件内容抽象为 IFormFile 类型，该类型基本上保留了 MVC 5 应用程序中使用的 HttpPostedFileBase 类型的编程接口。

```
public IActionResult UploadForm(FormInputModel input, IFormFile picture)
{
    if (picture.Length > 0)
    {
        var fileName = Path.GetFileName(picture.FileName);
```

```
            var filePath = Path.Combine(_env.ContentRootPath, "Uploads", fileName);
            using (var stream = new FileStream(filePath, FileMode.Create))
            {
                picture.CopyTo(stream);
            }
        }
    }
```

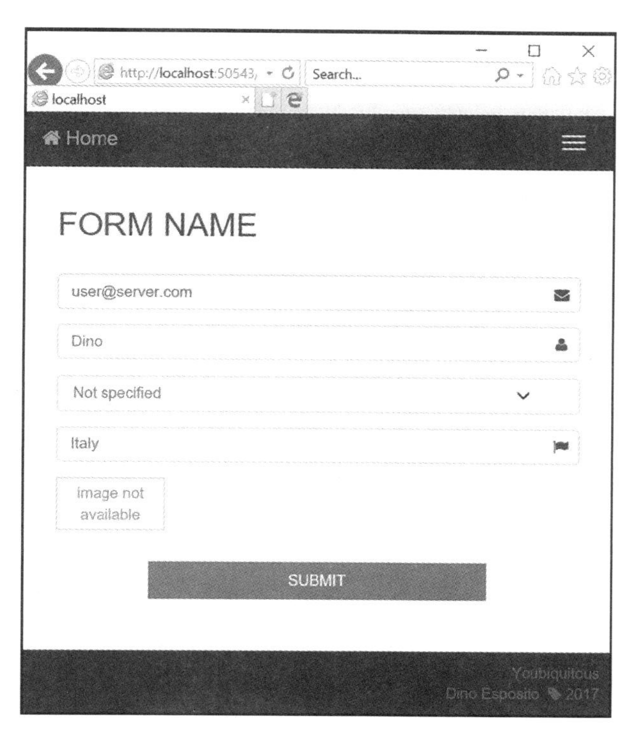

图 11-6　隐藏的 INPUT 文件元素

注意，也可以把 IFormFile 引用添加到 FormInputModel 复杂类型中，因为模型绑定能够轻松地按照名称映射内容，就像处理基本和复杂的数据类型那样。上面的代码根据当前内容根文件夹设置文件名，然后使用上传文件的原名称创建了该文件在服务器端的副本。如果上传了多个文件，只需要引用一个 IFormFile 类型的数组。

如果通过 JavaScript 提交表单，那么最好用下面的代码替换前面看到的表单序列化代码：

```
var form = $("#your-form-element-id");
var formData = new FormData(form[0]);
form.find("input[type=file]").each(function () {
    formData.append($(this).attr("name"), $(this)[0].files[0]);
});
$.ajax({
    cache: false,
    url: form.attr("action"),
    type: form.attr("method"),
```

```
    dataType: "html",
    data: formData,
    success: success,
    error: error
});
```

这段代码确保所有的输入文件都会被序列化。

3. 文件上传的问题

上面的代码肯定可以处理小文件，尽管很难定义“小”意味着什么。可以说，一般情况下都可以使用这段代码，除非事先知道要上传的文件有 30MB。在这种情况以及在文件大小导致 Web 服务出现延迟的情况下，可以考虑流式处理文件的内容。详细的说明请参见 http://docs.microsoft.com/en-us/aspnet/core/mvc/models/file-uploads。

如今，这只是上传文件可能遇到的第一个问题。另一个问题是，需要有动态性和交互性非常好的用户界面。用户可能期望看到可视化的反馈来了解上传操作的进度。而且，当要上传的文件是图片(如已注册用户的照片)时，用户甚至可能希望看到一个预览，并且能够取消之前选择的图片，让该字段留空。所有这些操作都可以实现，但需要做一些工作。可以考虑使用某个专门的组件，如 Dropzone.js(参见 http://dropzonejs.com)。

另外一个问题与如何在服务器端保存上传文件的副本有关。上面显示的代码在服务器上创建了一个新文件。需要注意，如果引用的文件夹不存在，上面的代码将抛出异常。多年来，这种方法一直够用，但是随着云模型越来越重要，这种方法的吸引力在下降。如果把上传的文件本地存储到 Web 应用程序，而该 Web 应用程序在 Azure App Service 中托管，那么这个应用程序的工作将是透明的，因为同一个 App Service 的多个实例会共享相同的存储空间。通常，最好不要把上传文件保存在主服务器。除非云平台爆炸式增长，否则除了在本地存储文件或数据库，没有多少选择。云提供了便宜的 Blob 存储，可用于存储文件，即使文件大小超出了经典 App Service 配置的存储限制。

可以重写上面的代码，将上传的图片保存在 Azure Blob 容器。为此，需要有 Azure 存储账户。

```
// Get the connection string from the Azure portal
var storageAccount = CloudStorageAccount.Parse("connection string to your
  storage account");

// Create a container and save the blob to it
var blobClient = storageAccount.CreateCloudBlobClient();
var container = blobClient.GetContainerReference("my-container");
container.CreateIfNotExistsAsync();
var blockBlob = container.GetBlockBlobReference("my-blob-name");
using (var stream = new MemoryStream())
```

```
{
    picture.CopyTo(stream);
    blockBlob.UploadFromStreamAsync(stream);
}
```

Azure Blob 存储是用容器表示的，每个容器与一个账户绑定。在容器内，可以有任意多的 Blob。Blob 由一个二进制流和一个唯一名称标识。要访问 Azure Blob 存储，还可以使用 REST API，所以在 Web 应用程序外部也是可以访问 Blob 存储的。

注意：

要测试 Azure Blob 存储，可以使用 Azure Blob 模拟器，它允许在本地试用该平台的 API。

11.3　小结

目前，当用户执行任何操作时，应用程序几乎无法负担整个页面的刷新。虽然仍然有不少网站是基于老方法构建的，但是不能将其作为借口而不构建更好的网站。除了 ASP.NET Core，还可以创建 Angular 应用程序，通过调用远程服务并本地刷新用户界面，来执行数据访问任务。不管是通过 Angular(或类似框架)，还是在 Razor 视图中使用普通的 JavaScript，都应该努力使用户界面更加顺畅、平滑。

本章介绍如何使用 JavaScript 代码，从客户端向服务器提交数据。第 12 章将介绍从远程服务器获取了客户端页面的内容以后，有哪些选项可以把这些内容渲染为 HTML。

第 12 章

客户端数据绑定

我们最大的错误就在于企图从他人那里获得他并不具备的美德，而忽视培养他的美德。

——玛格丽特•尤瑟纳尔，《哈德良回忆录》

术语“数据绑定”是指通过编程方式，用新数据更新可视组件的能力。一个规范示例是，为文本框赋值一条默认显示的文本，供用户编辑。因此，数据绑定正如其名称所示，是一种在软件中将数据与可视组件绑定起来的方式。HTML 元素(不只包括输入字段，也包括 DIV 及文本元素，如 P 和 SPAN 元素)是可视组件。客户端数据绑定是指通过 JavaScript 直接刷新浏览器中显示的 Web 页面内容，而不必从 Web 服务器重新加载页面的技术。

本章将介绍和比较几种技术，它们能够更新用户界面，并更好地反映应用程序的状态。最简单的方法是从服务器下载更新后的 HTML 块。这些 HTML 片段将动态替换现有的 HTML 片段，从而对当前显示的页面进行部分渲染。另外一种方法是查询一组基于 JSON 的端点，获取最新数据，从而完全在客户端的 JavaScript 中重新生成 HTML 布局。

12.1 通过 HTML 刷新视图

当 Web 页面中包含丰富的图片和媒体时，刷新整个页面对于用户来说肯定会很慢、很麻烦。这正是 Ajax 和部分渲染页面如此受欢迎的原因。在页面渲染的另一端，是单页应用程序(Single Page Application，SPA)的概念。本质上，SPA 是由一个(或少数几个)极简的 HTML 页面构成的应用程序，页面上包含一个几乎为空的 DIV，在运行时使用模板和从某个服务器下载的数据填充该 DIV。从服务器端渲染到完全由客户端渲染SPA的这条路上，首先应该了解HTML部分渲染方法。

12.1.1 准备工作

这里的思想是，任何页面最开始完全在服务器端处理，然后作为一块HTML下载。接下来，用户与页面上的控件之间的任何交互都通过Ajax调用完成。被调用的端点执行命令或查询，并返回纯粹的HTML作为响应。返回HTML比返回JSON数据的效率低，因为HTML由布局信息和数据构成，而在JSON流中，额外的信息量仅限于模式，平均下来比HTML布局数据小。虽然如此，下载服务器端渲染的HTML介入更少，并且不需要额外的技能，也不需要学习全新的编程模式。不过，仍然需要用到一些JavaScript，但是仅限于使用熟悉的DOM属性(如innerHTML)或一些核心的jQuery方法。

12.1.2 定义可刷新区域

页面上需要动态刷新的区域必须能轻松识别，并且与页面的其余部分隔离开。理想情况下，这个区域应该是一个带有已知ID的DIV元素。

```
<div id="list-of-customers">
   <!-- Place here any necessary HTML -->
</div>
```

为DIV下载了新的HTML后，只需要使用一行JavaScript代码来更新该DIV，如下所示。

```
$("#list-of-customers").html(updatedHtml);
```

从Razor的角度看，可刷新区域完全是用分部视图渲染的。分部视图不只使结果页面组件化，加强重用和关注点隔离；而且更容易在客户端刷新页面的一部分，而不需要重新加载整个页面。

```
<div id="list-of-customers">
   @Html.Partial("pv_listOfCustomers")
</div>
```

还缺一个控制器操作方法，用来执行查询或命令操作，然后返回分部视图生成的HTML。

12.1.3 综合运用

假设有一个示例页面，渲染了一个客户名称列表。任何有权限查看页面的用户都可以单击一侧的按钮来删除当前行。如何编写相关的代码？老方法是将删除按钮链接到一个 URL，在该位置，POST 控制器方法执行删除操作，然后重定向到 GET 页面，用最新数据渲染页面。可以这样做，但是需要用到一个请求链(Post-Redirect-Get)，而且更重要的是，这会导致整个页面重新加载。对于数据量大的页面——现实网站中几乎每个页面的数据量都很大——这种方法肯定很麻烦。

可刷新区域允许用户单击按钮，让 JavaScript 代码发出 POST 请求，并显示 HTML。发出删除客户的请求的处理程序将收到一个 HTML 片段，并用其替换现有的客户列表。

1. 操作方法

控制器操作方法没有什么特殊的，只不过返回的是分部视图而不是完整的视图结果。因此，这种方法只是用来编辑给定的视图。要跳过不想要的调用，甚至可以用自定义筛选器特性来修饰方法，如下所示。

```
[AjaxOnly]
[RequireReferrer("/home/index", "/home", "/")]
[HttpPost]
[ActionName("d")]
public ActionResult DeleteCustomer(int id)
{
   // Do some work
   var model = DeleteCustomerAndReturnModel(id);

   // Render HTML back
   return PartialView("pv_listOfCustomers", model);
}
```

AjaxOnly 和 RequireReferrer 是自定义筛选器(请参见本书的配套代码)，只有请求是通过 Ajax 发出并且来自给定来源的时候，才运行方法。另外两个特性要求使用 POST 调用，并且操作名称为 d。

2. 方法的响应

通过 Ajax 发出调用时，浏览器将收到一个 HTML 片段，并用其替换可刷新区域的内容。下面给出的示例代码可以绑定到单击按钮的操作。

```
<script type="text/javascript">
   function delete(id) {
       var url = "/home/d/";
       $.post(url, { id: id })
         .done(function (response) {
               // In this context, the parameter "response" is the
               // method response. Hence, it is the fragment of HTML
               // returned by the action method via PartialView().
               $("#listOfCustomers").html(response);
       });
```

```
    }
</script>
```

对于用户来说，体验非常好。例如，用户单击列表中的一项，列表就会立即刷新，反映用户做出的修改，效果如图 12-1 所示。在图中，左侧的屏幕显示用户单击某一行的删除按钮，右侧的屏幕显示了删除该行后的客户列表。

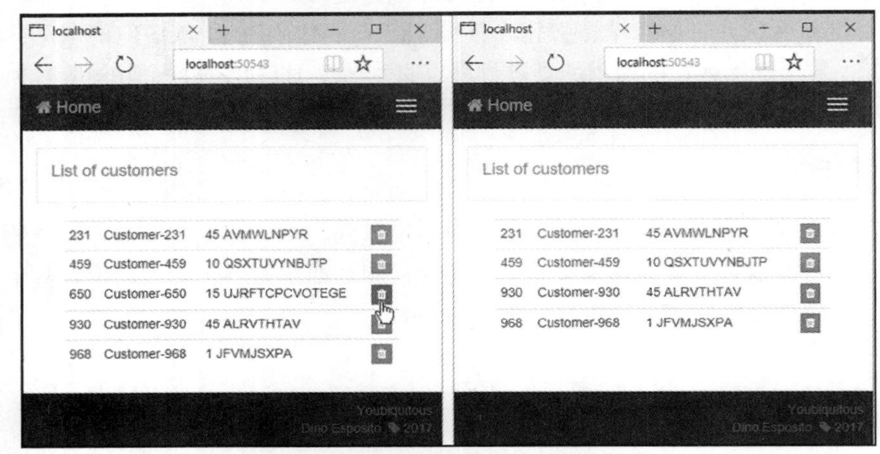

图 12-1　在更新后，刷新页面的一部分

3. 技术的局限

这种方法效果很好，但是一次只能更新一个 HTML 片段。这是否真的是局限，取决于视图的本质及其实际内容。更现实的情况是，在服务器执行操作后，需要更新 Web 视图的两个或多个片段。

例如，在图 12-2 所示页面删除一个客户时，需要更新这个页面中两个相关联的片段。不只要更新表格，移除已经删除的客户，还要刷新下拉列表。显然，可以在控制器中使用两个方法，每个方法返回一个不同的片段。这就需要添加如下所示的代码。

```
<script type="text/javascript">
    function delete(id) {
        var url = "/home/d/";
        $.post(url, { id: id })
         .done(function (response) {
             $("#listOfCustomers").html(response);
             $.post("home/dropdown", "")
              .done(function(response) {
                  $("#dropdownCustomers").html(response);
            });
        });
    }
</script>
```

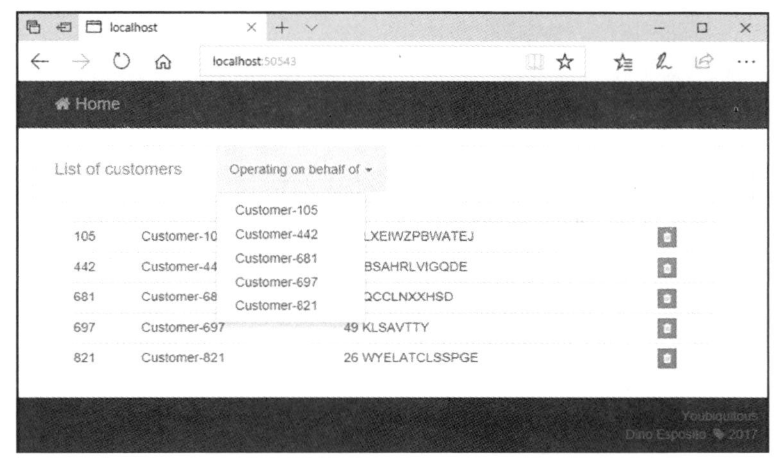

图 12-2　Web 页面中有两个相关的 HTML 片段需要更新

在收到第一个响应后，发出第二个 Ajax 调用来请求第二个 HTML 片段。不过，还有更好的方法。

4. 多个视图操作结果类型

控制器方法返回一个实现了 IActionResult 类型的类型，或者更可能是返回的类型继承了 ActionResult。这里的思想是，创建一个自定义操作结果类型，使其返回一个由多个 HTML 片段合并而成的字符串，每个 HTML 片段之间用传统的分隔符隔开。这种方法有两个优势。首先，使用一个 HTTP 请求可以得到任意多的 HTML 片段。其次，工作流更加简单。决定应该更新视图的哪些部分的逻辑放在服务器端，客户端只接收 HTML 片段的数组。客户端仍然需要包含必要的 UI 逻辑，以便将每个 HTML 片段放到合适的位置。但是，通过构建一个自定义框架，可以进一步减轻这项工作，该自定义框架以声明的方式将一个片段链接到客户端 DOM 中对应的 HTML 元素。自定义操作结果类型的 C#类如下所示。

```
public class MultiplePartialViewResult : ActionResult
{
   public const string ChunkSeparator = "---|||---";

   public IList<PartialViewResult> PartialViewResults { get; }

   public MultiplePartialViewResult(params PartialViewResult[] results)
   {
      if (PartialViewResults == null)
          PartialViewResults = new List<PartialViewResult>();
      foreach (var r in results)
          PartialViewResults.Add(r);
   }

   public override async Task ExecuteResultAsync(ActionContext context)
   {
```

```
        if (context == null)
            throw new ArgumentNullException(nameof(context));

        var services = context.HttpContext.RequestServices;
        var executor = services.GetRequiredService<PartialViewResultExecutor>();

        var total = PartialViewResults.Count;
        var writer = new StringWriter();
        for (var index = 0; index < total; index++)
        {
            var pv = PartialViewResults[index];
            var view = executor.FindView(context, pv).View;
            var viewContext = new ViewContext(context,
                view,
                pv.ViewData,
                pv.TempData,
                writer,
                new HtmlHelperOptions());
            await view.RenderAsync(viewContext);

            if (index < total - 1)
                await writer.WriteAsync(ChunkSeparator);
        }

        await context.HttpContext.Response.WriteAsync(writer.ToString());
    }
}
```

操作结果类型包含一个 PartialViewResult 对象的数组，并逐个执行它们，在内部缓冲区中累加 HTML 标记。完成之后，将该缓冲区刷新到输出流中。通过传统但是随意决定的子字符串，分隔每个 PartialViewResult 对象的输出。

值得注意的地方是如何在控制器方法中使用这个自定义操作结果类型。重写 DeleteCustomer 操作方法，代码如下所示。

```
[AjaxOnly]
[RequireReferrer("/home/index", "/home", "/")]
[HttpPost]
[ActionName("d")]
public ActionResult DeleteCustomer(int id)
{
    // Do some work
    var model = DeleteCustomerAndReturnModel(id);

    // Render HTML back
    var result = new MultiplePartialViewResult(
        PartialView("pv_listOfCustomer", model),
        PartialView("pv_onBehalfOfCustomers", model));
    return result;
}
```

MultiplePartialViewResult 类的构造函数接受一个 PartialViewResult 对象的数组，所以可以在调用中添加任意多个该对象。

最后，客户端页面中的 HTML 代码也稍有变化。

```
<script type="text/javascript">
   function delete(id) {
      var url = "/home/d/";
      $.post(url, { id: id })
       .done(function (response) {
           var chunks = Ybq.processMultipleAjaxResponse(response);
      $("#listOfCustomers").html(chunks[0]);
      $("#dropdownCustomers").html(chunks[1]);
      });
   }
</script>
```

JavaScript 函数 Ybq.processMultipleAjaxResponse 的代码不多，它只是在传统分隔符的位置分割接收的字符串。代码很简单，如下所示。图 12-3 显示了其效果。

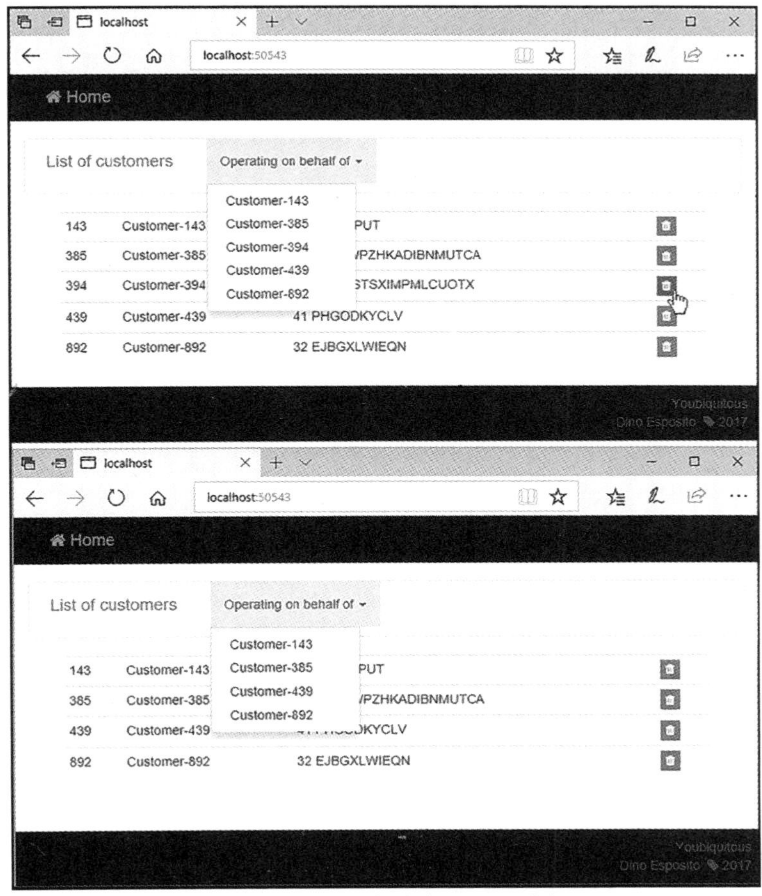

图 12-3　同时更新多个 HTML 片段

```
Ybq.processMultipleAjaxResponse = function (response) {
   var chunkSeparator = "---|||---";
```

```
    var tokens = response.split(chunkSeparator);
    return tokens;
};
```

12.2　通过 JSON 刷新视图

SPA 应用程序是在 HTML 模板上构建的，并使用指令告诉运行时如何修改 DOM。指令通常是由某个内置的 JavaScript 模块处理的 HTML 特性。指令可以很复杂，包含链接在一起的格式化程序和筛选器。另外，指令有时候可能需要引用核心语言操作，例如检查条件或运行循环。Angular 等框架采取的方法是在客户端构建应用程序，从而避免了草率地动态重建 HTML 模板来显示刷新后的数据。

最终，当刷新页面的一个部分时，Angular 动态构建字符串，并使用 DOM 命令来显示。但是，可以用一个小得多的框架实现相同的效果，只要该框架能够在页面中嵌入 HTML 模板，并知道如何用绑定的数据填充该模板即可。除了这个基本点以外，Angular 这样的大框架与手动编写字符串的构建器相比，区别只在于提供的功能数量不同。

12.2.1　Mustache.JS 库简介

Mustache 是用于创建文本模板的一种语法，但不包含逻辑。它可以用于生成任何文本，如 HTML、XML、配置文件以及所选择使用语言的源代码。简言之，Mustache 能够扩展模板中的标签以包含提供的值，从而生成任何文本。Mustache 是没有逻辑的，因为它不支持控制流语句，如 IF 语句或循环。在某种程度上，其功能在概念上类似于在 C#代码中使用 String.Format 调用。

Mustache 模板包含在 Mustache.JS 库中，这个库接受 JSON 数据，然后在提供给它的模板中扩展标记。

1. Mustache 语法的关键

Mustache 语法用于要填充的文本模板，主要围绕两类主要的标记：变量和节。标记的类型还有很多，但这两类是最主要的。更多信息请访问 http://mustache.github.io。变量采取的形式如下所示。

```
{{ variable_name }}
```

标记是绑定上下文中的数据的占位符，可映射到变量名。映射是以递归的方式进行的，即当前的上下文将向上遍历到顶部，如果没有找到匹配项，则不进行任何渲染。下面给出了一个例子：

```
<p>
   <b>{{ lastname }}</b>,
   <span>{{ firstname }}</span>
</p>
```

现在，假设将上面的模板绑定到下面的 JavaScript 对象：

```
{
   "firstname": "Dino",
   "lastname": "Esposito"
}
```

最终结果如下所示。

```
<p>
   <b>Esposito</b>,
   <span>Dino</span>
</p>
```

默认情况下，将以转义形式渲染模板中的文本。如果想要得到未转义的 HTML，需要另外添加一对大括号{{{未转义}}}。

Mustache 的节会多次渲染给定的文本块，对于绑定集合中发现的每个数据元素都会渲染一次。每个节以#符号开始，以/符号结束，这与 HTML 元素的结束方式相同。#符号后面的字符串是键值，用来标识要绑定的数据，并在后面决定最终的输出。

```
<ul>
   {{ #customers }}
    <li>{{ lastname }}</li>
   {{ /customers }}
</ul>
```

如果绑定到一个 JavaScript 对象，该对象有一个子集合 customers，子集合中的每个成员都有一个 lastname 属性，则模板可以返回如下所示的内容。

```
<ul>
  <li>Esposito</li>
  <li>Another</li>
  <li>Name</li>
  <li>Here</li>
</ul>
```

节的值也可以是 JavaScript 函数。此时，将调用该函数，并把它传递给模板体。

```
{{ #task_to_perform }}
  {{ book }} is finished.
{{ /task_to_perform }}
```

在这里，task_to_perform 和 book 都应是绑定的 JavaScript 对象的成员。

```
{
  "book": "Programming ASP.NET Core",
  "task_to_perform": function() {
    return function(text, render) {
```

```
            return "<h1>" + render(text) + "</h1>"
        }
      }
    }
```

最终的输出是一些 HTML 标记，在 H1 元素中包含短句“Programming ASP.NET Core is finished”。

最后，节的键之前的^符号指出，对于键值的相反值使用此模板。使用^符号的常见场景是在遇到空集合时渲染一些内容。

```
{{ #customers }}
  <b>{{ companyname }}</b>
{{ /customers }}
{{ ^customers }}
  No customers found
{{ /customers }}
```

虽然 Mustache 的语法并不全面，但是已经覆盖了最常见的数据绑定场景。下面看看如何在代码中将 JSON 数据附加到模板。

2. 将 JSON 传递给模板

通过使用经典的 SCRIPT 元素的变体，在 Razor 视图(或普通 HTML 页面)中嵌入 Mustache 模板。

```
<script type="x-tmpl-mustache" id="template-details">
  <!-- Mustache template goes here -->
</script>
```

type 特性被设为 x-tmpl-mustache，这可防止浏览器处理模板。还给了 SCRIPT 元素一个唯一 ID，用来在代码中检索模板的内容。

```
<script type="text/javascript">
    var template = $('#template-details').html();
    Mustache.parse(template); // optional, speeds up future uses
</script>
```

模板变量包含了 SCRIPT 元素的内部内容，即 Mustache 模板源。下面这个示例返回给定国家的信息。

```
<script id="template-details" type="x-tmpl-mustache">
    <div class="panel panel-primary">
        <div class="panel-heading">
            <h3 class="panel-title">
                {{Results.Name}}
            </h3>
        </div>
        <div class="panel-body">
            <div class="col-xs-8">
                <p>Capital is <strong>{{Results.Capital.Name}}</strong></p>
                <p>Phone international prefix is <strong>+{{Results.TelPref}}
```

```
                </strong></p>
            </div>
            <div class="col-xs-4">
                <button id="btnGeo"
                        type="button"
                        class="btn btn-info"
                        data-toggle="collapse"
                        data-target="#geo">
                    More
                </button>
                <div id="geo" class="collapse pull-right">
                </div>
            </div>
        </div>
    </div>
</script>
```

作为示例，可考虑页面列出了一些国家，并提供了每个国家的链接，以了解更多信息。

```
<table class="table table-condensed">
    @foreach (var c in Model.CountryCodes)
    {
        <tr>
            <td>@c</td>
            <td>
                <button class="btn btn-xs btn-info"
                        onclick="i('@c')">
                    <span class="fa fa-chevron-right"></span>
                </button>
            </td>
        </tr>
    }
</table>
```

单击按钮将运行下面的 JavaScript 函数：

```
<script type="text/javascript">
function i(id) {
    var url = "/home/more/";
    $.getJSON(url, { id: id })
        .done(function (response) {
            var rendered = Mustache.render(template, response);
            $("#details").html(rendered);
        });
}
</script>
```

template 表达式是之前计算过一次并预解析的 Mustache 模板，以加快后续成功调用的速度。通过调用 Mustache.render 方法获得最终的 HTML 标记。

3. 综合运用

图 12-4 显示了一个示例页面。单击国家按钮，用户将远程调用一个端点，该端

点将检索关于国家的更多信息，并将这些信息作为 JSON 数据返回。然后，通过 Mustache 模板将数据绑定到视图。

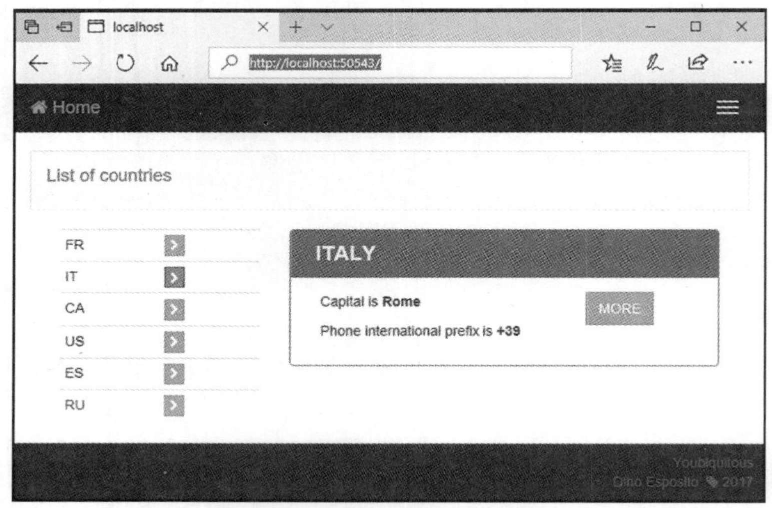

图 12-4　用于渲染选定国家详细信息的客户端模板

12.2.2　KnockoutJS 库简介

Mustache 库只支持直接绑定变量和无逻辑的模板。换句话说，使用 Mustache 的节时，既没有条件表达式也没有更复杂的循环能够用于在绑定的集合中导航。这时可以考虑另外一个库：KnockoutJS。

1. KnockoutJS 库的关键

KnockoutJS 与 Mustache 的不同主要表现在两个方面。首先，它不基于单独的模板；其次，它支持更丰富的绑定语法。在 KnockoutJS 中，不是将一个单独的模板转换成 HTML，然后插入到主 DOM 中。在 KnockoutJS 中，模板就是最终视图的 HTML。但是，为了表达更加丰富的语法，KnockoutJS 使用了自己的一套 HTML 自定义特性。

这个库另外一个关键是使用 MVVM(模型-视图-视图-模型)模式将数据绑定到布局。MVVM 模式的大部分内容在 Mustache 的编程方法中也可看到，但是在 KnockoutJS 中，MVVM 模式更加清晰。在 KnockoutJS 中，获取 JavaScript 对象，将其应用到 DOM 中的选定节。如果用合适的特性修饰了 DOM，那么将应用 JavaScript 对象包含的数据。但是，在 KnockoutJS 中数据绑定是双向的，这意味着会将 JavaScript 代码应用到 DOM，反过来，对 DOM 所做的修改(例如编辑了绑定的输入文本框时)将复制到 JavaScript 对象的映射属性。

2. 绑定机制

KnockoutJS 库有一个全局方法，可将数据附加到 DOM 的节。这个方法就是 applyBindings，它接受两个输入参数。第一个参数是包含数据的 JavaScript 对象，第二个参数是可选参数，指代必须把数据附加到其上的 DOM 的根对象。数据绑定是通过多种表达式实现的，如表 12-1 所示。

表 12-1　KnockoutJS 库中最重要的绑定命令

绑定命令	描述
attr	将值绑定到父元素的指定 HTML 特性。 <a data-bind="attr:{ href:actualLink }">Click me</a> actualLink 表达式标识绑定对象上的有效表达式(属性或函数)
css	将值绑定到父元素的 class 特性。 <h1 data-bind="css:{ superTitle:shouldHilight }"></h1> shouldHighlight 表达式标识绑定对象上的一个有效的布尔表达式。如果值为 true，则将指定的 CSS 类添加到 class 特性的当前值上
event	将值绑定到父元素的指定事件。 <button data-bind="event:{click:doSomething}">Click me</button> doSomething 表达式标识了在单击该元素时调用的函数
style	将值绑定到父元素的 style 特性。 <h1 data-bind="style:{ color:textColor }"></h1> textColor 表达式标识了绑定对象上的一个有效表达式，该表达式可赋值给指定的 style 特性
text	将值绑定到父元素的 body。 <span data-bind="text:lastName"></span> lastName 表达式标识了绑定对象上的一个有效表达式，该表达式可赋值为元素的内容
value	将值绑定到父元素的 value 特性。 <input type="text" data-bind="value:lastName"></input> lastName 表达式标识了绑定对象上的一个有效表达式，该表达式可赋值为输入字段的值
visible	设置父元素的可见性。 <div data-bind="visible:shouldBeVisible"> ... </div> shouldBeVisible 表达式标识了绑定对象上的一个有效布尔值表达式

所有的绑定命令都用在数据绑定表达式内，格式如下：

```
<h1 data-bind="command:binding" />
```

data-bind 特性接受的表达式格式为 command:actual_binding_value。command 部分标识了父元素上将会受到影响的部分。actual_binding_value 代表的表达式在计算后得到实际值。在对 data-bind 特性赋相同值时，可以合并多个绑定。此时，用逗号分隔各个绑定。除了表 12-1 中所列之外，还有其他绑定命令，但是它们的模式与表 12-1 中的命令相同。该表中没有列出的命令，是用于特定 HTML 特性或事件的特定绑定。更多信息请访问 http://knockoutjs.com。

3. observable 属性

observable 属性是 KnockoutJS 库一个相当高级的功能，在绑定的属性发生变化时提供通知。用 observable 值填充 JavaScript 对象的属性后，每当这个值发生变化，绑定到该属性的 UI 元素都会自动更新。并且，由于 KnockouJS 库具有双向性，通过 UI 对数据绑定做出的任何修改，都会立即在内存中的 JavaScript 对象上反映出来。

```
var author = {
    firstname : ko.observable("Dino"),
    lastname : ko.observable("Esposito"),
    born: ko.observable(1990)
};
```

observable 属性的读取值和写入值，语法上稍有区别。

```
// Reading an observable value
var firstName = author.firstname();

// Writing an observable value
author.firstname("Leonardo");
```

observable 的值也可以是计算的表达式，如下所示。

```
author.fullName = ko.computed(function () {
    return author.firstname() + " " + person.lastname();
});
```

绑定到 UI 元素后，每当链接的 observable 的值发生变化，计算表达式也将自动更新。

4. 控制流

KnockoutJS 库有两个主要的结构来控制操作流：if 命令和 foreach 命令。if 命令实现了条件控制，foreach 命令则为绑定集合中的所有元素重复应用一个模板。下面显示了如何使用 if 命令。

```
<div data-bind="if: customers.length > 0">
    <!-- List of customers here -->
</div>
```

只有当 customers 集合不为空时，才会渲染 DIV 元素体。if 命令有一种变体形式 ifnot，只有当条件取反的结果为 true 时，才会渲染输出。

foreach 命令为绑定到子模板的每个元素重复应用子模板。下面的代码显示了如何填充表格。

```
<div id="listOfCountries">
   <table class="table table-condensed" data-bind="foreach:countryCodes">
      <tr>
         <td><span data-bind="text:$data"></span></td>
      </tr>
   </table>
</div>
```

这是 KnockoutJS 库非常基本的使用方式。要填充表格，需要使用 JavaScript 调用来获取 JSON 集合。

```
<script type="text/javascript">
   var initUrl = "/home/countries";
   $.getJSON(initUrl,
      function (response) {
         ko.applyBindings(response);
      });
</script>
```

这段代码在页面加载时运行，从某个站点端点下载一些 JSON。从服务器返回的 JSON 将被传递给 Knockout 模板。在这里，countryCodes 是返回的 JSON 的属性。端点与 Mustache 示例中使用的端点相同。countryCodes 属性是一个简单的字符串数组。当除了直接值以外没有需要绑定的属性时，使用$data 表达式。

5. 综合运用

使用 KnockoutJS 库时，需要的思维方式与使用 Mustache 或基本的服务器端数据绑定时有很大的区别。虽然 Mustache 是客户端绑定库，但是在渲染方面，它更接近经典的服务器端版本，而不是 KnockoutJS 库。二者的核心区别在于语法的丰富性和对 MVVM 模型的支持程度。

对于 KnockoutJS 库，所有操作都在客户端完成，并且绑定到数据的视图模型必须在客户端作为 JavaScript 对象渲染。但是，对 MVVM 模型的丰富支持，要求 JavaScript 对象既包含数据，又包含行为。绑定的每个事件处理程序都需要引用视图模型上的一个方法。如何获得对象的实例呢？最方便的方法是在客户端从 Razor 视图引用的 SCRIPT 块中定义该对象。下面进一步深化前一个示例。

```
<script type="text/javascript">
    function CountryViewModel(codes) {
        this.countries = $.map(codes, function(code) { return new Country(code); });
   }
   function Country(code) {
```

```
        this.code = code;
        this.showCapital = function() {
            var url = "/home/more/";
            $.getJSON(url, { id: code })
                .done(function (response) {
                    alert(response.Results.Capital.Name);
                });
        }
    }
</script>
```

SCRIPT 块定义了 CountryViewModel 包装器对象和一个 Country 帮助程序对象。用来填充这两个对象的原始数据来自前面在 Mustache 示例中使用过的服务器端点。

```
<script type="text/javascript">
    var initUrl = "/home/countries";
    $.getJSON(initUrl,
         function (response) {
            var model = new CountryViewModel(response.countryCodes);
            ko.applyBindings(model);
        });
</script>
```

上面的 JavaScript 代码负责触发实际的页面填充。下载的国家代码列表被包装到 CountryViewModel 对象中，并通过 KnockoutJS 库应用到整个页面 DOM。在内部，包装器对象创建 Country 对象的列表，每个国家代码对应一个 Country 对象。添加这个步骤，是因为期望用户界面会生成一个可单击元素的表格，但是单击处理程序会接收一个绑定值：国家代码。因此，单击处理程序必须与数据绑定，而在 KnockoutJS 库中，单击处理程序必须是绑定对象的成员。Country 对象提供了 showCapital 方法，从对象的内部状态读取当前的国家代码。启用了 KnockoutJS 库的 Razor 视图代码最终如下所示。

```
<table class="table table-condensed" data-bind="foreach:countries">
    <tr>
        <td data-bind="text:code"></td>
        <td>
            <button class="btn btn-info" data-bind="event:{click:showCapital}">
                <i class="fa fa-chevron-right"></i>
            </button>
        </td>
    </tr>
</table>
```

countries 属性是 Country 对象的数组，foreach:countries 命令则迭代每个绑定的对象来创建 TR 元素。第一个 TD 元素在元素体内直接显示国家代码，即 code 属性。第二个 TD 元素包含 BUTTON 元素，其单击处理程序与绑定项的 showCapital 方法绑定(如图 12-5 所示)。

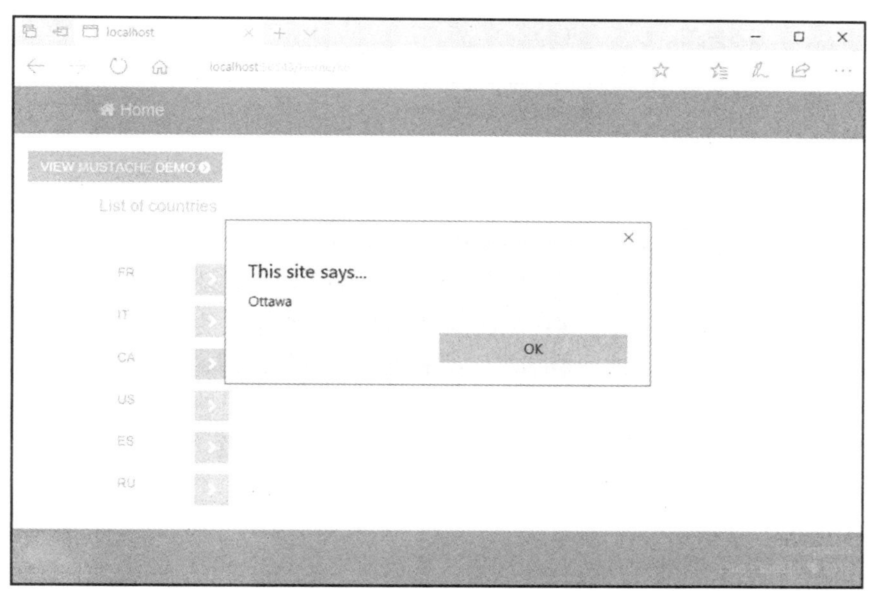

图 12-5　国家页面的 KnockoutJS 库版本

12.3　构建 Web 应用程序的 Angular 方法

几年前 KnockoutJS 库出现的时候，还有一个更加全面的库也发布了第一个版本，这就是 Angular 库。Angular 的最新版本是 Angular 4，但是如今它不只是一个用来方便将数据绑定到 HTML 元素的库。如今的 Angular 是一个完善的框架，用于使用 HTML 和 JavaScript 构建 Web 应用程序。Angular 还支持 TypeScript，后者最终将编译为 JavaScript。

Angular 由多个库构成，涵盖了从数据绑定到路由和导航，以及从 HTTP 到依赖注入和单元测试的诸多方面。使用 Angular 设计应用程序的方式很独特，与经典的 ASP.NET 开发区别明显。Visual Studio 2017 中包含一个内置的模板，可用来构建 Angular 应用程序。如果使用该模板创建应用程序，然后查看生成的源代码，将看到一个全然不同的架构，它由两类模块构成：Angular 模块和 JavaScript 模块。Angular 模块或多或少可类比为 ASP.NET MVC 的区域，而 JavaScript 模块则是添加的功能块，可类比为绑定的 NuGet 包。另外，还有一些组件相当于 ASP.NET 的视图组件，或者更不严谨地说，相当于 Razor 视图。在组件内，有一种语法提供了类似于 KnockoutJS 库的 MVVM 模型的一套设施，可以使用模板和数据绑定。

Angular 严格依赖于 NodeJS 和 npm。在 Visual Studio 2017 外部，还需要使用 Angular CLI 生成新项目的骨架。总体来说，Angular 仍然交付 Web 应用程序，但是其提供的体验和采用的编程方法是全然不同的。关于 Angular 开发的资源有很多。

不过，https://angular.io 是一个起点。

12.4　小结

目前，用户执行操作时，如果刷新整个页面，对于应用程序来说是沉重的负担。十几年前，(重新)发现 Ajax，生出了一个新的技术世界，以及一个以客户端数据绑定为顶点的框架。总体来看，现代 Web 应用程序有两种主要的方式来实现客户端数据绑定。一种是维护一个服务器端的、ASP.NET 友好的结构，使用更多动态渲染来丰富各个视图。另一种是选择一种完全不同的框架，采用另外一套规则。

本章介绍了第一种方式，提供了 3 个不同级别的解决方案。首先，介绍了如何动态下载服务器端生成的 HTML 块。其次，集成了一个极小的客户端 JavaScript 库库(MustacheJS)。最后，升级到使用一个全面的客户端数据绑定库，如 KnockoutJS 库。

实现客户端数据绑定的另外一种方式要求使用非 ASP.NET 框架，如 Angular。这不是说不能将 ASP.NET 作为宿主环境，将 Angular 集成到 ASP.NET 中。事实上，Visual Studio 2017 就提供了 Angular 模板，也可以在网上找到许多结合使用 Angular 和 ASP.NET Core 的示例和课件。但是，构建 Angular 应用程序需要完全不同的技能、实践和技术，用一章的内容是无法介绍清楚的。

第 13 章将介绍 Web 应用程序前端，讨论如何构建对设备友好的视图。

第 13 章

构建设备友好的视图

如果别人不给你照镜子，自己的鼻子，你又能看到多少？

——艾萨克•阿西莫夫，《我，机器人》

通过设备连接到应用程序的用户，通常对应用程序的体验有很高的期待。他们期望网站提供的体验能够接近原生的 iPhone 或 Android 应用。例如，这意味着网站中有流行的小组件，如选择列表、侧边菜单和滑动开关。这些小组件大部分不是原生的 HTML 元素，必须使用富组件控件来模拟，这些控件每次输出混合在一起的 JavaScript 和标记。Twitter Bootstrap 和 jQuery 插件的效果很好，但是还不够，而且无论如何，每次都需要做一些工作。但是，正如第 6 章所述，ASP.NET 标记帮助程序能够提升所编写标记的抽象程度，并在内部将其转换为必要的 HTML 和 JavaScript，所以能够大大减轻这个问题。

响应式 Web 设计(以及 Twitter Bootstrap 的网格系统)是另外一个强大的工具，能够减轻开发负担，不必为给定的网站专门创建一个移动应用。这里有一条简单的准则：除非业务确实要求，否则不要创建移动应用。另一方面，除非创建了移动应用，否则不要忽视如何在设备(主要是智能手机和平板电脑)上提供服务。如果在一开始就忽视了设备，那么很可能不会走到业务强烈需要一个原生应用的那一步。

13.1 根据实际设备调整视图

以最合适的方式使用 HTML、CSS 和 JavaScript 创建网站是一回事；创建一个对设备友好的网站，使其看起来像是原生应用或者最起码在行为上像原生应用，是另一回事。有时候期望对设备友好的网站只有完整网站的一部分功能，甚至具有不同的用例，这会使问题变得更加复杂。

好消息是，恰当地使用 HTML 5，可以减少一些开发问题。

13.1.1　HTML 5 在开发设备应用方面的优势

一般来说，在设备上安装的浏览器都能很好地支持 HTML 5 的元素，有时比桌面浏览器还要好。这意味着至少在智能手机或平板电脑上，可以默认使用 HTML 5 元素，而不必纠结迂回方法和边缘情况。对于设备友好的开发，HTML 5 有两个方面特别重要：输入类型和地理位置。

1. 新的输入类型

不同的日期、数字甚至电子邮件地址之间有着巨大的区别，更不必说预定义的值了。但是，目前的 HTML 似乎只能支持纯文本作为输入。因此，开发人员就要阻止用户输入无效字符，这可以通过对输入的文本进行客户端验证实现。jQuery 库的几个插件能够简化这个任务，但是这反而更加强调了一个要点：输入是很微妙的问题。

HTML5 为 INPUT 元素的 type 特性提供了许多新值。另外，INPUT 元素还具有几个与新输入类型相关的新特性。下面给出了一些例子：

```
<input type="date" />
<input type="time" />
<input type="range" />
<input type="number" />
<input type="search" />
<input type="color" />
<input type="email" />
<input type="url" />
<input type="tel" />
```

这些新输入类型的真正效果是什么呢？期望的效果是，浏览器能够提供一个专用的 UI，使用户能够舒服地输入日期、时间或数字，但是这种期望还没有被彻底标准化。

桌面浏览器并不总会采用这些新的输入类型，而且提供的体验也不是始终统一的。在移动设备的世界，情况就好得多。重要的是，用户通常会使用移动设备的默认浏览器来浏览 Web。因此，体验始终一样，而且是针对具体设备的。

特别是，email、url 和 tel 等输入字段会推动智能手机上的移动浏览器自动调整键盘的输入范围。图 13-1 显示了在一个 Android 设备的 tel 输入字段中输入值的效果：键盘默认显示数字和与电话有关的符号。

如今，并不是所有浏览器都会提供相同的体验，虽然对于与各种输入类型相关的用户界面，这些浏览器大多保持一致，但仍然存在一些关键的区别，可能需要开发人员添加自定义的 JavaScript 填充代码。下面以 date 类型为例。Internet Explorer

或 Safari 的各个版本都没有为日期提供特定支持。而且，就日期而言，移动设备上的效果要好得多，如图 13-2 所示。

图 13-1　Android 智能手机上的 tel 输入字段

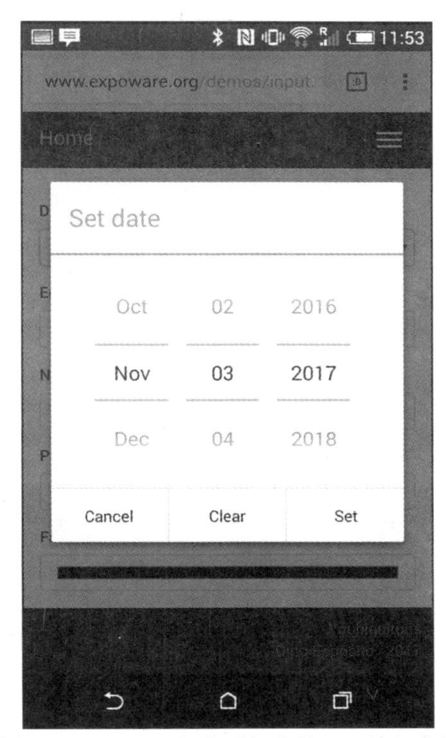

图 13-2　Android 智能手机上的 date 输入字段

一般来说，新生产的移动设备上的移动浏览器都能很好地支持 HTML 5 元素，因此开发人员应该准备好使用合适的输入类型。

2. 地理位置

地理位置是桌面浏览器和移动浏览器都广泛支持的一种 HTML 标准。如前所述，网站的移动版本有时需要有专门的用例，而这些用例在完整版本的网站上是没有的。这种情况下，网站的移动版本很有可能会用到用户的地理位置。下面给出了示例代码。

```
<script type="text/javascript"
        src="http://maps.googleapis.com/maps/api/js?sensor=true"></script>
<script type="text/javascript">
   function initialize() {
   navigator.geolocation.getCurrentPosition(
         showMap,
         function(e) {alert(e.message);},
         {enableHighAccuracy:true, timeout:10000, maximumAge:0 });
   }

   function showMap(position) {
```

```
            var point = new google.maps.LatLng(
                  position.coords.latitude,
                  position.coords.longitude);
            var myOptions = {
                  zoom: 16,
                  center: point,
                  mapTypeId: google.maps.MapTypeId.ROADMAP
            };
            var map = new google.maps.Map(document.getElementById("map_canvas"),
              myOptions);
            var marker = new google.maps.Marker({
                  position: point,
                  map: map,
                  title: "You are here" });
      }
</script>
<body onload="initialize()">
    <div id="map_canvas" style="width:100%; height:100%"></div>
</body>
```

此页面向用户请求获取地理位置的权限，然后在地图上显示设备的精确地理位置。

注意：

地理位置受到浏览器策略的控制，这些策略通常是针对每个网站单独设置的。另外要注意，Google Chrome 只在安全网站(HTTPS)上支持 Google Maps 功能。因此，上面这个示例的地图部分可能不会起作用，不过可以选择获取纬度和经度。

13.1.2　特征检测

横向思维认为检测设备是很难的，进而催生了响应式 Web 设计(Responsive Web Design，RWD)。另外一种选择是获取客户端可用的一些基本信息(如浏览器窗口的大小)，设置专门的样式表，并相应地让浏览器重新调整页面中的内容。这种思维方式引出了特征检测的概念，并且催生了流行库 Modernizr 和同样流行的网站 http://caniuse.com。

1. Modernizr 的工作原理

特征检测背后的思想很简单，并且在某种程度上很智能，甚至不需要尝试检测所请求设备的实际功能。实际上，要检测所请求设备的实际功能十分烦琐，也很困难，甚至会给解决方案的维护带来严重的问题。

有了特征检测库，就能够通过编程检测设备，进而决定显示什么。这不是检测用户代理，然后盲目地判断某个设备不支持给定功能，而是让专门的库(如 Modernizr)确定当前浏览器是否支持给定功能，与宿主设备无关(参见 http://modernizr.com)。

例如，不必维护一个支持日期输入字段的浏览器列表(及相关的用户代理字符串)，而是可以使用 Modernizr 检查当前浏览器是否支持日期输入字段。下面给出了一些示例代码。

```
<script type="text/javascript">
Modernizr.load({
   test: Modernizr.inputtypes.date,
   nope: ['jquery-ui.min.js', 'jquery-ui.css'],
   complete: function () {
      $('input[type=date]').datepicker({
         dateFormat: 'yy-mm-dd'
      });
   }
});
</script>
```

上述代码让 Modernizr 测试日期输入类型，如果测试失败，则下载 jQuery UI 文件，并运行 complete 回调函数，为页面中所有日期类型的 INPUT 元素设置 jQuery UI 日期选取器插件。这样，就可以在页面上使用 HTML 5 标记，而不管最终用户看到的效果如何。

```
<input type="date" />
```

特征检测为开发人员提供了一大优势：开发人员只需要设计和维护一个网站。以响应性方式调整内容的工作转移给了图形设计师或专用库，如 Modernizr。

2. Modernizr 能够做什么

Modernizr 包含一个 JavaScript 库，该库的一些代码在页面加载时运行，能够检查当前浏览器是否提供了特定的 HTML 5 和 CSS 3 功能。Modernizr 通过编码返回其检查结果，使页面中的代码能够查询 Modernizr 库，并智能地调整输出。

Modernizr 的效果很好，但是在为移动用户优化网站时，不能全面解决所面临的众多问题。Modernizr 只限于能够用 JavaScript 函数检测到的特征，而这些特征可能是、也可能不是在 navigator 或 window 浏览器对象中公开的。

换句话说，Modernizr 无法告诉你设备的外形规则，也无法告诉你设备是智能手机、平板电脑还是智能电视。当浏览器最终公开用户的设备类型时，Modernizr 也将能够添加此服务。通过对 Modernizr 的结果应用一些逻辑，能够“可靠地猜测”浏览器是移动浏览器还是桌面浏览器。但是，除此之外，也做不了什么了。

因此，如果确实需要专门针对智能手机和/或平板电脑完成一些操作，Modernizr 提供不了什么帮助。

特征检测的主要优势可以总结为“一个网站适用于所有场景”，但是这个优势也可能成为劣势。你真的只想要一个网站吗？真的想在智能手机、平板电脑、手提电脑和智能电视上提供“相同的”网站吗？这些问题的答案肯定是视各个公司的业务需要而定的。一般来说，回答只能是“视情况而定”。

下面介绍如何通过用户代理字符串，实现客户端的轻量级设备检测。

13.1.3 客户端设备检测

为移动设备优化网站，通常并不是意味着让用户获得与其最喜欢的平台上的原生应用相同的体验。移动网站很少是专门针对 iOS 或 Android 操作系统的。相反，移动网站通常让用户在使用任何移动浏览器时都能获得良好的体验。

目前，要确定设备是台式机还是功能次之的设备(如手机或平板电脑)，嗅探用户代理字符串是唯一可靠的方式。

1. 手动创建用户代理字符串

有一些在线资源为检测移动浏览器提供了一些启发。它们结合了两种核心技术：分析用户代理字符串和多方验证浏览器 navigation 对象的一些属性。可以访问下面的 URL 来获得更多信息：

- http://www.quirksmode.org/js/detect.html
- http://detectmobilebrowsers.com

第二个网站上提供的脚本使用一种技巧性很高的正则表达式，检测已知与移动设备相关联的一个长长的关键字列表。这个脚本很有效，能够用在多种 Web 平台上，包括普通的 JavaScript 和 ASP.NET。但是，它有两大缺点。

一个缺点是其上一次更新的日期。我最近一次查看其页面时，更新日期是 2014 年。当你读本书时，可能有了新的更新，但仍然可以感受到，要让这个正则表达式是最新的，不但成本高，而且必须频繁进行处理。更不要说，用于 ASP.NET 的脚本是基于 VBScript 的普通 Web Forms 脚本，与 ASP.NET Core 不兼容。

另一个缺点是，该脚本只是尝试指出，已知用户代理标识的是移动设备还是桌面设备。脚本中不包含逻辑，也不能通过编程更加具体地识别请求设备属于哪类设备，以及有什么已知的功能。

如果想找到免费的客户端解决方案来嗅探用户代理字符串，建议了解一下 WURFL.JS(参见 http://wurfl.io)。WURFL.JS 有很多优势，其中之一是它不基于任何正则表达式，由用户负责使其保持最新状态。

2. 使用 WURFL.JS

WURFL.JS 的名称有些误导人，它其实不是一个静态的 JavaScript 文件，可以本地托管或者上传到云网站。精确地说，WURFL.JS 是一个 HTTP 端点，可通过 SCRIPT 元素链接到自己的 Web 视图。

因此，要获得 WURFL.JS 服务，只需要在需要了解实际设备的 HTML 视图中添加下面的代码即可。

```
<script type="text/javascript" src="//wurfl.io/wurfl.js"></script>
```

浏览器完全不知道 WURFL.JS 端点的本质。浏览器只是尝试从指定的 URL 下载并执行脚本代码。收到请求的 WURFL 服务器会使用调用设备的用户代理来确定其实际具备的功能。WURFL 服务器依赖 WURFL 框架的服务，这个框架是一个强大的设备数据存储库和跨平台 API，Facebook、Google 和 PayPal 都在使用。

调用前述 HTTP 端点的效果是将自定义 JavaScript 对象注入浏览器 DOM。下面给出了一个例子：

```
var WURFL = {
   "complete_device_name":"iPhone 7",
   "is_mobile":false,
   "form_factor":"Smartphone"
};
```

服务器端端点接收了随请求发送的用户代理字符串，并对其进行彻底分析。然后，服务器端端点选择三条信息，并将 JavaScript 字符串返回给客户端。

表 13-1 提供了 WURFL.JS 属性的一个列表。

表 13-1　WURFL、JS 属性

属性	描述
complete_device_name	检测到的设备的描述性名称。名称中包含供应商信息和设备名称(如 iPhone 7)
form_factor	指明检测到的设备的类别。这些类别包括：Desktop、App、Tablet、Smartphone、Feature Phone、Smart-TV、Robot、Other non-Mobile 和 Other Mobile
is_mobile	如果为 true，表明设备不是桌面设备

图 13-3 显示了对一个公共测试页面(http://www.expoware.org/demos/device.html)使用 WURFL.JS 的效果。

在性能方面，WURFL.JS 是相当高效的：它进行大量缓存，并且不会实际检查收到的任何用户代理。不过，在开发过程中，可以在 URL 中添加 debug=true 来关闭缓存。

重要

只要网站是公众可用的，就可以免费使用 WURFL.JS 框架。但是，如果用在生产中，当流量很高时，它可能成为性能瓶颈。此时，可能需要考虑一个节省更多带宽、并且提供了更长的设备属性列表的商用选项。更多信息可访问 http://www.scientiamobile.com。

图 13-3　使用 WURFL.JS 进行设备检测

3. 混合使用客户端检测和响应式页面

WURFL.JS 可用在许多不同的场景中，包括浏览器个性化、增强分析及广告优化。而且，前端开发人员不可能在服务器端实现设备检测，此时 WURFL.JS 就成了救星。要了解更多示例，可访问 WURFL.JS 的文档：http://wurfl.io。

下面简单考虑一些需要利用客户端设备检测的场景。一个场景是将大小和内容都适合设备的图片下载下来。可以采用下面的代码：

```
<script>
    if (WURFL.form_factor == "smartphone") {
        $("#myImage").attr("src", "...");
    }
</script>
```

类似的，可以使用 WURFL 对象，如果请求设备看起来是一个智能手机，就重定向到一个专门的移动网站：

```
<script>
    if (WURFL.form_factor == "smartphone") {
         window.location.href = "...";
    }
</script>
```

WURFL.JS 提供了关于实际设备的提示信息，但是，就现在而言，还不能混合 CSS 媒体查询和外部信息(如特定设备的细节)。用实际的用户代理而不是媒体查询参数驱动的响应式设计仍然是可以实现的，但是这完全需要自己完成。WURFL.JS 最常见的使用方式是用在 Bootstrap 或其他任何 RWD 解决方案内。可以获得设备的细节，并且通过 JavaScript 能够启用或禁用特定的功能，或者下载专门的内容。

注意：

在本书的配套代码中，有一个示例使用 WURFL.JS 决定将用户定向到网站的哪个部分。该示例是概念证明，但是可以扩展到以下场景：网站的大部分是经典的 RWD 网站，但是有少量区域是基于设备的外形规格重复的。

13.1.4　Client Hints 即将问世

Client Hints 是一个即将问世的草案的口语化名称，这个草案将为浏览器和服务器协商内容提供统一、标准的方式。Client Hints 受到了广泛采用的 Accept-* HTTP 头的启发。在每个请求中，浏览器还会发送一些额外的头；服务器读取这些头，并能够根据这些头来调整要返回的内容。

在草案目前的版本中，可以用头给出期望的内容宽度和客户端最大下载速度。这两条信息已经足以让服务器认识到我们如今面临的严峻情形：设备的屏幕小，连接的速度慢。事实上，大部分情况下，知道设备是智能手机还是其他类型的设备甚至不太重要。如今，响应的内容很可能得到不错的效果，只是连接非常慢，设备(包括老的 iPhone 设备)的分辨率非常低，这一点在将来会更加明显。Client Hints 就在朝着这个方向发展。下面的代码示范了在 Web 视图中包含一些客户端提示的简单方法。其中的 meta 标记可代替 HTTP 响应头，让服务器表明其支持客户端提示。

```
<meta http-equiv="Accept-CH" content="DPR, Viewport-Width, Width">
```

关于 Client Hints 的早期文档以及为交换数据定义的一些头，可访问 http://httpwg.org/http-extensions/client-hints.html。

13.2　对设备友好的图片

对于任何网站来说，高质量的、有效的图片都是必须要承受的负担。但是，由于图片的必要大小和设备的计算能力不成比例(更不必说网络问题)，向设备提供图片就存在一些问题。提供设备友好的图片，在本质上意味着两点：一是提供按字节来说大小合适的图片，二是对图片进行相应的裁剪和/或大小调整，使图片适合其上下文。换句话说，提供合适的图片既是数量(字节数)问题，又是质量(艺术设计)问题。

13.2.1　PICTURE 元素

HTML 5 新增了一个用于渲染图片的元素：PICTURE 元素。可以将其视为原来熟悉的 IMG 元素的超集。其语法如下：

```
<picture>
   <source media="(min-width: 481px)" srcset="~/content/images/poppies_md.jpg"
          class="img-responsive">
   <source media="(max-width: 480px)" srcset="~/content/images/poppies_xs.jpg"
          class="img-responsive">
   <img src="~/content/images/poppies.jpg" alt="Poppies"
        class="img-responsive">
</picture>
```

使用 PICTURE 元素时，可以指定在给定断点处显示多个图片，而不必只使用一个图片，然后根据视区的宽度来放大或缩小该图片。由于每个确定的断点都可以有自己的图片，因此可以设计不同的图片来更好地满足艺术设计的需求。在图 13-4 中，可看到上面的代码在 Microsoft Edge 中的效果。窗口顶部的调试栏显示了屏幕的当前宽度。宽度为 480 像素时，看到的是以老旧的乡村建筑物为中心的 XS 图片。宽度为 481 像素时，图片改为显示罂粟花田的横向视图。

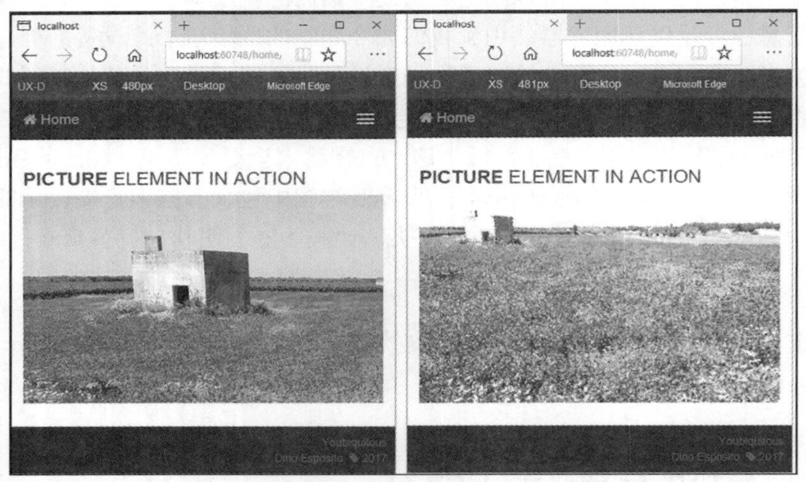

图 13-4 PICTURE 元素在 Microsoft Edge 中的效果

同一图片经过调整用于 XS 和 MD 断点。注意，虽然 XS 和 MD 这两个后缀可能让你想起 Bootstrap 的断点，但是其实这些断点和 Bootstrap 的断点没有关系。只有 PICTURE 元素的 source 子节点的 media 特性才设置了让浏览器切换图片的条件。

PICTURE 元素逐渐被接受，但还不是所有浏览器都支持。不过，在 Google Chrome、Opera 和 Microsoft Edge 最近的版本中可以使用 PICTURE 元素，这意味着可以在自己的网站中使用该元素，而不需要有太多顾虑。对于开发人员和管理员来说，PICTURE 元素带来了另外一个不小的问题：维护同一图片的多个副本，以便根据当前的屏幕大小使用合适的图片副本。如果网站中有许多需要频繁更新的图片，这会是一个严重的问题。

对于多分辨率图片，另一个选择是使用 ImageEngine 平台。与 PICTURE 元素不同，ImageEngine 平台没有任何兼容性问题。

13.2.2 ImageEngine 平台

ImageEngine 是一个商用图片缩放工具，作为一项服务提供给用户(参见 http://wurfl.io)。它特别适合对设备友好的场景，能够显著降低视图的图片负载，从而减少加载时间。这个平台的工作方式类似内容交付网络(Content Delivery Network，CDN)，它位于服务器应用程序和客户端浏览器之间，代表服务器智能地提供图片。

ImageEngine 平台的主要目的是减少图片所生成的流量。在这方面，它是移动网站可以使用的理想工具。但是，ImageEngine 的用途不限于此。首先，它可以用来向任何设备提供调整过大小的图片，无论设备是什么类型。其次，可以把 ImageEngine 作为一个在线的、具有基于 URL 的编程接口的图片大小调整工具。最后，可以将 ImageEngine 作为自己的仅提供智能图片的 CDN，这样就不必自己维护同一图片的多个版本，可以加快图片在各种尺寸屏幕上的加载速度。

13.2.3 自动调整图片大小

要使用 ImageEngine，首先需要建立一个账户。这个账户用账户名来识别身份，帮助服务器分辨不同用户的流量。但是，在创建账户之前，可以先试用测试账户。在 Razor 视图中，可以在 Web 页面中显示图片，代码如下所示。

```
<img src="~/content/images/autumn.jpg">
```

使用 ImageEngine 时，可以用下面的内容替换上面的标记。

```
<img src="//try.imgeng.in/http://www.yoursite.com/content/images/autumn.jpg">
```

有了自己的账户后，就可以将 try 替换为自己的账户名称。假设账户名称是 contoso，那么图片的 URL 就变为：

```
<img src="//contoso.imgeng.in/http://www.yoursite.com/content/images/autumn.jpg">
```

换句话说，需要将原图片的完整 URL 传递给 ImageEngine 后端，以便能够悄悄下载和缓存图片。ImageEngine 支持许多参数，包括裁剪和调整大小，从而获得指定的尺寸。ImageEngine 不仅可以将图片调整为它认为最适合设备的大小，还可以接受具体的建议，如表 13-2 所示。表 13-2 的 URL 中插入了参数。

表 13-2　ImageEngine 工具的 URL 参数

URL 参数	描述
w_NNN	设置图片的期望宽度(像素数) 示例 URL：`//contoso.imgeng.in/w_200/IMAGE_URL`

(续表)

URL 参数	描述
h_NNN	设置图片的期望高度(像素数) 示例 URL：`//contoso.imgeng.in/h_200/IMAGE_URL`
pc_NN	设置图片的期望缩小百分比。 示例 URL：`//contoso.imgeng.in/pc_30/IMAGE_URL`
m_XXX	设置图片调整大小的模式。可用的值包括 box(默认值)、cropbox、letterbox 和 stretch。 示例 URL：`//contoso.imgeng.in/m_cropbox/w_300/h_300/IMAGE_URL`
f_XXX	设置图片的期望输出格式。可用的值包括 png、jpg、webp、gif 和 bmp。默认情况下，以原始格式返回图片。 示例 URL：`//contoso.imgeng.in/f_webp/IMAGE_URL`

注意，宽度/高度和百分比是互斥的。如果没有指定任何参数，将把图片缩放为检测到的用户代理建议的尺寸。可以把参数组合起来，作为 URL 的片段。例如，当图片的原始尺寸不能返回正方形时，下面的 URL 将从图片的中心开始，将图片裁剪为 300×300 像素。参数的顺序并不重要。

```
//contoso.imgeng.in/w_300/h_300/m_cropbox/IMAGE_URL
```

图 13-5 所示为使用 ImageEngine 的优势。在智能手机上显示页面时，图片的尺寸与原始图片不同。示例页面中的两个 IMG 元素通过 ImageEngine 指向相同的物理图片，被直接显示出来。

图 13-5　ImageEngine 的效果

```
<img id="img1" src="http://try.imgeng.in/http://www.expoware.org/images/
  tennis1.jpg" />
<img id="img2" src="http://www.expoware.org/images/tennis1.jpg" />
```

与 PICTURE 元素相比，ImageEngine 并不能用来提供真正不同的图片，所以如果涉及艺术设计问题，就需要托管并提供物理上不同的图片，而它们可通过 ImageEngine 做进一步的预处理。但是，如果不需要考虑艺术设计，ImageEngine 有助于减轻手动调整图片大小的负担，并能够节省带宽。

13.3　面向设备的开发策略

到目前为止，我们讨论了一些简单的客户端技术，用于在各种设备上改进页面的渲染及行为。接下来扩展到整个网站，了解有哪些方法可以向设备提供内容。

13.3.1　以客户端为中心的策略

到目前为止，介绍的内容主要围绕着对页面的文档对象模型做出的 JavaScript 改进。下面总结一下可以采用的选项。

1. 响应式 HTML 模板

如果要开始创建一个全新的网站，现在会建议你使用 Bootstrap，让所有视图都有响应式模板。使用响应式 HTML 模板确保了当用户调整桌面浏览器的窗口大小时，仍然能够很好地显示视图，并且基本能够覆盖移动用户。事实上，移动用户至少能够收到桌面用户在调整浏览器窗口大小时收到的相同视图。

也许从性能的角度看，这不是理想的情况，但是如果设备很新、很快，并且连接也不差，那么效果是可以接受的。如果移动端的交互是业务的核心部分，则不建议对网站采用这种方法；但是在大部分情况下，这种方法是可行的。

对于 Bootstrap 或更常见的 RWD 而言，主要的问题是断点的定义，即触发视图改变的屏幕宽度。Bootstrap 有自己的一组断点，分别带有 XS、SM、MD 和 LG 后缀。每个断点对应固定的像素宽度。这种方法大多数时候有效，但是远不是完美的解决方案。特别是，Bootstrap 的断点系统不能恰当地处理智能手机和小屏幕设备。XS 后缀在宽度为 768 像素时触发，但是这个宽度对于智能手机来说太宽了。不过，在 Bootstrap 4 中，添加了一个新的断点，将可识别的最小设备宽度设置为 500 像素左右。这仍然不够完美，但已经好多了。

另外一种方法是根本不使用 Bootstrap，或者创建一个完全自定义的网格系统，用应用程序特有的度量来替换 Bootstrap 的网格。

2. 添加客户端增强

如果时间和预算允许，可能想要提高响应式视图的质量，优化响应式视图某些部分(如图片)的处理方式，并且在检测到相应的设备时，启用某些移动设备特有的功能。这个步骤是为了提供最好的用户体验，并延伸到特征和设备检测。下面的示例演示了如何优化日期选取这个看起来微不足道的任务，让用户无论使用什么设备都能获得理想的体验。

```
<div class="col-xs-6">
   REGULAR DATE-PICKER<br />
   <input type="text" class="form-control" date>
</div>
<div class="col-xs-6">
   DEVICE-SPECIFIC DATE-PICKER<br />
   <input type="text" class="form-control" id="mdate">
</div>
```

JavaScript 修改了上述代码中两个相似的 INPUT 字段。带有自定义 date 特性的 INPUT 字段将被附加到一个日期选取器插件。而对于另一个 INPUT 字段，只有检测到的设备是智能手机或功能手机时，才会将其 type 特性改为 date(例如，平板电脑使用日期选取器插件)。

```
<script>
   // Blindly uses a date-picker.
   // For example, https://uxsolutions.github.io/bootstrap-datepicker
   $("input[date]").datepicker({
      // More configuration
   });

   // Datepicker or native
   if (WURFL.form_factor === "Smartphone" ||
      WURFL.form_factor === "Feature Phone") {
      $("#mdate").attr("type", "date");
   } else {
      $("#mdate").datepicker();
   }
</script>
```

如图 13-6 所示，在智能手机上，日期选取器组件用起来并不是特别方便。在平板电脑上也许可以，但是对于小屏幕设备，原生选取器的效果更好。但是，必须动态地修改 type 特性的值来区分原生的和编程写出的日期选取器，并且必须检测设备类型。这是客户端增强的一个具体示例。

3. 路由到视图

本章前面暗示有一种技术能够根据发出请求的用户代理，下载合适的 HTML。使用 WURFL.JS 可以检测浏览器的外形，然后从服务器下载最合适的内容。这要求每个视图(或最关键的视图)可以在多个副本使用，例如一个版本用于智能手机，一个版本用于桌面浏览器。下面的代码可根据检测到的设备，通过编程确定页面的内容。

图 13-6　在智能手机上使用日期选取器并不方便

```
<html>
<head>
    <meta charset="utf-8" />
    <meta name="viewport" content="width=device-width, initial-scale=1.0">
    <title>DEVICE DISCOVERY</title>
    <link href="content/styles/bootstrap.min.css" rel="stylesheet"type=
      "text/css" />
    <script src="content/scripts/jquery-3.1.1.min.js"></script>
    <script src="content/scripts/bootstrap.min.js"></script>
    <script src="//wurfl.io/wurfl.js?debug=true"></script>

    <script type="text/javascript">
        var formFactor = WURFL.form_factor;
        var agent = WURFL.complete_device_name;
        window.addEventListener("DOMContentLoaded", function () {
            $("#title").html(formFactor + "<br>" + agent);
         });
    </script>
    <script type="text/javascript">
        var url = "/screen/default";
        $(document).ready(function () {
            switch (formFactor) {
            case "Smartphone":
                    url = "/screen/smartphone";
                break;
            case "Tablet":
                    url = "/screen/tablet";
                break;
```

```
                }
                $.ajax({
                    url: url,
                    cache: false,
                    dataType: "html",
                    success: function(data) {
                        $("#body").html(data);
                    }
                });
            });
        </script>
    </head>
    <body>

    <!-- Some more content here -->

    <div class="text-center text-warning">
        <div id="title"></div>
    </div>
    <div id="body">
        <div class="text-center">
            <span>LOADING ...</span>
        </div>
    </div>
    <!-- Some more content here -->

    </body>
    </html>
```

HEAD 部分的最后几段脚本更新页面的头(使用普通的 DOM API)和实际的内容(使用 jQuery API)。这里使用了不同的 API，是为了说明在更新页面时并不依赖于任何 API。根据检测到的外形规格，页面将连接到站点特定的端点，请求最适合的 HTML 标记块。图 13-7 显示了平板电脑上的视图(注意，在 Microsoft Edge 模拟器中，传入了 Apple iPad 用户代理字符串，才得到了这张图)。

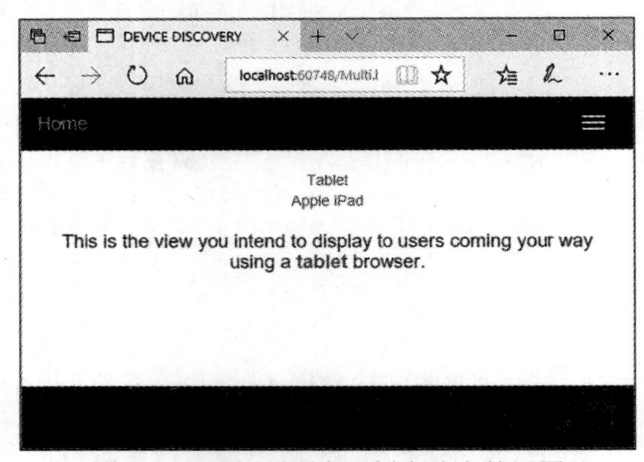

图 13-7　示例页面在平板电脑上的视图

从获得多个视图的角度看，这里讨论的技术是有效的，但是从解决方案的灵活性和可管理性的角度看，它就没那么有效。仍然需要创建和维护同一个视图的多个副本，而且需要修改视图时，必须更新所有副本。多年来，我一直喜欢为移动设备使用专门的视图，但从长远来看，工作量太大，如果时间和预算有严格限制，那么 RWD(Bootstrap 是其先驱)可能是最好的折中方案。

13.3.2　以服务器为中心的策略

要改进前一种方法但仍然获得同一逻辑视图的多个版本，有一种简单的方法：在服务器端执行设备的检测。但是，完全在服务器端进行检测也有问题。

1. 服务器端检测

最终，服务器端检测就是分析浏览器发送的用户代理字符串。理论上，只需要用正则表达式分析用户代理字符串即可。但是，由于现今的设备数量庞大，用户代理字符串和边缘案例众多，所以如果设备检测十分关键且需要在服务器端进行，最好付费使用专业服务。

注意：

我使用的框架是 WURFL OnSite，但是也有其他选择，如 Device Atlas。在编写本书时，ASP.NET Core 2.0 已经发布，所有设备检测服务器框架的一大问题是不支持.NET Core。

在等待服务器框架移植到.NET Core 的过程中，能够实际运用的选项如表 13-3 所示。

表 13-3　ASP.NET Core 应用程序内可以使用的服务器端检测选项

API	描述
WURFL OnSite .NET API WURFL Cloud .NET API	• 在为完整的.NET Framework 编译的 ASP.NET Core 应用程序中 • 将 API 包装到一个微服务(独立的 Web 服务)，并通过 HTTP 从 ASP.NET Core 调用 更多信息请访问 http://www.scientiamobile.com
Device Atlas .NET API	同上
WURFL InFuze 模块	WURFL InFuze 是 IIS 扩展模块，通过 HTTP 头将配置好的设备属性添加到每个请求中。在这个方面，它完全独立于.NET Framework 的版本。参见 http://www.scientiamobile.com

关键在于，服务器端检测为用户提供了最好的体验，因为用户能够以最快的方式自动获得最合适的内容和布局。事实上，使用服务器端检测时，不会下载用不到的数据，也不会发出额外的请求来获取专门的视图。服务器端检测的问题在于网站

的维护，以及配置参数和分部视图的激增。

如果对于公司业务来说，提供不同的体验至关重要，那么创建一个专门的移动网站仍然是可以考虑的有效选项。

2. 重定向到移动网站

假设现在有两个网站：完整网站(可能是响应式的，也可能不是)和移动网站(有时称为 m-site)。如何访问它们呢？在现实应用中，有许多方式处理这个问题，并且都得到了良好的业务结果。

我相信我们都同意，让网站只有一个公开的 URL 是很好的做法。用户只需要记住 www 部分，软件则悄悄切换到最合适的内容。我们可能都同意，不这么做的公司可能会遇到一些业务痛点。可以考虑执行一些非常基本的、简单的设备检测，根据检测结果重定向到另外一个使用了不同 URL 的网站。在这种情况下，并不是必须知道设备的所有细节，而只需要大致知道设备是否是移动设备。

从开发的角度看，可以将专门的移动网站视为不同的项目。将其作为一个不同的项目是一个很大的成就，因为可以采用专门的技术和框架开发这个项目，将其外包给其他公司，让不同的人员开发，以及推后开发。另外，可以在任何时候添加移动网站。

13.4 小结

服务器端解决方案在本质上比完全客户端的、基于 RWD 的解决方案更加灵活，因为服务器端解决方案允许在发送内容之前先检查设备。通过这种方式，网站可以智能地确定最合适的内容。但是，在实际应用中，提供设备专用的视图从来不是简单的工作，关键的问题不在于用来检测设备的机制，而在于成本。

设备检测并不意味着为每个浏览器或设备提供不同版本的页面。从现实应用的角度来看，它意味着为最常见的外形规格——桌面设备、智能手机、平板电脑、遗留手机、可能还包括极大屏幕的设备——维护至多 3 套或 4 套视图。无疑，维护多个页面会增加成本。

如今，听起来最合适的方法是创建一个默认的响应式解决方案，再另外创建一个单独的、针对智能手机的网站，并让这个网站只处理对移动用户有意义的用例。通过部署两个独立的网站，然后使用客户端检测进行重定向，可以实现这一方案。另外一种方法是使用服务器端方法，可以更好地控制行为，并且当决定对更多外形规格开放网站时，能够更加轻松、更加灵活地扩展网站。

无论采用哪种方法，作为开发人员，都不能忽略移动设备上的用户体验，甚至不能认为只需要使用响应式模板就能应对各种情况。响应式模板仅仅是一个答案，甚至不是完全正确的答案。

第V部分

ASP.NET Core 生态系统

现在你已经准备好，能够使用 ASP.NET Core 构建现代解决方案了。但是，在结束本书之前，还应当拓宽对开发生命周期的认识。这一部分探讨一些关键的问题，涉及 ASP.NET Core 的运行时管道、应用程序部署以及从旧版本的 ASP.NET 框架迁移。

第 14 章进一步深入地分析 ASP.NET Core 运行时环境的内部架构、其 Kestrel 服务器及核心中间件。这些新技术从根本上建立了一个与 Web 服务器环境完全解耦的跨平台运行时。

第 15 章介绍了 ASP.NET Core 多样的应用程序部署选项：不仅可以部署到 Windows Server 或 Microsoft Azure 应用服务，还可以部署到 Linux 本地机器、第三方云环境(如 Amazon Web Services，AWS)及 Docker 容器。

最后，第 16 章分析了迁移到 ASP.NET Core 时面临的权衡问题。该章将分析在 greenfield 开发、brownfield 开发以及在两种场景之间开发项目时，ASP.NET Core 的价值。还将介绍一些非常实用的工具和技术，来规划迁移，包括向微服务和容器迁移的机会。

第 14 章

ASP.NET Core 的运行时环境

重重的顾虑使我们全变成了懦夫，决心的赤热的光彩，被审慎的思维盖上了一层灰色。

——威廉•莎士比亚，《哈姆雷特》

在第 2 章，揭开了 ASP.NET Core 这台机器的盖子，看了一眼其内部结构。在这个过程中我们了解到，ASP.NET Core 的运行时环境以及请求经过的管道与 ASP.NET 以前的版本有着明显的区别。另外，新的 ASP.NET Core 运行时环境还增加了一个系统提供的、内置的依赖注入(DI)基础结构，它静静地监视着处理传入请求的所有步骤。

本章将在第 2 章的基础上更进一步，深入探讨 ASP.NET Core 运行时环境的内部架构以及组件，主要是 Kestrel 服务器和请求中间件。

14.1 ASP.NET Core 的宿主

ASP.NET Core 应用程序本质上是一个独立的控制台应用程序，它为实际的应用程序模型(最有可能是 MVC 应用程序模型)设置宿主环境。宿主负责配置一个服务器，该服务器监听传入的 HTTP 请求，并将其传递给处理管道。下面的代码展示了一个典型 ASP.NET Core 应用程序的宿主程序的默认实现，这里的 ASP.NET Core 应用程序是使用 Visual Studio 2017 的标准模板创建的。下面的源代码包含在 ASP.NET Core 项目的 Program.cs 文件中。

```
public class Program
{
    public static void Main(string[] args)
```

```
    {
        BuildWebHost(args).Run();
    }

    public static IWebHost BuildWebHost(string[] args) =>
        WebHost.CreateDefaultBuilder(args)
            .UseStartup<Startup>()
            .Build();
}
```

接下来详细介绍 Web 宿主组件，以及其他可以用来启动宿主的更简单的选项。

14.1.1　WebHost 类

WebHost 是一个静态类，它提供了两个方法，用来创建公开 IWebHostBuilder 接口的类的实例，并在实例中添加预定义设置。该类还提供了许多方法，可通过传递要监听的 URL 和所要实现的行为的委托，快速启动环境。这证明 ASP.NET Core 运行时极其灵活，下面的示例将清晰说明这一点。

1. 配置宿主的行为

WebHost 类的 Start 方法允许以多种方式设置应用程序。其中最值得注意的是重载，它用一个普通的 Lambda 函数来设置应用程序。

```
using (var host = WebHost.Start(
      app => app.Response.WriteAsync("Programming ASP.NET Core")))
{
      // Wait for the host to end
      ...
}
```

不管调用的 URL 是什么，应用程序所做的就是运行指定的函数。WebHost 类的 Start 方法返回的实例是 IWebHost 类型，代表已经为应用程序启动的宿主环境。在 WebHost.Start 方法内会运行下面的伪代码：

```
public static IWebHost Start(RequestDelegate app)
{
    var defaultBuilder = WebHost.CreateDefaultBuilder();
    var host = defaultBuilder.Build();

    // This line actually starts the host
    host.Start();
    return host;
}
```

注意，Start 方法以非阻塞的方式运行宿主，这意味着宿主需要额外的指令来继续监听传入的请求。示例如下(参见图 14-1)。

```
public static void Main(string[] args)
```

```
{
    using (var host = WebHost.Start(
        app => app.Response.WriteAsync("Programming ASP.NET Core")))
        {
            // Wait for the host to end
            Console.WriteLine("Courtesy of 'Programming ASP.NET Core'\n====");
            Console.WriteLine("Use Ctrl-C to shut down the host...");
            host.WaitForShutdown();
        }
}
```

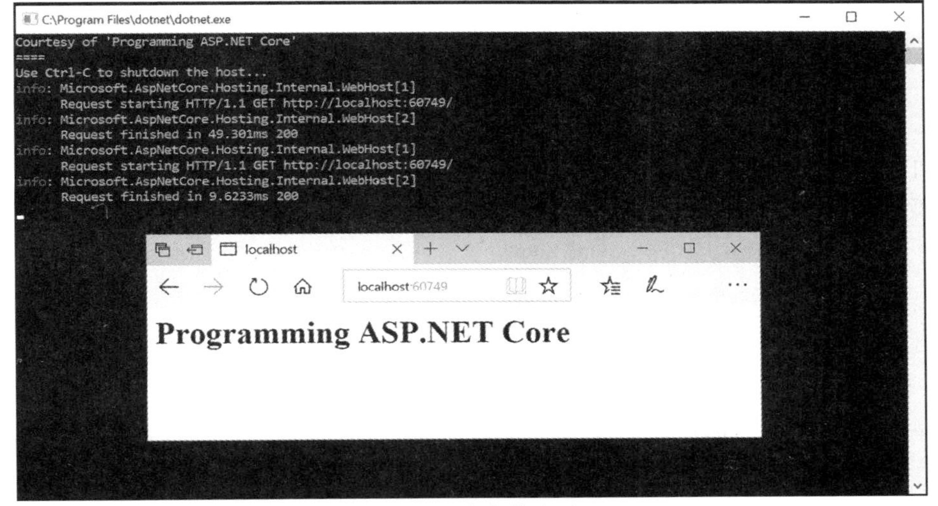

图 14-1　宿主的应用

默认情况下，宿主在端口 5000 监听传入的请求。在图 14-1 中可以看出，即使用户级别代码没有明确启动记录器，记录器也会自动启动。这意味着宿主收到了一些默认配置。Start 方法会在内部调用 WebHost.CreateDefaultBuilder 方法，后者负责接受默认设置。下面详细介绍默认设置。

2. 默认设置

在 ASP.NET Core 2.0 中，CreateDefaultBuilder 方法(定义为 WebHost 类的一个静态方法)创建并返回宿主对象的一个实例。WebHost 上定义的所有 Start 方法最终都会在内部调用默认生成器。下面的代码演示了调用默认的 Web 宿主生成器时会发生什么。

```
public static IWebHostBuilder CreateDefaultBuilder(string[] args)
{
    return new WebHostBuilder()
            .UseKestrel()
            .UseContentRoot(Directory.GetCurrentDirectory())
            .ConfigureAppConfiguration(
```

```
            (Action<WebHostBuilderContext, IConfigurationBuilder>)
              ((context, config) =>
              {
                  var env = context.HostingEnvironment;
                  config.AddJsonFile("appsettings.json", true, true)
                        .AddJsonFile(string.Format("appsettings.{0}.json",
                                env.EnvironmentName), true, true);
                  if (env.IsDevelopment())
                  {
                     var assembly = Assembly.Load(new AssemblyName(env.
                       ApplicationName));
                     if (assembly != null)
                         config.AddUserSecrets(assembly, true);
                  }
            config.AddEnvironmentVariables();
            config.AddCommandLine(args);
            }))
        .ConfigureLogging(
         (Action<WebHostBuilderContext, ILoggingBuilder>) ((context,
           logging) =>
            {
                  logging.AddConfiguration(context.Configuration.
                    GetSection ("Logging"));
                  logging.AddConsole();
                  logging.AddDebug();
            }))
        .UseIISIntegration()
        .UseDefaultServiceProvider(
             (Action<WebHostBuilderContext, ServiceProviderOptions>) ((context,
               options) =>
               {
                 options.ValidateScopes = context.HostingEnvironment.
                   IsDevelopment()));
               }
}
```

一言以蔽之，默认生成器做了 6 项工作，如表 14-1 所述。

表 14-1　默认生成器执行的操作

动作	描述
Web 服务器	添加 Kestrel 作为 ASP.NET Core 管道中的嵌入式 Web 服务器
内容根文件夹	将当前目录设置为 Web 应用程序访问的任何基于文件的内容的根文件夹
配置	添加一些配置提供程序：appsettings.json、环境变量、命令行参数和用户密码(只用在开发模式中)
记录日志	添加一些日志提供程序：配置树的日志记录节中定义的日志提供程序，以及控制台和调试记录器
IIS	启用 IIS 作为反向代理
服务提供程序	配置默认的服务提供程序

需要特别注意的是，每当调用 WebHost 类的某个方法来启动 Web 应用程序的

宿主时，所有这些操作都不在你的控制之下。如果想为宿主应用自定义的一组设置，请继续阅读。但是，在介绍自定义宿主配置之前，先来看看可以使用哪些选项来实际运行宿主，并使其监听传入的调用。

提示：

为了在 Visual Studio 中查看类的源代码，我使用 ReSharper。按下 F12 键后，ReSharper 包含的 dotPeek 能够执行实际的反编译工作。如果不使用 ReSharper，仍然可以在 Visual Studio 中配置 dotPeek——它是一个免费的工具——来作为符号服务器。更多信息请访问 http://bit.ly/2AnTOvK。ILSpy 是市场上另外一个可以在 Visual Studio 中免费使用的反编译器。

3. 启动宿主

每当通过 WebHost 类公开的方法创建宿主时，会收到一个已经启动的宿主，它已经在监听配置的地址。如前所述，默认使用的 Start 方法以非阻塞的方式启动宿主，但也有其他选项。

Run 方法启动 Web 应用程序，然后阻塞调用线程，直到关闭宿主。WaitForShutDown 阻塞调用线程，直到手动(如通过 Ctrl + C)触发应用程序的关闭操作。

14.1.2　自定义宿主设置

默认的宿主生成器使用起来很简单，并且创建的宿主具备所需要的大部分功能。可以添加一些额外的方面来进一步扩展宿主，如启动类和要监听的 URL。也可以让宿主的功能比默认宿主少。

1. 手动创建 Web 宿主

下面的代码显示了如何从头创建一个全新的宿主。

```
var host = new WebHostBuilder().Build();
```

WebHostBuilder 类有许多扩展方法可用来添加功能。至少，需要指定要使用的进程内 HTTP 服务器实现。此 Web 服务器监听 HTTP 请求，并把它们包装到友好的 HttpContext 包中来转发给应用程序。Kestrel 是默认的，也是最常用的 Web 服务器实现。要启用 Kestrel，需要调用 UseKestrel 方法。

为了使自己的 Web 应用程序与 IIS 宿主兼容，还需要使用 UseIISIntegration 扩展方法来启用该功能。最后，可能还需要指定内容根文件夹和要使用的启动类，以最终完成对运行时环境的配置。

```
var host = new WebHostBuilder()
                .UseKestrel()
```

```
                .UseIISIntegration()
                .UseContentRoot(Directory.GetCurrentDirectory())
                .Build();
```

在这里，还必须指定应用程序的另两个方面。其一是应用程序设置的加载，其二是终止中间件。在 ASP.NET Core 2.0 中，可以使用新的 ConfigureAppConfiguration 方法来加载应用程序设置，如上面的代码段所示。也可以使用 Configure 方法来添加终止中间件，即能够处理任何传入请求的代码。

```
var host = new WebHostBuilder()
               .UseKestrel()
               .UseIISIntegration()
               .UseContentRoot(Directory.GetCurrentDirectory())
               .Configure(app => {
                    app.Run(async (context) => {
                         var path = context.Request.Path;
                         await context.Response.WriteAsync("<h1>" + path +
                          "</h1>");
                    });
                })
                .Build();
```

另外，还可以在启动类中更加方便地指定应用程序设置、终止中间件和各种可选的中间件组件。启动类只是通过 UseStartup 方法传递给 Web 宿主生成器实例的另一个相关参数。

```
var host = new WebHostBuilder()
               .UseKestrel()
               .UseIISIntegration()
               .UseContentRoot(Directory.GetCurrentDirectory())
               .UseStartup<Startup>()
               .Build();
```

从功能上讲，上面的代码片段交付了许多功能，足够运行 ASP.NET Core 2.0 应用程序。

2. 定位启动类

可通过多种方式指定启动类，最常用的方式是使用泛型版本的 UseStartup<T> 扩展方法，其中类型 T 标识了启动类。上面的代码段演示了这种方法。

另外，也可以使用非泛型格式的 UseStartup 方法，并传入.NET 类型引用作为参数。

```
var host = new WebHostBuilder()
               .UseKestrel()
               .UseIISIntegration()
               .UseContentRoot(Directory.GetCurrentDirectory())
               .UseStartup(typeof(MyStartup))
               .Build();
```

最后，还可以通过程序集的名称来指定启动类的类型。

```
var host = new WebHostBuilder()
               .UseKestrel()
               .UseIISIntegration()
               .UseContentRoot(Directory.GetCurrentDirectory())
               .UseStartup(Assembly.Load(new AssemblyName("Ch14.Builder")).
                FullName)
               .Build();
```

如果选择向 UseStartup 传递一个程序集名称，那么将认为程序集中包含一个名为 Startup 或 Startup*Xxx* 的类，其中 *Xxx* 与当前的宿主环境(Development、Production 等)相匹配。

3. 应用程序的生存期

在 ASP.NET Core 2.0 中，有 3 个应用程序生存期事件可供开发人员用来执行启动或关闭任务。IApplicationLifetime 接口定义了可以在代码中挂钩的宿主事件。

```
public interface IApplicationLifetime
{
   CancellationToken ApplicationStarted { get; }
   CancellationToken ApplicationStopping { get; }
   CancellationToken ApplicationStopped { get; }
   void StopApplication();
}
```

可以看到，除了 started、stopping 和 stopped 事件之外，该接口还有一个主动的 StopApplication 方法。在启动类的 Configure 方法中可添加事件处理代码。

```
public void Configure(IApplicationBuilder app, IApplicationLifetime life)
{
   // Configures a graceful shutdown of the application
   life.ApplicationStarted.Register(OnStarted);
   life.ApplicationStopping.Register(OnStopping);
   life.ApplicationStopped.Register(OnStopped);

   // More runtime configuration here
   ...
}
```

当宿主已经启动并运行，并且在等待被代码关闭的时候，代码会收到 ApplicationStarted 事件。ApplicationStopping 事件指出代码已经开始关闭应用程序，但是队列中可能还有一些请求。宿主实质上即将关闭。最后，当队列中再没有了待处理的请求时，将触发 ApplicationStopped 事件。一旦终止对事件的处理，就将关闭宿主。

StopApplication 方法是接口方法，可在代码中启动关闭 Web 应用程序宿主的操作。如果在 dotnet.exe 启动器控制台窗口中按 Ctrl+C 组合键，也将在后端调用此方法。如果使用下面的代码，那么期望的输出如图 14-2 所示。

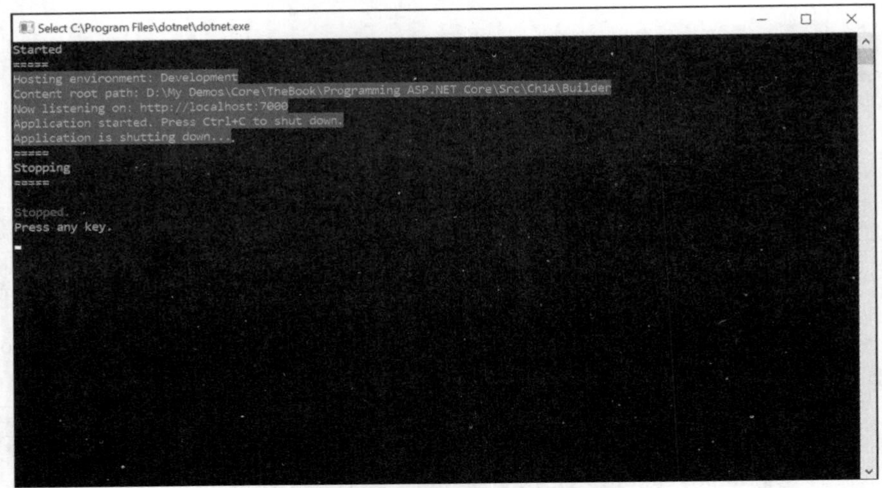

图 14-2　应用程序生存期事件

```
private static void OnStarted()
{
    // Perform post-startup activities here
    Console.WriteLine("Started\n=====");
    Console.BackgroundColor = ConsoleColor.Blue;
}

private static void OnStopping()
{
    // Perform on-stopping activities here
    Console.BackgroundColor = ConsoleColor.Black;
    Console.WriteLine("=====\nStopping\n=====\n");
}
private static void OnStopped()
{
    // Perform post-stopped activities here
    var defaultForeColor = Console.ForegroundColor;
    Console.ForegroundColor = ConsoleColor.Red;
    Console.WriteLine("Stopped.");
    Console.ForegroundColor = defaultForeColor;
    Console.WriteLine("Press any key.");
    Console.ReadLine();
}
```

可以看到，生存期事件包装了 Web 应用程序的所有活动。

4. 其他设置

通过使用一组额外设置，细微调整 Web 宿主行为，可进一步定制 Web 宿主。表 14-2 列出了所有这些额外设置。

表 14-2　Web 宿主的额外设置

<table>
<tr><th>扩展方法</th><th colspan="2">描述</th></tr>
<tr><td>CaptureStartupErrors</td><td colspan="2">控制是否捕捉启动错误的布尔值。默认值为 false，除非整体配置设置了在 IIS 的后面运行 Kestrel。如果不捕捉错误，则任何异常都将导致宿主退出。如果捕捉错误，将吞下启动异常，但是宿主仍尝试启动配置的 Web 服务器</td></tr>
<tr><td>UseEnvironment</td><td colspan="2">在代码中设置应用程序的运行环境。该方法接受一个字符串作为参数匹配预定义的环境，如 Development、Production、Staging 或其他任何对应用程序而言有意义的环境。正常情况下，环境名称是从环境变量(ASPNETCORE_ENVIRONMENT)读取的，使用 Visual Studio 时，可通过用户界面或者在 launchSettings.json 文件中设置环境变量</td></tr>
<tr><td rowspan="6">UseSetting</td><td colspan="2">这是一个通用的方法，用于通过关联的键直接设置选项。使用此方法设置值的时候，无论值是什么类型，都会把值设置为一个字符串(包含在引号内)。此方法可用来配置以下设置：</td></tr>
<tr><td>DetailedErrorsKey</td><td>布尔值，指定是否应该捕捉和报告错误的详情。默认值为 false</td></tr>
<tr><td>HostingStartupAssembliesKey</td><td>用分号分隔的字符串，指定了要启动时加载的额外程序集的名称。默认值为空字符串</td></tr>
<tr><td>PreventHostingStartupKey</td><td>阻止自动加载启动程序集，包括应用程序的程序集。默认值为 false</td></tr>
<tr><td>ShutdownTimeoutKey</td><td>指定 Web 宿主在等待多少秒后关闭。默认值为 5s。注意，使用 UseShutdownTimeout 扩展方法可以实现相同的设置。等待时间让 Web 宿主有时间来完整处理请求</td></tr>
<tr><td colspan="2">属性名称表达为 WebHostDefaults 枚举的属性。
<code>WebHost.CreateDefaultBuilder(args)</code>
<code>.UseSetting(WebHostDefaults.DetailedErrorsKey, "true");</code></td></tr>
<tr><td>UseShutdownTimeout</td><td colspan="2">指定 Web 宿主在等待多少秒后关闭。默认值为 5s。此方法接受一个 TimeSpan 值</td></tr>
</table>

你可能会奇怪，为什么会对 Web 宿主的配置进行这样极为细致的控制；以及为什么远在应用程序实际启动之前，就能够在 Web 宿主级别，在 program.cs 中配置应用程序的设置。问题的答案包括两个方面：首先是完整性，其次是能够方便集成测

试。使 Web 宿主的设置极为灵活，就方便了开发人员创建副本项目，其中除了宿主以外，其他设置完全相同，而且可以调整宿主的配置，以匹配指定的集成场景。

本节有意跳过了另外一个配置参数：Web 服务器监听传入请求的 URL 列表。这个参数将在 14.2 节介绍，到时会专门讨论 ASP.NET Core 内置的 Web 服务器的选择和配置。

注意：

在表示 Web 宿主的配置时，设置的顺序很重要，但是总体上遵守一个基本的规则：最后指定的设置是要应用的设置。因此，如果指定了多个启动类，那么不会抛出错误，但是最后指定的设置将优先采用。

14.2　内置的 HTTP 服务器

ASP.NET Core 应用程序需要一个进程内的 HTTP 服务器才能运行。Web 宿主启动这个 HTTP 服务器，并使其监听配置的端口和 URL。HTTP 服务器应当捕捉传入的请求，并将请求转发给 ASP.NET Core 管道，让配置的中间件来处理请求。图 14-3 所示为整体架构。

图 14-3　ASP.NET Core 运行时架构中的 HTTP 服务器

在图 14-3 中，ASP.NET Core 内部的 HTTP 服务器直接连接到 Internet 空间。在实际应用中，这种直接连接是可选的配置。事实上，可以选择在二者之间加入一个反向代理，防止开放的 Internet 直接访问内部 HTTP 服务器。

14.2.1　选择 HTTP 服务器

图 14-3 所示的内部 HTTP 服务器可以基于 Kestrel，也可以基于内核级驱动程序 http.sys。无论是哪种情况，HTTP 服务器的实现都将监听配置的一组端口和 URL，并将任何传入的请求分发给 ASP.NET Core 2.0 管道。

1. Kestrel 与 Http.sys 的对比

对于 ASP.NET Core 2.0，Kestrel 是最常用的内部 HTTP 服务器。这是一个基于 libuv 的跨平台 Web 服务器，而 libuv 是一个跨平台的异步 I/O 库。在 Visual Studio

中创建新的 ASP.NET Core 项目时，模板生成的代码使用 Kestrel 作为 Web 服务器。关于 Kestrel，最值得注意的一点是，.NET Core 支持的所有平台和版本，都支持 Kestrel。

除了使用 Kestrel，还可以使用 http.sys。http.sys 是只有 Windows 支持的 HTTP 服务器，依赖于忠实的 Windows http.sys 内核驱动程序的服务。一般来说，除了少数特定的场景以外，都应该使用 Kestrel。在 ASP.NET Core 2.0 版本发布之前，对于不需要使用反向代理来防止公共 Internet 访问应用程序的场景，不建议使用 Kestrel。在这方面，http.sys 更可靠(尽管只能在 Windows 平台上使用)，因为它是以更成熟的技术为基础。另外，http.sys 是专门针对 Windows 的，所以按照设计，其支持的一些功能是 Kestrel 所不支持的，如 Windows 身份验证。

为了进一步强调 http.sys 的健壮性，应该想到 IIS 就是在 http.sys 之上工作的 HTTP 监听器。但是，未来的路已经铺好。Kestrel 是跨平台的，将作为一个健壮的 Web 服务器不断改进，能够在没有反向代理的情况下开放 Internet 的访问。我的建议是使用 Kestrel，除非 Kestrel 不适合自己的项目。下面的代码显示了在 ASP.NET Core 应用程序中如何启用 http.sys。

```
var host = new WebHostBuilder().UseHttpSys().Build();
```

不适合使用 Kestrel 时，在 Windows 之外的平台上可以使用反向代理(如 Nginx 或 Apache)。在 Windows 上，可以选择直接使用 http.sys 或使用 IIS。

注意：
关于使用 http.sys 所需要做的额外配置的更多信息，请访问 https://docs.microsoft.com/en-us/aspnet/core/fundamentals/servers/httpsys。

2. 指定 URL

可以配置内部 HTTP 服务器，使其监听多个 URL 和端口。通过 Web 宿主生成器类型上定义的 UseUrls 扩展方法来指定这些信息。

```
var host = new WebHostBuilder()
                .UseKestrel()
                .UseUrls("...")
                ...
                .Build();
```

UseUrls 方法指明了宿主的地址，以及服务器应该在哪些端口和协议上监听传入的请求。如果需要指定多个 URL，则需要用分号分隔。默认情况下，内部 Web 服务器监听本地主机的端口 5000。使用*通配符，可使服务器监听任何主机名上使用了指定端口和协议的请求。例如，下面的代码也是可以接受的。

```
var host = new WebHostBuilder()
```

```
                .UseKestrel()
                .UseUrls("http://*:7000")
                ...
                .Build();
```

注意，ASP.NET Core 的内部 HTTP 服务器的特征是由 IServer 接口实现的。这意味着除了 Kestrel 和 http.sys，甚至可以通过实现该接口来创建自己的自定义 HTTP 服务器。IServer 接口提供了一些成员，可用来配置服务器应该在什么端口上监听请求。默认情况下，要监听的 URL 列表来自 Web 宿主。但是，可以通过服务器自己的 API，强制服务器接受 URL 列表。这可以使用 Web 宿主的 PreferHostingUrls 扩展方法实现。

```
var host = new WebHostBuilder()
                .UseKestrel()
                .PreferHostingUrls(false)
                ...
                .Build();
```

3. hosting.json 文件

使用 UseUrls 方法，甚至为端点使用服务器的指定 API，也有一个缺点：URL 的名称被硬编码到应用程序的源代码中，要想修改，就必须重新编译。为了避免这种情况，可以从外部文件(hosting.json 文件)加载 HTTP 服务器配置。

这个文件必须在应用程序的根文件夹中创建。下面的例子显示了如何设置服务器的 URL。

```
{
   "server.urls": "http://localhost:7000;http://localhost:7001"
}
```

要强制加载 hosting.json 文件，需要先调用 AddJsonFile 将其添加到应用程序的设置中。

14.2.2 配置反向代理

最初，没有将 Kestrel 服务器设计为向 Internet 开放，这意味着出于安全考虑，以及防止应用程序遭受潜在的 Web 攻击，需要在 Kestrel 上方使用反向代理。但是，从 ASP.NET Core 2.0 开始，加入了更坚固的防御，因此需要考虑更多配置选项。

注意：

除了安全原因，还有一种场景需要使用反向代理：在同一个服务器上运行着多个应用程序，它们共享相同的 IP 和端口。Kestrel 并不支持这种场景；一旦配置了 Kestrel 使其监听某个端口后，Kestrel 会处理传入该端口的所有流量，并不考虑宿主头。

1. 使用反向代理的原因

不管将 Kestrel 背后的应用程序设计为向公共 Internet 开放，还是仅向内部网络开放，都可以将 HTTP 服务器配置为使用或不使用反向代理。简单来说，反向代理是一个代理服务器，代表客户端从一个或多个服务器检索资源(如图 14-4 所示)。

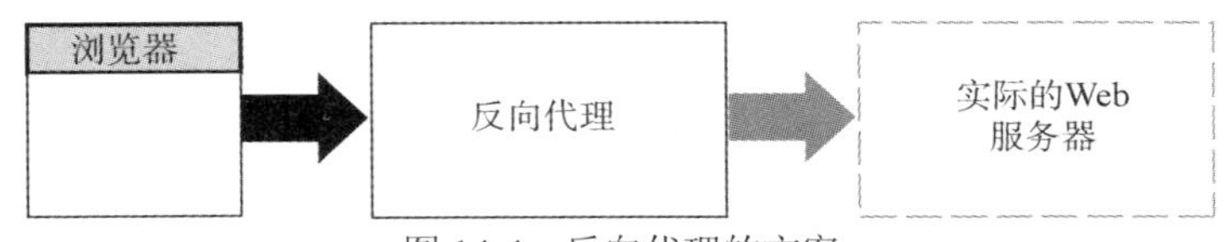

图 14-4　反向代理的方案

反向代理将实际的 Web 服务器(在本例中是 Kestrel 服务器)与来自各种用户代理的请求完全隔离开。反向代理通常是一个功能完善的 Web 服务器，能够捕捉传入的请求，并在执行一些前期工作后把请求传递给后端服务器。用户代理完全不知道代理背后的实际服务器，在它们看来，它们真正连接到了实际的服务器。

如前所述，使用反向代理的主要原因是安全需要，以及防止潜在的有害请求传入实际的 Web 服务器。使用反向代理的另外一个原因是，有一个额外的服务器层能够帮助建立最合适的负载平衡配置。可以将 IIS(或 Nginx 服务器)配置为负载平衡器，并控制连接到 ASP.NET Core 安装的实际服务器的数量。例如，在耗时较长的二代垃圾回收操作中，一个进程不足以处理请求，所以相同服务器上的流量可由应用程序的其他实例处理。另外一种适合使用反向代理的场景是反向代理能够简化 SSL 设置的时候。事实上，只有反向代理才需要 SSL 证书。之后，与应用程序服务器进行的任何通信都可使用普通的 HTTP 进行。最后，使用反向代理时，能够把 ASP.NET Core 解决方案更加顺畅地安装到现有的服务器基础结构中。

彻底将 ASP.NET Core 设计为使用自己的 HTTP 服务器，以确保多种平台之间表现出一致的行为。虽然 IIS、Nginx 和 Apache 都能够用作反向代理，但是它们也都需要自己的环境，这就需要把某种类型的提供程序模型内置到 ASP.NET Core 中。因此，ASP.NET Core 的开发团队决定在 ASP.NET Core 中公开一个公共的、独立的 HTTP 服务器，并且通过做一些额外的配置工作或者编写额外的插件，把其他 Web 服务器插入到这个外观中。

2. 将 IIS 配置为反向代理

IIS 和 IIS Express 都可以用作 ASP.NET Core 的反向代理。此时，ASP.NET Core 应用程序运行在一个独立于 IIS 工作进程的进程中。与此同时，IIS 进程需要有一个专门的模块来将 IIS 工作进程和 ASP.NET Core 进程连接起来。这个额外的组件就是

ASP.NET Core ISAPI 模块。

ASP.NET Core 模块负责启动 ASP.NET Core 应用程序，并将 HTTP 请求转发给该应用程序。而且，它将任何能够配置拒绝服务攻击的请求、请求体太长的请求或可能超时的请求拒之门外。不只如此，这个模块还负责在 ASP.NET Core 应用程序崩溃或 IIS 工作进程检测到需要重启的条件时，重启 ASP.NET Core 应用程序。

开发人员需要确保 IIS 计算机上安装了 ASP.NET Core 模块。而且，在配置 ASP.NET Core 应用程序的宿主时，需要调用 UseIISIntegration Web 宿主方法。

3. 将 Apache 配置为反向代理

要将 Apache Web 服务器配置为一个反向代理，具体要执行的步骤取决于实际的 Linux 操作系统。但是，仍然有一些常规的指南可以作为参考。正确地安装并运行 Apache 以后，配置文件将保存在/etc/httpd/conf.d/目录中。在这个目录中，创建一个扩展名为.conf 的新文件，其内容如下：

```
<VirtualHost *:80>
        ProxyPreserveHost On
        ProxyPass / http://127.0.0.1:5000/
        ProxyPassReverse / http://127.0.0.1:5000/
</VirtualHost>
```

在示例中，文件将 Apache 设置为使用端口 80 监听任何 IP 地址，并接收计算机 127.0.0.1 上的端口 5000 的所有请求。由于指定了 ProxyPass 和 ProxyPassReverse，所以通信是双向的。这个步骤足以启用请求的转发，但是不足以让 Apache 管理 Kestrel 进程。要让 Apache 管理 Kestrel 进程，需要创建一个服务文件。下面的代码是一个文本文件，告诉 Apache 如何处理检测到的请求。

```
[Unit]
    Description=Programming ASP.NET Core Demo

[Service]
    WorkingDirectory=/var/progcore/ch14/builder
    ExecStart=/usr/local/bin/dotnet /var/progcore/ch14/builder.dll
    Restart=always

    # Restart service after 10 seconds in case of errors
    RestartSec=10
    SyslogIdentifier=progcore-ch14-builder
    User=apache
    Environment=ASPNETCORE_ENVIRONMENT=Production

[Install]
    WantedBy=multi-user.target
```

注意，如果指定的用户不是 apache，那么必须首先创建指定的用户，并使其拥有文件。最后，必须在命令行启用该服务。更多细节参见 https://docs.microsoft.com/

en-us/aspnet/core/publishing/apache-proxy。该网址提供的指示与将 Nginx 配置为反向代理非常相似。

14.2.3　Kestrel 的配置参数

在 ASP.NET Core 2.0 中，Kestrel 的公开编程接口变得丰富多了。现在很容易配置 Kestrel 来支持 HTTPS，绑定到套接字和端点，以及筛选传入的请求。

1. 绑定到端点

Kestrel 提供了自己的 API，用于绑定到 URL 来监听传入请求。可以调用 KestrelServerOptions 类的 Listen 方法来配置这些端点。

```
var ip = "...";
var host = new WebHostBuilder()
                  .UseIISIntegration()
                  .UseKestrel(options =>
                  {
                    options.Listen(IPAddress.Loopback, 5000);
                    options.Listen(IPAddress.Parse(ip), 7000);
                   });
```

Listen 方法接受 IPAddress 类型的实例。通过 Parse 方法，可把任何 IP 地址解析为该类的一个实例。对于本地主机，预定义的值为 Loopback；对于所有 IPv6 地址，预定义的值为 IPv6Any；对于随意的任何网络地址，预定义的值为 Any。

在 Nginx 上，还可以绑定到 UNIX 套接字来提高性能。

```
var host = new WebHostBuilder()
                .UseIISIntegration()
                .UseKestrel(options =>
                {
                   options.ListenUnixSocket("/tmp/progcore-test.sock");
                });
```

最终，有 3 种方式让 Kestrel 知道监听什么端点：UseUrls 扩展方法，ASPNETCORE_URLS 环境变量，以及 Listen API。UseUrls 和环境变量提供的编程接口并不只是针对 Kestrel，也可以用在自定义的(或者其他可用的)HTTP 服务器中。但是要注意，这些更加通用的绑定方法有一些局限。特别要注意，不能对这些方法使用 SSL。而且，如果同时使用了 Listen API 和这些方法，Listen 端点的优先级更高。最后，如果使用了 IIS 作为反向代理，IIS 中硬编码的 URL 绑定将重写 Listen 端点以及通过 UseUrls 或环境变量设置的端点。

2. 切换到 HTTPS

要使 Kestrel 在 HTTPS 上工作，只能使用 Listen API 指定端点。下面给出了一个示例。

```
var host = new WebHostBuilder()
             .UseIISIntegration()
             .UseKestrel(options =>
             {
               options.Listen(IPAddress.Loopback, 5000, listenOptions =>
               {
                  listenOptions.UseHttps("progcore.pfx");
               });
             }
          });
```

为了启用 HTTPS，向 Listen 方法添加了第三个参数，用来指明证书的路径。

3. 筛选传入的请求

在 ASP.NET Core 2.0 中，Kestrel Web 服务器变得更加强大，支持更多的配置选项，以自动筛选掉超出预设约束的传入请求。而且，它可以设置最大客户端连接数、请求体的最大大小及数据速率。

```
var host = new WebHostBuilder()
             .UseIISIntegration()
             .UseKestrel(options =>
             {
                 options.Limits.MaxConcurrentConnections = 100;
                 options.Limits.MaxRequestBodySize = 10 * 1024;
                 options.Limits.MinRequestBodyDataRate =
                     new MinDataRate(bytesPerSecond: 100, gracePeriod: TimeSpan.
                       FromSeconds(10));
                     options.Limits.MinResponseDataRate =new MinDataRate
                       (bytesPerSecond: 100, gracePeriod: TimeSpan.
                       FromSeconds(10));
             }
          });
```

上面的所有设置应用到整个应用程序的所有请求。

对于并发连接数，几乎不存在限制，但是建议设置一个限制。

注意：

并发连接的总数中不包括从 HTTP(或 HTTPS)升级到另一个协议(可能是 WebSockets)的请求。

默认情况下，将请求体的最大大小设置为超过 3000 万字节(大约 28MB)。无论设置的默认值是多少，都可以通过操作方法的 RequestSizeLimit 特性重写。另外，稍后将看到，也可以通过中间件侦听器来重写默认大小。

注意，Kestrel 设置的最小数据速率为每秒 240 字节。如果在建立的宽限期(默认设置为 5s)中，请求没有发送足够的字节，那么该请求将超时。可以自己调整最小和最大数据速率，以及相关的宽限期。

设置这些限制的主要目的是让 Kestrel 更加健壮，在没有反向代理的保护下向 Internet 开放时，能够更好地应对拒绝服务攻击。事实上，当 Web 服务器面对淹没攻击时，这些限制是常用的防御措施。

14.3　ASP.NET Core 的中间件

发送给 ASP.NET Core 应用程序的每个请求在到达实际处理请求并生成响应的代码之前，会先由配置好的中间件处理。术语“中间件”指的是以锁链方式(称为应用程序管道)组装在一起的软件组件。

14.3.1　管道架构

在请求得到处理并生成响应之前和/或之后，链中的每个组件可以完成一些工作，并能够自由决定是否将请求传递给管道中的下一个组件(如图 14-5 所示)。

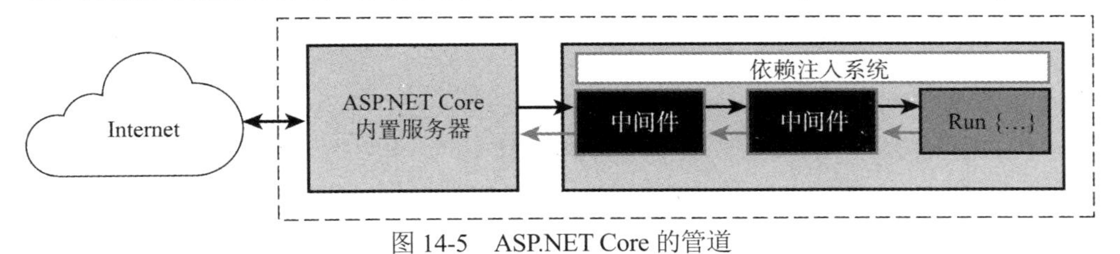

图 14-5　ASP.NET Core 的管道

如图 14-5 所示，管道是中间件组件组合在一起的结果。组件链的最后是一个特殊的组件，称为终止中间件。终止中间件触发请求的实际处理，然后改变请求在管道中的前进方向。中间件组件按照注册顺序调用，来预处理请求。在管道的最后，运行终止中间件，然后相同的中间件组件有机会对请求进行后处理，但是调用顺序与之前相反(如图 14-5 所示)。

1. 中间件组件的结构

中间件组件是由请求委托全权代表的一段代码。请求委托的形式如下所示。

```
public delegate Task RequestDelegate(HttpContext context);
```

换句话说，它是一个函数，接收一个 HttpContext 对象，并进行处理。根据中间件组件在应用程序管道中注册的方式，中间件组件可以处理传入的所有请求，也可以只处理选定的请求。下面给出了注册中间件组件的默认方式：

```
app.Use(async (context, next) =>
{
    // First chance to process the request. No response has been generated for
    // request yet.
    <Perform pre-processing of the request>

    // Yields to the next component in the pipeline
    await next();

    // Second chance to process the request. When here, the request's response
    // has been generated.
    <Perform post-processing of the request>
});
```

在把请求转发给管道中的下一个组件之前和之后运行的代码块中，可以使用流程控制语句，如条件语句。中间件组件可采取多种形式。上面讨论的请求委托是其中最简单的形式。

在本章稍后将会看到，可以把中间件组件打包到类中，绑定到扩展方法。因此，在启动类的 Configure 方法中调用的任何方法都可能是中间件组件。

2. 下一个中间件的重要性

调用 next 委托是可选操作，但是应该非常清楚不调用 next 委托的后果。如果所有中间件组件都没有调用 next 委托，那么处理该请求的整个管道将会短路，可能根本不会调用默认的终止中间件。

每当中间件组件直接返回，而没有调用 next 中间件时，响应生成过程就在此结束。因此，只要某个中间件组件能够生成当前请求的响应，也可以不调用下一个组件。

UseMvc 和 UseStaticFiles 是使请求短路的中间件组件。UserMvc 解析当前的 URL，如果能够将其匹配到某个支持的路由，就将控制权交给对应的控制器来生成并返回响应。UseStaticFiles 在 URL 对应于配置的 Web 路径上的某个物理文件时，会执行相同的操作。

如果编写自己的中间件组件作为第三方扩展，那么必须循规蹈矩，即必须遵守相关的规则。另一方面，如果组件的业务逻辑严格需要使请求短路，则必须在文档中完整记录这种行为。

3. 注册中间件组件

可通过多种方式将中间件组件添加到应用程序的管道中，如表 14-3 所示。

表 14-3　注册中间件组件的方法

方法	描述
Use	其参数为一个匿名方法，可在任何请求中调用
Map	其参数为一个匿名方法，只对指定 URL 调用

(续表)

方法	描述
MapWhen	其参数为一个匿名方法，只有当前请求的给定布尔值条件为 true 时，才会调用
Run	其参数为一个匿名方法，设置为终止中间件。如果找不到终止中间件，就不会生成响应

注意，可以多次调用 Run 方法，但是只会处理第一次调用。这是因为会在 Run 中完成请求处理，并反转管道链中流的方向。第一次找到运行中间件时，就会发生管道流向的反转。其后定义的任何运行中间件永远不会到达。

```
public void Configure(IApplicationBuilder app)
{
    // Terminating middleware
    app.Run(async context =>
    {
        await context.Response.WriteAsync("Courtesy of 'Programming ASP.NET Core'");
    });

    // No errors, but never reached
    app.Run(async context =>
    {
        await context.Response.WriteAsync("Courtesy of 'Programming ASP.NET
          Core' repeated");
    });
}
```

中间件组件是在启动类的 Configure 方法中注册的。表 14-3 中的方法的出现顺序设置了代码的执行顺序。

注意：
在使用 MVC 模型的应用程序中，可以把 Run 终止中间件用作普遍适用的路由。如前所述，UseMvc 短路传入的请求，把请求重定向到标识的控制器操作方法。但是，如果对于给定请求没有配置任何路由，则该请求将在管道中继续前进，直到找到一个终止中间件(如果有)。

14.3.2　编写中间件组件

下面看一些内联中间件组件的例子，即通过匿名方法表达的中间件代码。在本章结束前，还将看到如何把中间件代码打包成可重用的元素。

1. Use 方法

下面来说明使用 Use 方法注册中间件组件的基本方法。Use 方法只是将请求处理的实际输出包装到 BEFORE/ATER 日志消息中(如图 14-6 所示)。

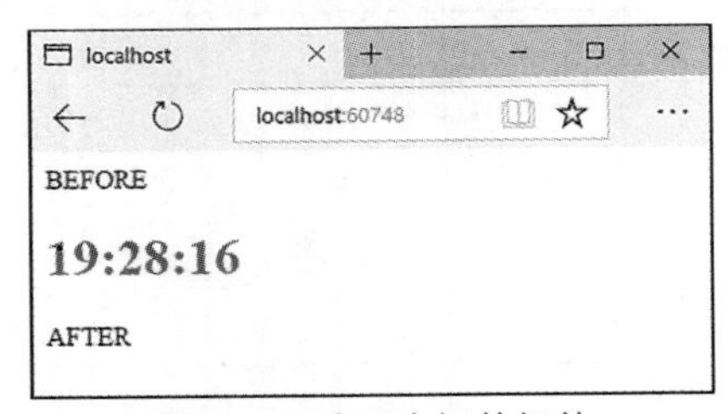

图 14-6　演示中间件组件

下面给出了必要的代码。示例中的 SomeWork 类只是通过方法 Now 返回当前的时间。

```
public void Configure(IApplicationBuilder app)
{
    app.Use(async (context, nextMiddleware) =>
    {
        await context.Response.WriteAsync("BEFORE");
        await nextMiddleware();
        await context.Response.WriteAsync("AFTER");
    });

    app.Run(async (context) =>
    {
        var obj = new SomeWork();
        await context
            .Response
            .WriteAsync("<h1 style='color:red;'>" + obj.Now() + "</h1>");
    });
}
```

可以使用中间件来执行一些非凡的任务，或者配置要测量的环境。下面给出了另外一个例子。

```
app.Use(async (context, nextMiddleware) =>
{
    context.Features
        .Get<IHttpMaxRequestBodySizeFeature>()
        .MaxRequestBodySize = 10 * 1024;
    await nextMiddleware.Invoke();
});
```

这里，代码使用 HTTP 上下文中的信息来设置所有请求的最大请求体大小。只是这样，代码并没有什么意思。如果要设置所有请求的最大请求体大小，更好的方法是在 Kestrel 级别实现。但是，中间件基础结构允许只修改特定请求的状态。

2. Map 方法

Map 方法的工作方式与 Use 方法相同，只不过它只针对特定的传入 URL 执行。

```
app.Map("/now", now =>
{
   now.Run(async context =>
   {
      var time = DateTime.UtcNow.ToString("HH:mm:ss (UTC)");
      await context
         .Response
         .WriteAsync("<h1 style='color:red;'>" + time + "</h1>");
   });
});
```

只有请求的 URL 是/now 时，上述代码才会运行。因此，Map 方法允许基于路径让管道分支(如图 14-7 所示)。

图 14-7　不同中间件组件产生的不同效果

如果将上述两种中间件组件组合起来，那么注册它们的顺序会改变输出结果。一般来说，会将 Map 调用放在管道的前方。

注意：

中间件组件在概念上对应于经典 ASP.NET 中的 HTTP 模块。但是，Map 方法与 HTTP 模块有些关键的区别。事实上，HTTP 模块无法筛选 URL。编写 HTTP 模块时，必须自己检查 URL，决定是处理还是忽略请求。没有任何办法能够只对特定的 URL 注册 HTTP 模块。

3. MapWhen 方法

MapWhen 方法是 Map 方法的一个变体。它使用泛型布尔值表达式，而不是 URL 路径。在下面的示例中，只有查询字符串表达式包含参数 utc 时，才会触发指定的处理。

```
app.MapWhen(
   context => context.Request.Query.ContainsKey("utc"),
   utc =>
   {
      utc.Run(async context =>
      {
         var time = DateTime.UtcNow.ToString("HH:mm:ss (UTC)");
         await context
            .Response
            .WriteAsync("<h1 style='color:blue;'>" + time + "</h1>");
      });
   });
```

4. 处理 HTTP 响应

中间件组件是微妙的代码，这是由 HTTP 协议的一条基本规则决定的。写到输出流是一个顺序操作。因此，一旦写了(或开始写)响应体，就不能再添加 HTTP 响应头。这是因为在 HTTP 响应中，响应头出现在响应体之前。

只要所有中间件代码是内联函数，受团队完全控制，这就不一定是大问题，而且可以轻松修复关于响应头的任何问题。那么，如果要编写一个第三方中间件组件，供其他人使用，会是什么情况？在这种情况下，组件必须能够在不同的运行时环境中运行。如果组件的业务逻辑要求修改响应体，该怎么办？

一旦代码将开始写入输出流，就会阻止后面的其他组件添加 HTTP 响应头。另一方面，如果需要添加 HTTP 头，也可能被其他组件阻止。为了解决这个问题，ASP.NET Core 中的 Response 对象公开了一个 OnStarting 事件。当第一个组件试图写入输出流时，会触发这个事件。因此，如果中间件需要写一个响应头，则只需要注册 OnStarting 事件的一个处理程序，然后在处理程序中写响应头。

```
app.Use(async (context, nextMiddleware) =>
{
    context.Response.OnStarting(() =>
    {
        context.Response.Headers.Add("courtesy", "Programming ASP.NET Core");
        return Task.CompletedTask;
    });

    await nextMiddleware();
});
```

本章到现在为止，讨论了内联中间件，但是在前面的章节中，见到了许多专门的扩展方法，可在启动类的 Configure 方法中调用。例如，使用 UseMvcWithDefaultRoute 配置 MVC 应用程序模型，使用 UseExceptionHandler 配置异常处理。这些都是中间件组件。之所以有不同的形式，是因为那些中间件代码被打包到可重用的类中。接下来就介绍如何把自己的中间件打包到可重用的类中。

注意：

在 OnStarting 的事件处理程序中添加响应头，大部分时候都可以工作，但是也存在一些边缘案例。特别是，有时候必须等待完整响应生成以后，才能决定添加什么头以及头的内容。在这种情况下，可以考虑为 Response.Body 属性创建一种内存缓冲区，可接收所有写入，但是不会物理填充响应输出流。当所有中间件组件完成后，该缓冲区把所有内容复制到响应输出流中。下面这个网址很好地阐述了这种思想：https://stackoverflow.com/questions/43403941。

14.3.3　打包中间件组件

除非只是需要在预处理 HTTP 请求时执行一些快速处理，否则最好将中间件打包成可重用的类。不会改变为 Use 或 Map 方法编写的实际代码，它们只是被封装了起来。

1. 创建中间件类

中间件类就是一个普通的 C#类，有一个构造函数和一个公有方法 Invoke。不需要基类，也不需要已知的协定。系统会动态调用中间件类。下面的代码演示了一个中间件类，它试图判断请求设备是否是移动设备。

```
public class MobileDetectionMiddleware
{
    private readonly RequestDelegate _next;

    public MobileDetectionMiddleware(RequestDelegate next)
    {
        _next = next;
    }
    public async Task Invoke(HttpContext context)
    {
        // Parse the user-agent to "guess" if it's a mobile device.
        var isMobile = context.IsMobileDevice();
        context.Items["MobileDetectionMiddleware_IsMobile"] = isMobile;

        // Yields
        await _next(context);

        // Provide some UI only as a proof of existence
        var msg = isMobile ? "MOBILE DEVICE" : "NOT A MOBILE DEVICE";
        await context.Response.WriteAsync("<hr>" + msg + "<hr>");
    }
}
```

构造函数接收配置的链(管道)中指向下一个中间件组件的 RequestDelegate 指针，并将其保存到一个内部成员中。Invoke 方法则包含原本想传递给 Use 方法的代码(在 Use 方法中内联注册中间件的代码)。Invoke 方法的签名必须与 RequestDelegate 类型的签名匹配。

上面的示例扫描用户代理 HTTP 头，以确定请求设备是否是移动设备。在演示中，IsMobileDevice 是 HttpContext 类的一个非常基础的扩展方法，只是使用正则表达式来寻找一些移动设备风格的子字符串。如果要把这段代码用在生产中，要深思熟虑。它能够识别大部分设备，但是也有不少设备可能无法识别(一般来说，设备检测是一个很严肃的问题，所以可能需要考虑使用一个专用库来完成这项工作，更多信息请参见第 13 章)。

不过，对于我们的目的而言，这段代码的效果很好。代码中展示的一个技巧能够让中间件组件在相同请求的上下文中共享信息。在确定了请求设备是否是移动设备后，中间件将布尔值结果保存到 HttpContext 实例的 Items 字典中。在整个请求处理过程中，Items 字典都在内存中共享，这意味着任何中间件组件都可以查看这个字段，并使用其结果进行内部处理。但是，要想实现这一点，中间件组件必须知道彼此存在。移动设备检测中间件的效果是在 Items 字典中存储一个布尔值，指出是否认为设备是移动设备。注意，在应用程序中任何能够访问 HttpContext 对象的地方(如控制器方法中)，都可以通过代码访问这种信息。

2. 注册中间件类

要添加中间件类，需要使用与 IApplicationBuilder 接口稍微不同的方法。因此，在启动类的 Configure 方法中，使用下面的代码：

```
public void Configure(IApplicationBuilder app)
{
    // Other middleware configured here
    ...

    // Attach the mobile-detection middleware
    app.UseMiddleware<MobileDetectionMiddleware>();

    // Other middleware configured here
    ...
}
```

UseMiddleware<T>方法将指定类型注册为一个中间件组件。

3. 通过扩展方法注册

定义一个扩展方法来隐藏使用的 UseMiddleware<T>方法，是一种常见的做法，尽管从纯粹的功能的角度看，并不是必须这么做。效果是相同的，但是代码的可读性提高了。

```
public static class MobileDetectionMiddlewareExtensions
{
    public static IApplicationBuilder UseMobileDetection(this IApplicationBuilder
      builder)
    {
        return builder.UseMiddleware<MobileDetectionMiddleware>();
    }
}
```

要为 IApplicationBuilder 类型编写这样的扩展方法，只需要几行代码，将对 UseMiddleware<T>的直接调用隐藏到一个名称友好的方法后面。下面给出了使用上面定义的扩展方法时，启动类的最终版本。

```
public void Configure(IApplicationBuilder app)
{
   // Other middleware configured here
   ...

   // Attach the mobile-detection middleware
   app.UseMobileDetection();

   // Other middleware configured here
   ...
}
```

虽然可以随意选择扩展方法的名称，但是通常使用 Use*XXX* 这样的名称，其中 *XXX* 是中间件类的名称。

14.4　小结

如果从应用程序的角度看 ASP.NET Core，不会看到它与经典 ASP.NET MVC 相比有太多变化。ASP.NET Core 支持相同的 MVC 应用程序模型，但是在完全不同的运行时环境之上实现这种支持。ASP.NET Core 不支持 Web Forms 模型，但这不是纯粹的商业决策，而是单纯的技术问题。

新的 ASP.NET Core 运行时全新设计为跨平台，与 Web 服务器环境解耦。为了实现在多个平台上运行这个终极目标，ASP.NET Core 引入了自己的宿主环境，并提供了一个接口来将其连接到实际的宿主。在这个上下文中，dotnet.exe 工具扮演了关键的角色，它实际连接到 Web 服务器，并将调用转发给 ASP.NET Core 管道。在 ASPNET Core 管道中，内部的 HTTP 服务器 Kestrel 接收并处理请求。

本章首先分析了宿主服务器架构，并重点介绍了 Kestrel，然后介绍了中间件组件。中间件组件构成了内部请求管道，即处理任何传入请求的一个锁链。虽然中间件组件在概念上相当于经典 ASP.NET 的 HTTP 模块，但是中间件组件具有不同的结构，并通过不同的工作流调用。

第 15 章将探讨 ASP.NET Core 应用程序的部署，以及将独立于平台的应用程序部署到具体平台需要的步骤。

第 15 章

部署 ASP.NET Core 应用程序

有时候旅行的过程比抵达目的地更好。

——罗伯特·波西格，《禅与摩托车维修艺术》

编写 ASP.NET Core 应用程序需要创建和编辑多个文件，但如果将应用程序部署到生产服务器或暂存服务器，并不是所有文件都是必须有的。因此，部署 ASP.NET Core 应用程序的第一步，是将应用程序发布到一个本地文件夹，编译必要的文件，并将这些需要移动到生产环境的文件单独保存。需要部署的文件通常包括源代码文件编译成的 DLL 文件，以及静态文件和配置文件。

典型的 ASP.NET 应用程序只能部署到 Windows 服务器操作系统的 IIS 中，近来也可以部署到 Microsoft Azure 应用服务中。对于 ASP.NET Core 应用程序，可选项更多，包括 Linux 本地计算机或云环境，如 Amazon Web Services(AWS)，甚至 Docker 容器。

本章将探讨各种部署选项和最重要的配置问题。但是，首先需要了解如何发布 ASP.NET Core 应用程序。

15.1 发布应用程序

建议通过基本的发布步骤理解部署模型，如果刚刚接触 ASP.NET 开发或 ASP.NET MVC 应用程序模型，更应该这么做(这里假定你已经熟悉了 ASP.NET Web Forms 开发)。

15.1.1　在 Visual Studio 内发布应用程序

首先，假设已经有了一个完整的、全面测试过的应用程序准备部署。可以使用本书配套源代码中的 SimplePage 应用程序作为例子(参见 https://github.com/despos/ProgCore/tree/master/Src/Ch15)。图 15-1 显示了 Visual Studio 中用于启动发布过程的菜单项。

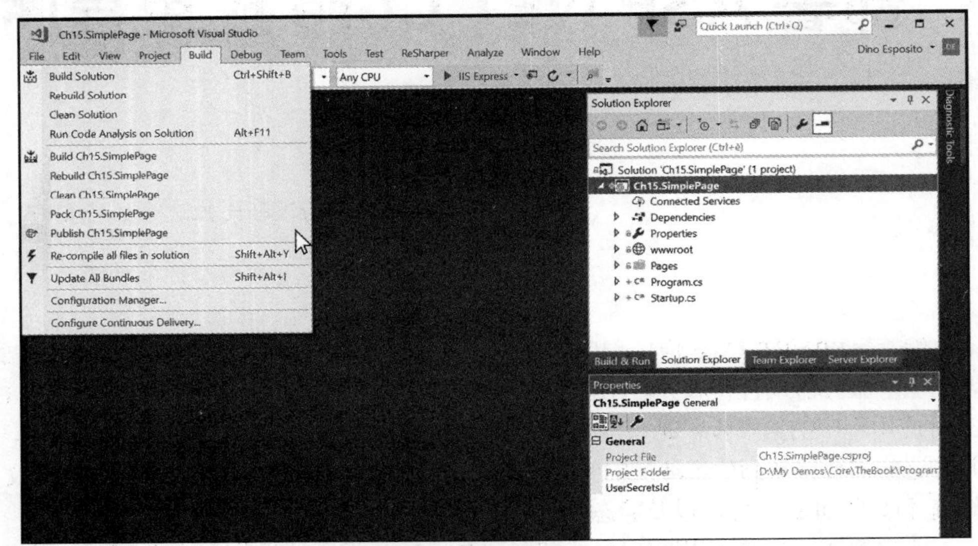

图 15-1　准备好发布一个 ASP.NET Core 应用程序

1. 选择发布目标

在 Visual Studio 中单击 Build 菜单下的 Publish 命令后，会看到另外一个视图，用于选择将文件发布到什么地方(如图 15-2 所示)。

对于应用程序文件，有几个可选目标，如表 15-1 所示。注意，表 15-1 中列出的选项比图 15-2 中显示的更多；不过在图 15-2 所示的视图中，单击向右箭头可以看到更多选项。

表 15-1　Visual Studio 2017 支持的大部宿主

宿主	描述
Microsoft Azure App Service	将应用程序发布到新的或现有的 Microsoft Azure App Service 中
Microsoft Azure Virtual Machine	将应用程序发布到现有的 Microsoft Azure 虚拟机中
IIS	应用程序将通过 FTP、WebDeploy 或者直接复制必要的文件，发布到指定的 IIS 实例中

(续表)

宿主	描述
Folder	将应用程序发布到本地计算机上的文件系统的指定文件夹中
Import profile	使用保存的信息将应用程序发布到.publishsettings 文件中

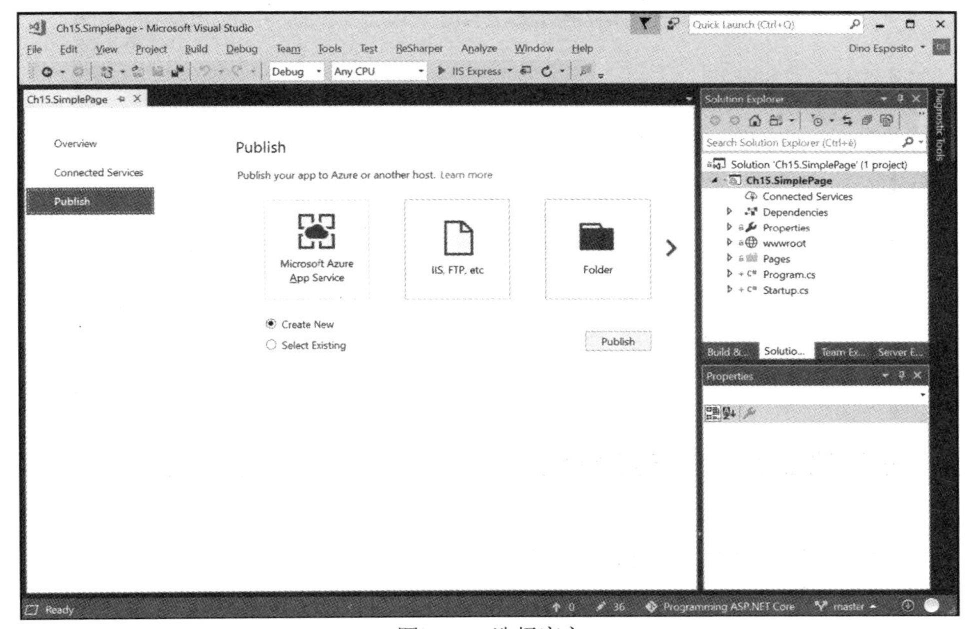

图 15-2　选择宿主

为了了解有哪些必须发布的文件，选择 Folder 选项。

需要注意，如果项目还不包含发布配置文件，则只会看到图 15-2 所示的选项。一旦开始操作目标，就会创建一个发布配置文件，页面会自动显示上次使用的配置文件，并提出创建一个新的配置文件。

2. 发布配置文件

发布配置文件是.pubxml XML 文件，保存在项目的 Properties/PublishProfiles 文件夹中。不应该把这个文件签入源代码管理系统，因为它依赖于.user 项目文件，而后者可能包含敏感信息。这两个文件只用在本地计算机上。

.pubxml 文件是一个 MSBuild 文件，在 Visual Studio 中生成应用程序时会自动调用这个文件。可以修改这个文件来定制期望的行为。典型的修改是在部署中包含或排除项目文件。更多信息可访问 https://docs.microsoft.com/en-us/aspnet/core/publishing/web-publishing-vs。

3. 将文件发布到本地文件夹

当选择发布到文件夹时，显示的界面如图 15-3 所示。在文本框中可选择实际接收文件的文件夹。

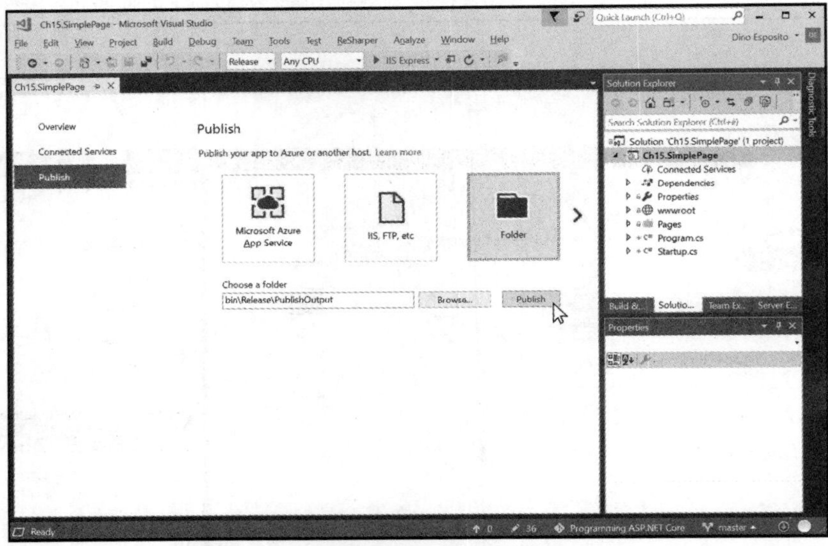

图 15-3　发布到本地文件夹

发布过程将在 Release 模式下从头开始编译应用程序，并将所有二进制文件复制到指定的文件夹中。还将自动创建一个发布配置文件，供将来重复这个操作(如图 15-4 所示)。

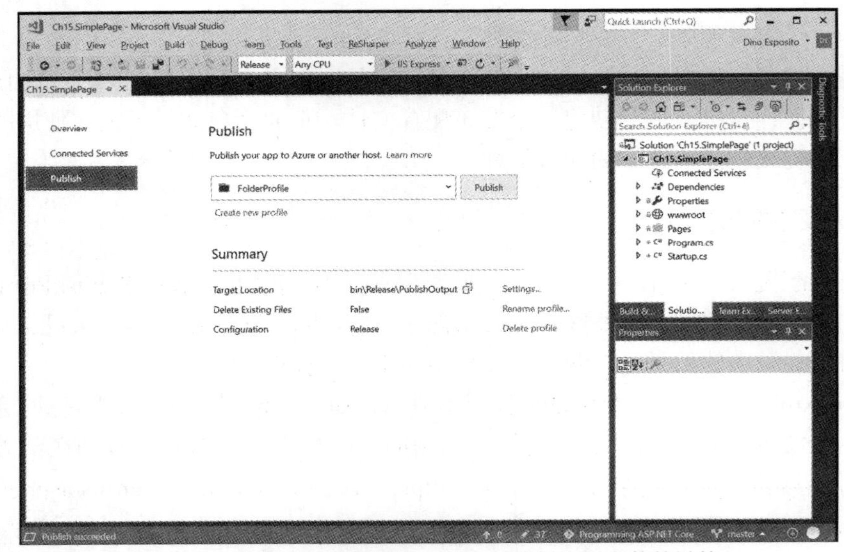

图 15-4　发布文件后的报告。注意创建新配置文件的链接

如果查看示例项目的文件夹，可找到 WWWROOT 文件夹和二进制文件。注意，示例项目没有视图，而是使用了 Razor 页面。无论如何，图 15-5 中并没有显示有视图文件的文件夹，无论是 Pages 还是 Views。在这两种情况中，Razor 视图都会预编译成 DLL。在 Visual Studio 2017 创建的 ASP.NET Core 2.0 的项目模板中，默认启用了预编译视图。要改为启用动态编译的视图，需要在项目的 CSPROJ 文件中添加下面加粗显示的代码。

```
<PropertyGroup>
    <TargetFramework>netcoreapp2.0</TargetFramework>
    <MvcRazorCompileOnPublish>false</MvcRazorCompileOnPublish>
</PropertyGroup>
```

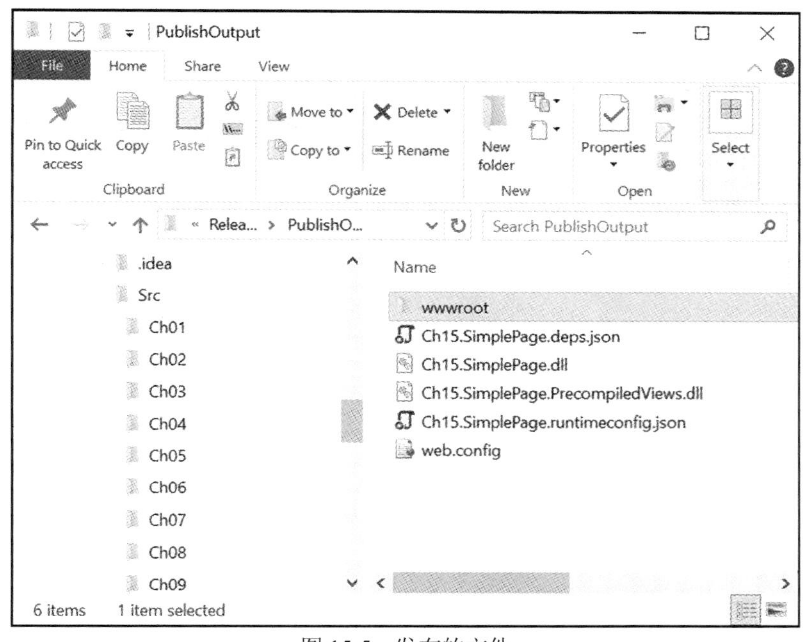

图 15-5　发布的文件

可以看到，应用程序的发布文件夹只包含应用程序的二进制文件，其中包括所有第三方依赖。通过在命令行启用 dotnet 实用程序，或者配置宿主 Web 服务器环境，可启动主 DLL 文件。

这里要重点注意的是，发布的文件配置了一种可移植的、依赖于框架的部署。换句话说，应用程序要想正确运行，服务器上必须有目标平台的.NET Core 框架库。

4. 发布自包含的应用程序

在 ASP.NET 平台的整个生命周期中，发布可移植的应用程序一直是常态。部署很小，仅限于应用程序的二进制文件和静态文件。在服务器上，多个应用程序共享同一框架二进制文件。在.NET Core 中，相对于可移植部署，还可以发布自包含的应用程序。

发布自包含的应用程序时，也会复制指定运行时环境的.NET Core 二进制文件。这使部署的大小增加了很多。对于这里讨论的示例应用程序，可移植部署的大小不到 2MB，但是对于针对通用 Linux 平台的自包含安装，则会增加到 90MB。

但是，自包含应用程序的优点是，无论服务器上安装了什么版本的.NET Core Framework，应用程序都有自己在运行时需要的一切文件。与此同时，需要注意，在系统中部署几个自包含的应用程序，会消耗大量磁盘空间，因为在每个应用程序中都会包含完整的.NET Core 框架。

为了支持以自包含方式部署给定的应用程序，必须显式添加想要支持的平台的运行时标识符。Visual Studio 创建新的.NET Core 项目时，不包含这种信息，所以会生成可移植的部署。要启用自包含的部署，必须手动编辑.csproj 项目文件，并在其中添加一个 RuntimeIdentifiers 节点。下面给出了示例项目的.csproj 文件的内容。

```
<Project Sdk="Microsoft.NET.Sdk.Web">
  <PropertyGroup>
    <TargetFramework>netcoreapp2.0</TargetFramework>
    <RuntimeIdentifiers>win10-x64;linux-x64</RuntimeIdentifiers>
  </PropertyGroup>
  <ItemGroup>
    <None Remove="Properties\PublishProfiles\FolderProfile.pubxml" />
  </ItemGroup>
  <ItemGroup>
    <PackageReference Include="Microsoft.AspNetCore.All" Version="2.0.0" />
  </ItemGroup>
  <ItemGroup>
    <DotNetCliToolReference
        Include="Microsoft.VisualStudio.Web.CodeGeneration.Tools" Version=
         "2.0.0" />
  </ItemGroup>
  <ItemGroup>
    <Folder Include="Pages\Shared\" />
    <Folder Include="Properties\PublishProfiles\" />
  </ItemGroup>
</Project>
```

当前项目可部署到 Windows 10 和统一的 Linux x64 平台。在 RuntimeIdentifiers 节点中使用的名字来自官方目录，可在以下网址查看其文档：https://docs.microsoft.com/en-us/dotnet/core/rid-catalog。

现在，把应用程序发布到文件夹时，向导会提示从发布配置文件的设置中选择目标平台。图 15-6 分别显示了可移植场景和自包含场景下的视图。

把要发布的文件保存到文件夹以后，只需要把它们上传到最终目标。如果选择另外一个发布选项(如 Azure App Service)，那么上传操作将是透明的。

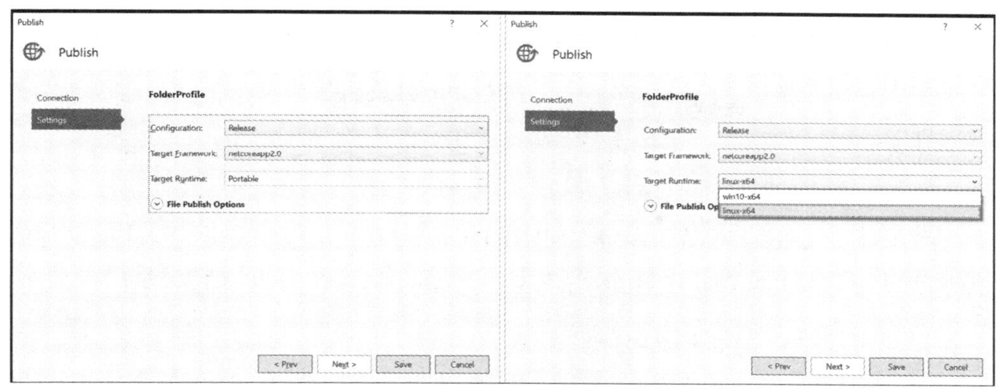

图 15-6　可移植发布与运行时发布

15.1.2　使用 CLI 工具发布应用程序

在 Visual Studio 2017 中执行的操作，也可以在命令行中使用 CLI 工具执行。使用命令行时，可以使用自己惯用的 IDE 编辑器来编写代码。如果使用 Visual Studio Code，则可以使用 View 菜单的 Integrated Terminal 命令来打开一个命令控制台(如图 15-7 所示)。

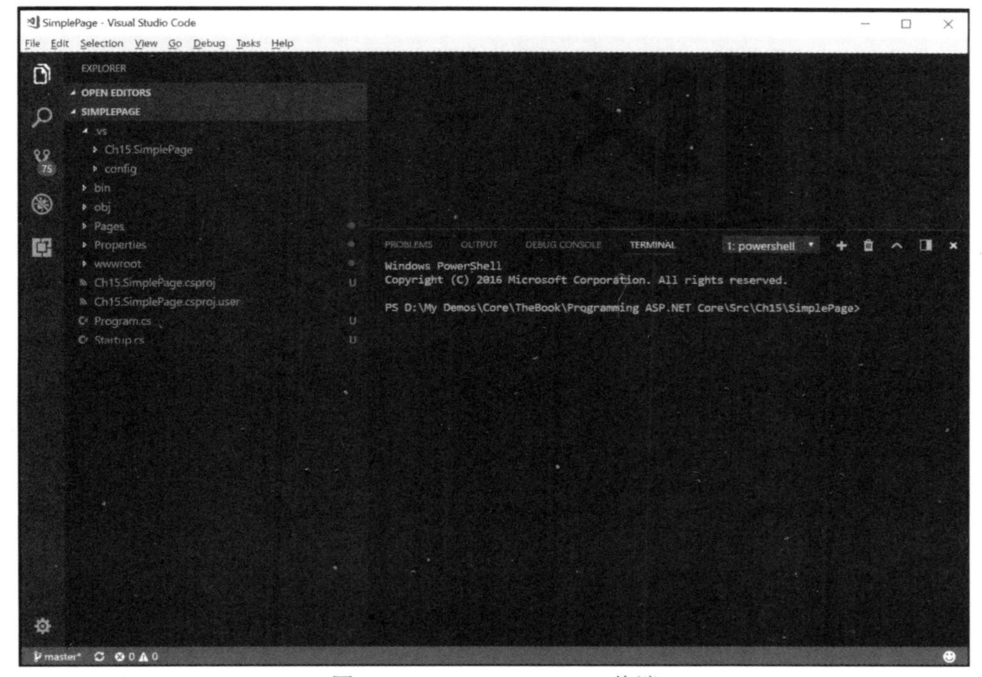

图 15-7　Visual Studio Code 终端

1. 发布依赖于框架的应用程序

完成并全面测试了应用程序后，可在 CSPROJ 文件夹中使用下面的命令来发布应用程序。

```
dotnet publish -f netcoreapp2.0 -c Release
```

命令行在 Release 模式下编译 ASP.NET Core 2.0 应用程序，并将产生的文件放到项目的 Bin 文件夹下的 Publish 子目录中。更准确地说，这个文件夹是：

```
\bin\Release\netcoreapp2.0\publish
```

注意，dotnet 工具在复制必要的二进制文件时，还会复制 PDB 文件(程序数据库)。PDB 文件主要用于调试，不应该将其分发出去。但是，应该把这些文件保存到某个地方，因为发生不可预测的异常、错误和其他不当行为时，可能需要调试应用程序的 Release 版本，这些 PDB 文件就会很有帮助。

2. 发布自包含的应用程序

对于自包含的应用程序，使用的命令行只是稍有区别。基本上，需要在发布依赖于框架的应用程序时使用的命令行中，添加运行时标识符。

```
dotnet publish -f netcoreapp2.0 -c Release -r win10-x64
```

上面的命令行将针对 Windows x64 平台发布文件，总大小超过了 96MB。文件将保存到下面的目标文件夹中：

```
\bin\Release\netcoreapp2.0\win10-x64\publish
```

为了指定运行时标识符，需要使用.NET Core 目录(https://docs.microsoft.com/en-us/dotnet/core/rid-catalog)中的官方 ID。

注意：

如果要发布的应用程序依赖于第三方组件，那么在发布前，需要确保把依赖添加到.csproj 文件的<ItemGroup>节中，并且确保实际的文件在本地 NuGet 缓存中可用。

15.2　部署应用程序

发布步骤非常必要，可以隔离要复制的文件。在 Visual Studio 中，有许多工具可本地发布文件，或者将文件直接发布到 IIS 或 Microsoft Azure。其他选项，如部署到 Linux 本地计算机或另外一种云平台(如 Amazon Web Services)，需要做指定的上传和配置工作。

下面详细介绍如何把应用程序完整部署到 IIS、Azure 和 Linux 计算机。

15.2.1　部署到 IIS

ASP.NET Core 应用程序在 IIS 的核心进程和 IIS 工作进程(w3wp.exe)的实例之外运行。从技术上讲，ASP.NET Core 应用程序甚至不需要在前端有一个 Web 服务器。如果把应用程序部署到 IIS(或 Apache)，只是因为我们有理由(主要是安全性和负载平衡)在 ASP.NET Core 内置的原生 Web 服务器之上添加外观。

1. 宿主架构

如前所述，典型的 ASP.NET 应用程序托管在应用程序池中，这个应用程序池由 IIS w3wp.exe 工作进程的实例代表。IIS 内置的一些.NET 设施负责创建针对应用程序的 HttpRuntime 类的实例。此对象用于接收 http.sys 驱动程序捕捉到的请求，并把这些请求转发给在应用程序池中分配的相应网站。

图 15-8 给出了 ASP.NET Core 应用程序的 IIS 宿主架构。ASP.NET Core 应用程序是一个普通的控制台应用程序，通过 dotnet 启动工具的 run 命令加载。ASP.NET Core 应用程序不会在 IIS 工作进程内加载和启动。相反，它们是通过一个额外的 IIS 原生 ISAPI 模块(称为 ASP.NET Core 模块)触发的。这个模块最终会调用 dotnet 来触发控制台应用程序。

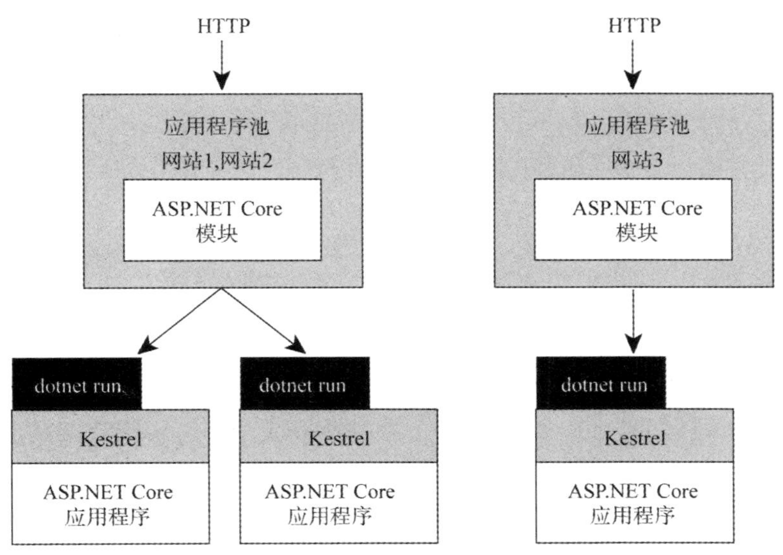

图 15-8　在 IIS 中托管 ASP.NET Core 应用程序

因此，要在 IIS 计算机上托管 ASP.NET Core 应用程序，首先需要安装 ASP.NET Core ISAPI 模块。

注意：

ASP.NET Core ISAPI 模块只能用于 Kestrel。如果在 ASP.NET Core 2.0 中使用 HttpSys(或者在 ASP.NET Core 1.x 中使用 WebListener)，该模块不可用。更多信息请访问 https://docs.microsoft.com/en-us/aspnet/core/fundamentals/servers/aspnet- core-module。该网址还提供了下载的细节。

2. ASP.NET Core 模块的配置

ASP.NET Core 模块的工作就是确保在收到对应用程序的第一次请求时，正确地启动应用程序。另外，还会确保进程保留在内存中，如果应用程序崩溃并且应用程序池重启，就重新加载进程。

可能已经注意到，发布向导还创建了一个 web.config 文件。这个文件不会影响应用程序的实际行为，只用来在 IIS 中配置 ASP.NET Core 模块。下面给出了一个示例。

```
<?xml version="1.0" encoding="utf-8"?>
<configuration>
  <system.webServer>
    <handlers>
      <add name="aspNetCore" path="*" verb="*"
              modules="AspNetCoreModule" resourceType="Unspecified" />
      </handlers>
      <aspNetCore processPath="dotnet" arguments=".\Ch15.SimplePage.dll"
                stdoutLogEnabled="false" stdoutLogFile=".\logs\stdout" />
    </system.webServer>
</configuration>
```

配置文件添加了动词和路径的 HTTP 处理程序，它通过模块中编写的代码筛选请求。路径中的通配符意味着 ASP.NET Core 模块会处理所有通过应用程序池的请求，包括 ASPX 请求。因此，建议不要在同一个应用程序池中混合依赖于不同 ASP.NET 框架的应用程序，最好创建一组专门的 ASP.NET Core 应用程序池。

aspNETCore 项则为模块提供了参数。该项指出，模块必须对指定的应用程序域 DLL 运行 dotnet，还指定了一些日志记录配置。在部署中必须包含这个 web.config 文件。

注意：

要成功地在 IIS 中托管，ASP.NET Core 应用程序必须通过调用 UseIISIntegration 扩展方法来配置 Web 宿主。该方法会检查一些 ASP.NET Core 模块可能已经设置好的环境变量。如果没有找到环境变量，则该方法无用。因此，无论最终在什么地方托管应用程序，可能总要调用该方法。

3. 关于 IIS 环境的最后介绍

如果将 ASP.NET Core 应用程序部署到 IIS，则说明想要使用 IIS 作为反向代理。这意味着 IIS 只是将流量原封不动地转发，并不期望 IIS 对请求做任何处理。因此，可以配置应用程序池，这样应用程序池不使用托管代码，从而不会实例化任何.NET 运行时(如图 15-9 所示)。

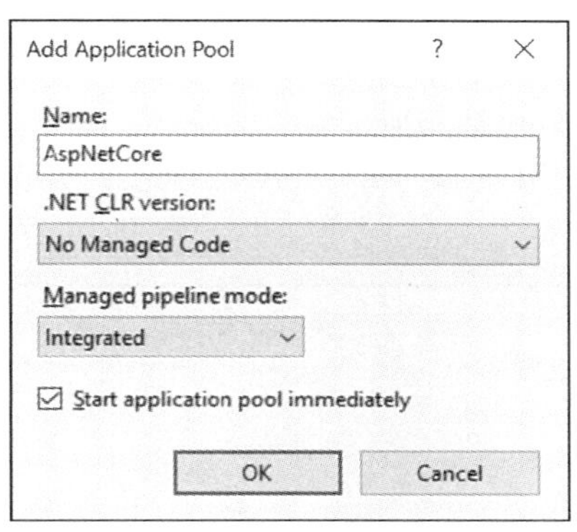

图 15-9　创建专用的应用程序池

关于 IIS 配置，需要关注的另一方面是托管 ASP.NET Core 应用程序的应用程序池背后的身份。默认情况下，任何新应用程序池的身份都设为 ApplicationPoolIdentity。这并不是真实的账户名称，只是一个名字对象，对应于 IIS 创建的本机账户，并根据应用程序池命名。

因此，如果需要为给定资源(如服务器文件或文件夹)定义访问控制规则，则应该知道，真实的账户名是 IIS APPPOOL\AspNetCore，如图 15-9 所示。虽然如此，但不是必须接受默认账户。通过使用常规的 IIS 界面，可以在任何时候将应用程序池背后的身份改为任意用户账户。

15.2.2　部署到 Microsoft Azure

除了部署到安装有 IIS 的本地服务器，还可以在 Microsoft Azure 中托管 ASP.NET Core 应用程序。有几种方式可在 Azure 中托管网站。最常用、也是推荐为 ASP.NET Core 应用程序使用的方法是使用 App Service。在某些特定场景中，可以考虑 Service Fabric，甚至在 Azure Virtual Machine 中托管。最后这个选项最接近已经介绍过的托管场景：在 IIS 中本地托管。

下面详细介绍各个选项。

1. 使用 Azure App Service

Azure App Service (AAS)发布目标是 Visual Studio 2017 发布向导第一个提供的

选项，如图 15-2 所示。可以创建新的 App Service，也可以发布到现有的 App Service。

AAS 是宿主服务，可以托管普通的 Web 应用程序、Web API(如 REST API)和移动后端。它不仅能用于 ASP.NET 和 ASP.NET Core，而且支持 Windows 和 Linux 上的多种 Web 环境，如 Node.js、PHP 和 Java。AAS 提供了内置的安全性、负载平衡、高可用性、SSL 证书、应用程序扩展和管理。此外，可以将 AAS 与 GitHub 和 Visual Studio Team Services (VSTS)的连续部署结合起来。

AAS 按照使用的计算机资源收费，而使用多少资源是由所选择的 App Service 计划决定的。AAS 还与 Azure WebJobs 服务集成在一起，为 Web 应用程序添加后端作业处理。图 15-10 显示了 Create App Service 页面，发布到 AAS 的操作就从这个页面开始(如图 15-10 所示)。

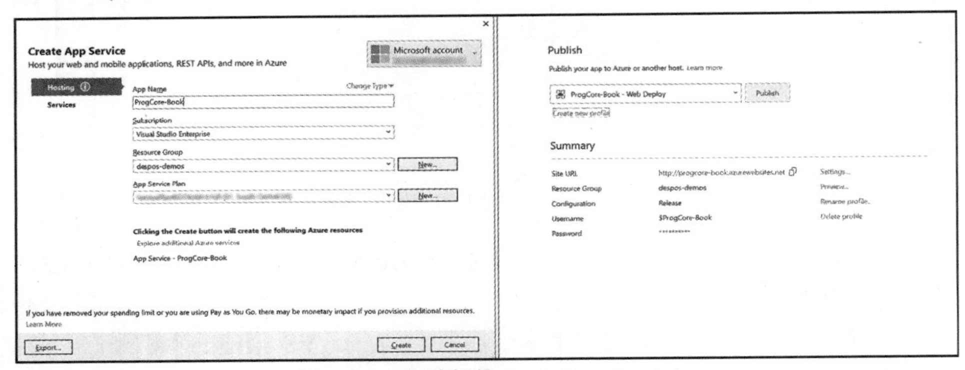

图 15-10　创建新的 Azure App Service

单击 Publish 按钮，Visual Studio 使用 WebDeploy 把所有必要的文件上传到 AAS。几分钟后，应用程序就会运行。图 15-11 显示了一个正在运行的示例应用程序。

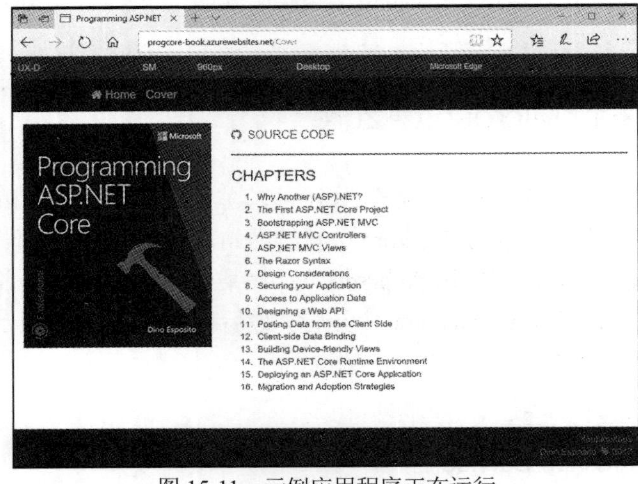

图 15-11　示例应用程序正在运行

发布了应用程序以后，AAS 的仪表板允许设置应用程序的设置条目(如在开发过程中从用户密码获取的全部数据)及执行必要的调整。

要访问应用程序的物理文件，尤其是没有预编译的 Razor 视图或者页面，可以使用 App Service Editor 服务。这样就能够获得对已部署文件的读/写访问权限，甚至能够快速进行编辑(如图 15-12 所示)。

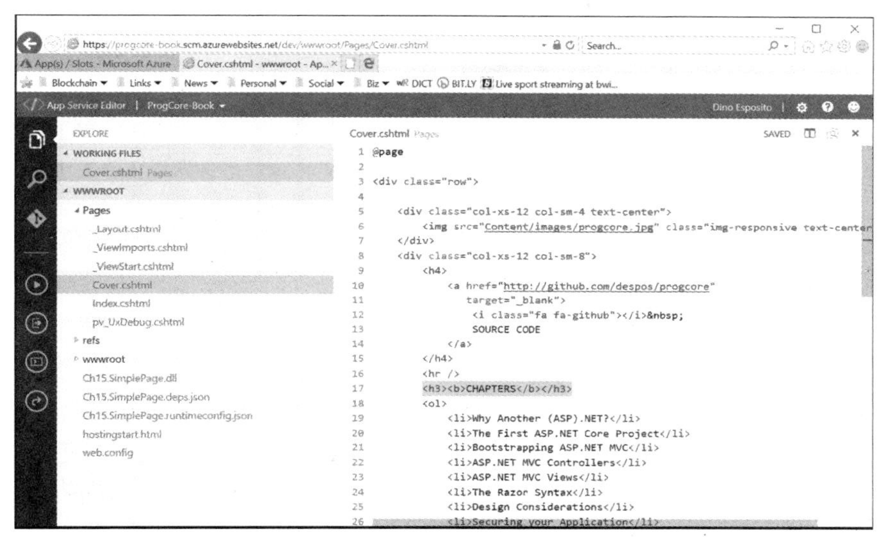

图 15-12　使用 App Editor 服务动态编辑 Razor 文件

2. 使用 Service Fabric

AAS 本身提供了大量功能，如自动扩展、身份验证、限制调用率，以及方便地集成到其他软件服务，如 Azure Active Directory、Application Insights 和 SQL。对于许多团队，特别是网站管理和部署经验不多的团队，使用 AAS 极其简单，是理想的选择。而且，AAS 非常适合简洁的、整体式的和几乎无状态的应用程序。那么，如果 Web 应用程序是更大的分布式系统的一部分，情况如何呢？

在这种情况下，很可能会使用微服务架构，其中一部分节点适合部署到 AAS 中，但是必须能够与其他节点互操作。使用 Azure Service Fabric (ASF)，更容易组合应用程序节点。假想这样的场景：应用程序需要两个不同的数据存储(关系和 NoSQL)、缓存，可能还需要服务总线。如果没有 ASF，那么每个节点都是独立的，需要自己处理容错。更糟的是，必须为发布的每个服务处理容错。使用 ASF 时，缓存和其他内容将与主应用程序放在一个位置，提高了访问速度，也提升了可靠性并简化了部署。

对于构成一个池的多机系统，ASF 可能是更好的选择。ASF 允许从简单的场景开始，但是很容易把架构扩展到甚至数百台计算机。甚至可以混合使用 AAS 和 ASF，将主应用程序部署为 AAS，在某个时候将后端重新架构为 ASF。

表 15-2 列举了只有 AAS 或只有 ASF 支持的功能。该表中没有列出的功能在两

种场景中均能使用(或均不能使用)。从价格的角度来讲，注意 Service Fabric 本身不收费。收费的是在 Service Fabric 上启用的实际的计算资源。在这个方面，收费规则与 Azure 虚拟机相同。

表 15-2 AAS 和 ASF 的能力

仅 Azure App Service 支持	仅 Azure Service Fabric 支持
操作系统自动更新	对服务器进行远程桌面访问
将运行时环境从 32 位切换到 64 位	自由安装自定义的 MSI 包
通过 Git、FTP 和 WebDeploy 部署	定义自定义的启动任务
Integrated SaaS 可用：MySQL 和监控	支持 Windows 事件跟踪(Event Tracing for Windows，ETW)
远程调试	

要部署到 Azure Service Fabric 中，必须把整个应用程序转换为 Service Fabric 应用程序。这需要安装 Service Fabric SDK，并使用 Visual Studio 内的专用应用程序项目目标。关于该 SDK 的更多信息，可访问 https://docs.microsoft.com/ en-us/azure/service-fabric/service-fabricget-started。还要注意，Service Fabric 类似于 Cloud Services，但是 Cloud Services 被视为一种遗留技术，已完全被 Service Fabric 替代。

3. 使用 Azure Virtual Machine

Azure Virtual Machine (AVM)介于 AAS 和 ASF 之间。如果需要的不只是一个整体式应用程序，而且需要做巨大的修改才能将应用程序发布到 ASF，那么选择 AVM 是明智的。

顾名思义，AVM 是一个交付给你的虚拟服务器，不包含任何配置和设置，需要由自己配置。AVM 在核心上是基础结构即服务(Infrastructure-as-a-Service，IaaS)，而 ASF 和 AAS 都是平台即服务(platform as a service)。所有 Azure 虚拟机都提供了免费的负载平衡和自动扩展能力。在 Azure 中创建了虚拟机以后，就可以在 Visual Studio 中直接发布应用程序。

至于费用，最经济的 AVM 的费用为每月 10 美元左右，而相对较好的 AVM 的费用至少是这个价格的 10 倍。应该把这个价格计算到安装软件的成本中，如自己的 SQL Server 许可。不过，总的来说，从现有的本地配置迁移到 Azure 时，AVM 是最简单方便的方法。

注意：
关于 Microsoft Azure 各种托管选项的更多细节，请访问 https://docs.microsoft.com/en-us/azure/app-service/choose-web-site-cloud-service-vm。

4. 在 Visual Studio Code 中部署应用程序

如前所述，从 Visual Studio 自动部署到 Azure 几乎是立即发生的。但是，如果使用 Visual Studio Code，则需要一些额外的工具。特别是，可以考虑 Visual Studio Marketplace 中的 Azure Tools for Visual Studio Code(参见 https://marketplace.visualstudio.com/items?itemName=bradygaster.azuretoolsforvscode)。

15.2.3　部署到 Linux

由于 ASP.NET Core 具有跨平台本质，因此可以在 Linux 计算机上托管 ASP.NET Core 应用程序。常用的方法是把应用程序文件部署到本地文件夹，然后(通过 FTP 或其他方式)将其镜像上传到服务器。

对于 Linux，有两种主要的托管场景：在安装了 Apache 的计算机上托管；在安装了 Nginx 的计算机上托管。还有一个选项是使用 Amazon Web Services 和 Elastic Beanstalk 工具包(参见 https://aws.amazon.com/blogs/developer/aws-and-net-core-2-0)。

1. 部署到 Apache

将 ASP.NET Core 应用程序部署到 Apache 服务器的一个实例，意味着需要将服务器环境配置为反向代理服务器。第 14 章介绍了这个主题，下面简要回顾一下。

要将 Apache 用作反向代理，在/etc/httpd/conf.d/目录中需要有一个.conf 文件。下面的示例内容告诉 Apache 使用端口 80 监听所有 IP 地址，以及通过指定代理计算机收到的所有请求。在本例中，代理计算机为 127.0.0.1，端口为 5000。本例假定 Apache 和 Kestrel 在同一计算机上运行，但是修改 ProxyPass 的 IP 地址，就能够使用不同的计算机。

```
<VirtualHost *:80>
        ProxyPreserveHost On
        ProxyPass / http://127.0.0.1:5000/
        ProxyPassReverse / http://127.0.0.1:5000/
</VirtualHost>
```

还需要一个服务文件，用来告诉 Apache 如何处理对其托管的 ASP.NET Core 应用程序的请求。下面给出了一个示例服务文件。

```
[Unit]
    Description=Programming ASP.NET Core Demo
```

```
[Service]
    WorkingDirectory=/var/progcore/ch15/simpleplage
    ExecStart=/usr/local/bin/dotnet /var/progcore/ch15/simpleplage.dll
    Restart=always

    # Restart service after 10 seconds in case of errors
    RestartSec=10
    SyslogIdentifier=progcore-ch15-simplepage
    User=apache
    Environment=ASPNETCORE_ENVIRONMENT=Production

[Install]
    WantedBy=multi-user.target
```

必须从命令行启用该服务。如果上述服务文件命名为 progcore.service，则命令行如下所示。

```
sudo nano /etc/systemd/system/progcore.service
```

更多细节请访问 https://docs.microsoft.com/en-us/aspnet/core/publishing/apache-proxy。通过查看该文档，可了解如何添加 SSL 和防火墙设置、速率限制、监视和负载平衡等。

2. 部署到 Nginx

Nginx 是一个开源的 HTTP 服务器，正在变得越来越受欢迎；它可以方便地用作反向代理和 IMAP/POP3 代理服务器。其主要特征是使用异步架构来处理请求，而不是像更加规范的 Web 服务器(如 Apache)或更老版本的 IIS 那样，使用更加传统的基于线程的架构。因此，Nginx 常常在可扩展性较高的场景中作为代理，而不是用在高流量的网站中(参见 https://www.nginx.com)。

下面来看如何把 Nginx 配置为反向代理，以托管 ASP.NET Core 应用程序。只需要修改/etc/nginx/sites-available/default 文件的内容。这是一个 JSON 文件，其内容与下面类似。

```
server {
    listen 80;
    location / {
        proxy_pass http://localhost:5000;
        proxy_http_version 1.1;
        proxy_set_header Upgrade $http_upgrade;
        proxy_set_header Connection keep-alive;
        proxy_set_header Host $host;
        proxy_cache_bypass $http_upgrade;
    }
}
```

如果 Kestrel 服务器与 Nginx 不在同一台计算机上，或者监听的端口不是 5000，则可以通过修改 proxy_pass 属性的值来指定 Kestrel 服务器的位置。

与 Apache 一样，这只是环境完全配置的第一步。将请求转发给 Kestrel 就足够了，不需要管理 Kestrel 及其.NET Core Web 宿主的生命周期。需要有一个服务文件，才能启动并监视底层的 ASP.NET Core 应用程序。创建这个服务文件的方式与 Apache 相同。更多信息请访问 https://docs.microsoft.com/en-us/aspnet/core/publishing/linuxproduction。

15.3　Docker 容器

容器是一个相对新的概念，试图仿照货运行业中集装箱的概念。容器是一个软件单元，包含应用程序及其完整的依赖和配置。容器可以部署到指定的宿主操作系统，不需要做任何进一步配置就能够运行。

对于开发人员来说，容器代表了一种理想的场景：所有代码都在本地——一个神秘的“我的计算机”，在这里所有代码都能工作——运行，也能在生产环境中运行。操作系统是确保容器在部署后能够工作的唯一共同点。

15.3.1　容器与虚拟机

初看上去，容器与虚拟机有许多相似之处。但是，二者存在一个根本性的区别。

虚拟机在某种虚拟化的硬件之上运行，运行自己的操作系统副本。另外，在针对某种场景构建虚拟机时，虚拟机必须具有对这种场景而言必要的所有二进制文件和应用程序。因而，虚拟机可能有几 GB，需要几分钟才能启动。

容器则运行在指定物理计算机之上，使用该计算机上安装的操作系统。换句话说，容器只是应该交付宿主操作系统与运行应用程序所需要的环境之间的差异。因此，容器通常只有几 MB，只需要几秒就能够启动。

容器和虚拟机最终都将应用程序与其对周围环境的依赖隔离，但是运行在同一台计算机上的多个容器共享宿主操作系统(如图 15-13 所示)。

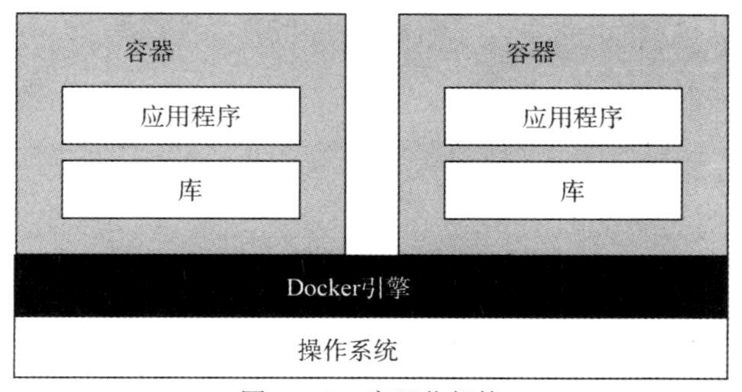

图 15-13　容器化架构

15.3.2　从容器到微服务架构

多个应用程序能打包到一起，在同一虚拟操作系统上并行，这个带来了一种新的软件开发方法：容器化。

在这种方法中，应用程序及其配置以一种特殊格式(容器镜像)打包起来，部署到启用了容器的服务器。用运维的术语讲，这还意味着开发环境可被“快照”，转换成能够在指定操作系统上运行的一段独立部署的代码。此外，容器镜像可以轻松从一个服务器移植到另一个服务器，只要被移动到一个兼容的、启用了容器的基础结构上，无论是公有云还是私有云，甚至是本地的物理计算机，就仍然能够继续运行。容器化的口号就是“构建一次，到处运行”。

容器化将整体式应用程序分解成为独立的部分，每个部分部署到不同的容器中。可以把一个 SQL 数据库放到一个容器，把 Web API 放到另一个容器，而把 Redis 缓存再放到一个容器中。此外，不同的容器是可以独立部署的部分，可在将来进行扩展，或者轻松地更新/替换。

15.3.3　Docker 与 Visual Studio 2017

在创建项目时选择 Enable Docker Support，可以轻松地让 ASP.NET Core 应用程序与 Docker 兼容，如图 15-14 所示。选中该复选框，项目中会自动添加一些文本文件。

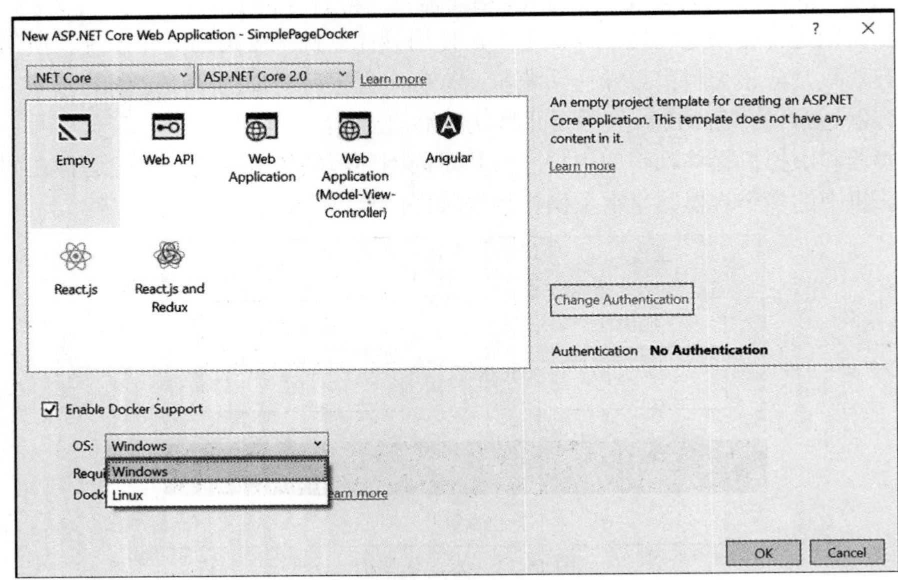

图 15-14　为 ASP.NET Core 应用程序启用 Docker 支持

Dockerfile 是其中最重要的文件，下面给出了其示例内容。

```
FROM microsoft/aspnetcore:2.0
ARG source
WORKDIR /app
EXPOSE 80
COPY ${source:-obj/Docker/publish} .
ENTRYPOINT ["dotnet", "Ch15.SimplePageDocker.dll"]
```

项目还会在一个新文件夹 docker-compose 中包含其他几个文件。选择该文件夹时，Build 菜单会改为显示 Docker 生成选项。单击该选项将创建镜像，并将其部署到底层启用了容器的服务器的注册表。要在 Windows 计算机上进行本地测试，需要安装 Docker for Windows。

创建 Docker 镜像后，示例应用程序会从一个不常用的 IP 地址运行，通常是 172.x.x.x(如图 15-15 所示)。

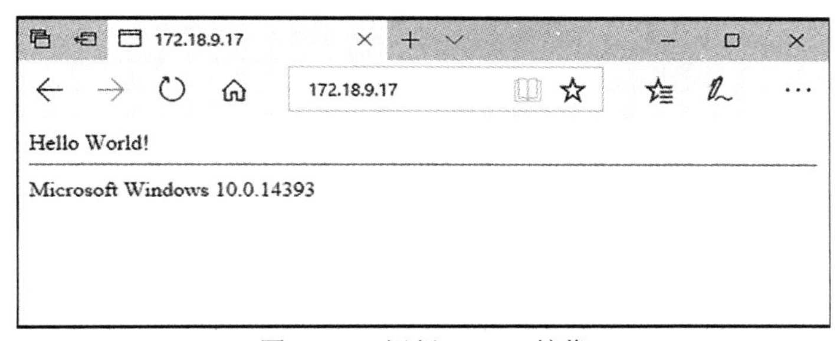

图 15-15　运行 Docker 镜像

在 obj/docker 文件夹中可查看 Docker 镜像的实际文件。

15.4　小结

本章探讨了将 ASP.NET Core 应用程序部署到生产环境的各种选项。首先介绍了将应用程序文件发布到文件夹意味着什么，以及如何处理 ASP.NET Core 的跨平台本质。在此过程中，区分了依赖于框架的发布和自包含的应用程序。

接下来，详细介绍了如何在 Azure 中托管应用程序，以及可以使用的各种服务，包括 Service Fabric、虚拟机和 App Services。最后，简单介绍了 Docker 和容器。

第 16 章将介绍应用程序的迁移，brownfield 开发与完全重写应用程序。ASP.NET Core 旅程将在第 16 章结束。

第 16 章 迁移和采用策略

犯错是建筑过程中最费钱的地方。

——肯·福莱特，《圣殿春秋》

ASP.NET Core 并不是 ASP.NET 4.x 的最新版本。虽然这个名称带有 ASP.NET(这是有意为之)，但是 ASP.NET Core 是一个全新的框架，只是受到了当前的 ASP.NET，特别是 ASP.NET MVC 框架的深刻启发。如果说，要是有人在今天重写 ASP.NET 会是 ASP.NET Core 的样子，不算是太过偏离事实。ASP.NET Core 的模块化程度更高，比典型 ASP.NET 占用的内存空间更小，并且可以针对多个硬件/软件平台。例如，新的 ASP.NET Core 应用程序现在还可以在各种 Linux 和 Mac OS 平台上原生运行。

ASP.NET Core 并不只是一个新的 Web 框架。它的确是 Web 框架，但仍需要一个底层的通用框架。这个底层框架是.NET Core 框架，是它提供了跨平台的能力。至于对开发的影响，ASP.NET Core 与.NET Core 是结合在一起的平台，其影响力相当于 2002 年发布的 ASP.NET 和.NET Framework。幸运的是，新平台与当前平台之间的差异要比 2002 年时小得多。

无论如何，ASP.NET Core 改变了在 Microsoft 堆栈上开发 Web 应用程序的方式。因此，整个团队不可避免地要更新一些技能。除了构建应用程序的预算，为 ASP.NET Core 平台编写应用程序也是要考虑的成本。那么，如果你是公司内的决策制订者，如何面对 ASP.NET Core？如果你是提供帮助的顾问，如何让对方接受 ASP.NET Core？

本章将详细阐述新框架带来的真实好处。

16.1 寻找商业价值

坦白说，没有客户愿意付费把一个能用的应用程序换成另外一个也只是能用的应用程序。另一方面，软件并不是死的，在部署到生产环境后就保持不变。业务会改变，所以理想情况下，应用程序应该随着业务发生改变，有时候这意味着彻底重写应用程序。当出现与现有业务有巨大差别的新业务，或者出现了有吸引力的新技术时，可以重写应用程序。

ASP.NET Core 不会创建新的业务机遇，但它是一种很值得关注的技术。问题是，如何决定它有多值得关注，能够带来多大的好处？ASP.NET Core 并不能增强现有的应用程序，使之应对新的业务需求。但是，一旦出现了新的业务需求，升级到 ASP.NET Core 是一个值得严肃考虑的选项。

16.1.1 寻找益处

总的来说，我认为对 ASP.NET Core 所做的鼓吹在很多地方没有必要。在我看来，这完全是一腔热忱，却没有清晰解释转而使用 ASP.NET Core 给业务方面带来的益处。但是，在做出转而使用 ASP.NET Core 的决定时，很难找到合理的理由来放弃相对新的系统，转而使用一个全新的、但是效果与之前的系统相同的系统。

一个被一再强调的益处是，ASP.NET Core 使代码能够在多个平台上运行。的确如此，但是这需要重写所有的代码来使用.NET Core 框架。大部分文献还强调了其他好处，如性能改进、代码模块化和开源代码，以及一些非常技术化的方面，如全新的中间件和在框架中大量使用了依赖注入。

我不会说这些不是益处，但是它们对业务的真正影响取决于业务本身。如果响应并不慢，那么购买更快的应用程序没什么意义。当业务稳定，并不指望发生指数级增长时，购买向上扩展的潜力也没什么意义。Microsoft 将 ASP.NET 的代码开源，对于将大部分开发工作外包出去的公司有什么价值？类似的例子还很多。下面以更加批判的眼光来看待 ASP.NET Core 大部分常被提及的益处。

1. 多平台支持

.NET Core 框架是对.NET Framework 的彻底重写，专门针对在包括 Windows 在内的多个不同平台上编译而创建。因此，针对.NET Core 框架的 ASP.NET Core 应用程序也可以在多种 Linux 服务器平台上托管。准确来说，.NET Core 框架也可以在 Mac OS 上运行，但是对于托管来说，这一点目前没有影响，因为没有托管平台是基于 Mac OS 的。但是，让.NET Core 框架也针对 Mac OS，至少能够让开发人员可以在 Mac 笔记本电脑上原生编译 ASP.NET Core 应用程序。

在我看来，ASP.NET Core 应用程序的跨平台本质是其最重要的业务价值。有些人可能认为，这种应用程序仍然是 Web 应用程序，所以已经可以从任何平台和操作系统上访问。但是，ASP.NET Core 应用程序的跨平台本质的真正意义在于托管，而不是访问。很多公司之所以没有考虑 ASP.NET，就是因为运行 Windows Server 所必需的许可，或者因为他们只能使用 Linux 这样的开放平台(出于一种错误的观念，即采用开放平台是没有费用的，一些政府机构就属于这种情况)。而且，Windows 托管仍然比 Linux 托管的费用高，但费用差别不大，而且很可能会继续缩小。这就使 ASP.NET Core 成了可以考虑的选项。最后，公司能够从跨平台的 ASP.NET 受益，因为(集成)测试能够在更便宜的 Linux 计算机上运行程序，从而进一步节省成本。另外，Linux 的托管生态系统比 Windows 更大(参考 Mesos、Marathon 和 Aurora)，并且不限制只使用一个供应商。

2. 提高性能

如果一个完全重写的框架不比 15 年前创建的框架快得多，那才是让人惊讶的事情。因此，ASP.NET Core 一定比经典 ASP.NET 更快。首先看看为什么 ASP.NET Core 更快，然后看看一些客观的数字。

首先，ASP.NET Core 的管道是异步的，保证了在任何时候只有最少量的池线程是繁忙的。而且，管道经过重新设计，模块化程度极高。最后，Kestrel 分发请求的速度极快。另外，在 ASP.NET Core 中，每个请求占用的内存是在 ASP.NET 中的 1/5。

关于内存占用这一点需要进一步讨论。第 14 章介绍过，已重新设计过 HTTP 运行时管道的结构。在 ASP.NET Core 出现之前，ASP.NET 应用程序请求在 20 年前设计的运行时中处理，该运行时是为 ASP.NET Web Forms 设计的。老管道的核心是名声不佳的 system.web 程序集。许多人认为 system.web 程序集是经典 ASP.NET 应用程序性能不佳的罪魁祸首，但是我只在一定程度上接受这种观点。system.web 程序集是为 ASP.NET Web Forms 定制的，设计得非常好，所以一直沿用了二十几年。Microsoft 引入了 ASP.NET MVC 时，选择了只为相同运行时添加必要的运行时扩展。由于这个设计决策，ASP.NET MVC 并没有获得其应有的定制的瘦运行时。通过设计，它有一个很大的运行时，综合了两种截然不同的应用程序模型——Web Forms 和 MVC——的功能。

更糟的是，在引入 ASP.NET MVC 几年后，Microsoft 公司发布了 Web API。Web API 是从头设计的，有自己的运行时来处理请求，但是仍然依赖于 ASP.NET 运行时进行托管。如图 16-1 所示，使用 ASP.ENT MVC 和 Web API 的应用程序占用的内存是其真正需要的内存的近 3 倍，而这并不是由 system.web 程序集导致的。

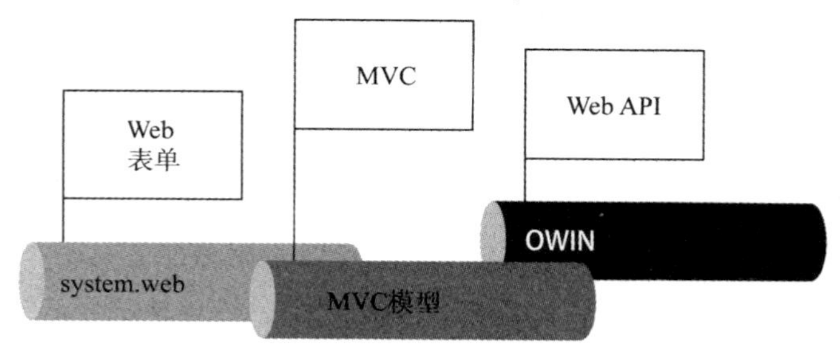

图 16-1 名声不佳的 ASP.NET 框架组合

ASP.NET Core 中性能提升的另外一个原因在于其模块化。整个 ASP.NET Core 框架以 NuGet 包的形式提供，允许只选择自己真正需要的功能。在经典 ASP.NET 中，运行时只是部分可定制的，可以禁用一些 HTTP 模块，但是整个请求处理管道基本上是硬编码的。如果只运行 ASP.NET，代码有机会比在 ASP.NET Core 中更先运行。

关于提升的能力，有数据支持，可以查看 https://github.com/aspnet/benchmarks 发布的基准。该网址给出的数字可能并不能绝对衡量出应用程序运行多快。毕竟只是基准，对于真实的应用程序，数字会小很多。但是，ASP.NET 的基准和 ASP.NET Core 的基准之间的比率很可能是相同的。这个比率说明，ASP.NET Core 在单位时间内处理的请求数是 ASP.NET 的 5 倍。虽然如此，也要记住，就处理的实际请求数而言，每个应用程序都是不同的。

最后，关于性能，很少有人知道应用程序微调的实际威力。简单地将 AddMvc 替换为 AddMvcCore，就可以使请求的速度几乎加倍，至少对于处理的初始部分是如此。有一个实验说明，通过使用 core 配置，用 ASP.NET Core 处理 100 万个请求的时间从超过 2 秒降低到 1.2 秒。更多细节请访问 http://bit.ly/2wuvhDl。

3. 改善的部署体验

ASP.NET Core 在宣传时，将经典 ASP.NET 支持的部署体验定义为依赖于框架。换句话说，应用程序在交付时只带有自己的二进制文件，这意味着服务器上应该已经安装了必要的框架。多个应用程序可以共享同一框架，不过一些应用程序可能需要同一框架的不同版本。对于这种情况，必须安装框架的两个版本，而这可能导致一些小问题，即恶名昭彰的“DLL 地狱”或类似场景。

ASP.NET Core 提供了另外一种部署体验：自包含的部署。在自包含的部署中，应用程序在交付时，不只包含自己的二进制文件，还包含整个框架。应用程序占据自己的空间，并且能够完全独立运行，不管在服务器上安装了什么。这种解决方案确保了前所未有的隔离性，但是代价是磁盘空间占用量增加了一个级别，通常从几 MB 增加到几十 MB。

如第 15 章所述，可以在多种 Web 服务器上托管 ASP.NET Core 应用程序，最主要的是 IIS 和 Linux 上的 Apache。但是，部署时并不是仅限于第 15 章介绍的选项。还可以在一个完全自定义的极简 Web 服务器(可能是某个开源 Web 服务器项目的分支)中托管 ASP.NET 应用程序，尽管这种场景并不常见。这种 Web 服务器必须实现 IHttpRequestFeature 和 IHttpResponseFeature 接口。在此网址可以找到一个起点：https://github.com/Bobris/Nowin。

注意：

如果使用 Windows，并且 ASP.NET Core 应用程序针对的是完整的.NET Framework，

那么甚至可以将应用程序作为 Windows 服务托管。下面的网址提供了一个示例：https://docs.microsoft.com/en-us/aspnet/core/hosting/windows-service。

4. 改善的开发体验

ASP.NET Core 的编程体验非常出色。这个经过重新设计的框架非常好，架构也很优秀。可能有一点过度设计，但是当前所有的 ASP.NET 最佳编程实践都被融合了进来。至少在几年内，很难找到更好的框架。

另外，对于 ASP.NET Core 开发，并不是必须使用 Visual Studio 作为开发环境。还可以使用 Visual Studio Code 开发应用程序，与 Visual Studio 甚至 JetBrains 的 Rider 相比，Visual Studio Code 是免费的、轻量级的。而且像 Rider 一样，Visual Studio Code 可在不同的平台上使用。

纯粹从编程的角度看，Microsoft 公司将 MVC 与 Web API 控制器模型统一了起来，并添加了原生的依赖注入。而且，中间件的模块化程度极高，有着前所未有的机会只编写自己需要的代码，不必编写额外的代码行。

5. 开源

在网址 https://github.com/aspnet 可找到 ASP.NET Core 的完整源代码。在这里，可以在多个存储库中导航，找到构成 ASP.NET Core 框架的各个包、文档和示例。数百位 Microsoft 贡献者和社区成员会频繁更新所有项目。

开源举措是一项有力的声明，表明了 Microsoft 公司对发展 ASP.NET Core 的决心。如果对这个新框架还有疑问，想一下在 2015 年以后，经典 ASP.NET MVC 还没有新的版本。当然，经典 MVC 已经基本完成，没有太多可添加的功能了，但是这仍然可以说明，整体开发精力已经转向了 ASP.NET Core。因此，接受 ASP.NET Core 最终只是个时间问题。在短期内，还需要找出 ASP.NET Core 能够带来的具体业务价值。

6. 偏向微服务架构

如今，微服务架构颇受欢迎，因为这种架构很好地结合了面向服务架构的核心思想，但是没有 SOA 原则的官僚作风。本质上，微服务是可独立部署的软件应用程序，它是自治的，拥有清晰定义的边界。可以使用任意语言和任意技术来编写微服务，因为它是独立开发和部署的，并且通过标准通道(可能是 HTTP/TCP、消息队列甚至共享数据库或文件)通信。

由于其轻量本质、速度和灵活性，ASP.NET Core 非常适合用来实现微服务。而且，从微服务的角度看，对 Docker 的支持使 ASP.NET Core 更加值得考虑。

16.1.2　brownfield 开发

现在已经清楚，采用 ASP.NET Core 并不是将正在使用的框架或产品升级到下一个版本。例如，升级到 ASP.NET Core 不同于从 SQL Server 2014 升级到 SQL Server 2016。升级 SQL 时，所有的表、视图和过程仍完全可用，可以利用已经升级的额外功能(如原生 JSON 和版本表)。升级到 ASP.NET Core 却没有这样顺畅的过渡。至少需要像之前那样付费重写相同的系统，更不必说培训开发人员——任何开发人员——的成本，以及后续的、可能是临时的生产效率下降造成的成本。如果使用持续集成(continuous integration，CI)，可能还需要考虑针对.NET Core CLI 工具调整 CI 管道的成本。在新的框架上有了与之前相同的系统，其代价取决于团队成员的技能和学习态度。

很容易想到的一点是，没有客户会愿意付费将一个可用的系统替换为另一个可用的系统。这种思想引出了 brownfield 开发的概念。

在软件中，术语“brownfield 开发”是指这样一种场景：在开发新系统时，仔细考虑了现有的系统。换句话说，brownfield 开发是在现有系统和技术的约束下，开发新的软件。在 brownfield 开发场景中采用搅局式框架(如 ASP.NET Core)时，需要深思熟虑。

要在 brownfield 场景中采用 ASP.NET Core，首先必须移动到分布式架构中，其中系统的整体行为是多个独立组件(微服务)组合在一起的结果。在这种上下文中，可以认真考虑将一个或更多个组件替换为使用了一种新的、甚至搅局式框架的新组件。总之，在面对搅局式框架变化时，必须决定什么是遗留的，什么不是，并且需要考虑替换非遗留的组件。关于使.NET 架构朝着微服务方向演化，参阅电子书：https://aka.ms/microservicesebook。

最终，使用 ASP.NET Core 是可以进行 brownfield 开发的，但是成本往往很高。如何平衡完全在于其交付的具体业务价值，而这只能在具体情况中具体分析。最后，如果使用 brownfield 开发，那么必须选择什么是遗留的，什么不是，这是降低技术债的一步。

注意：

为仍保留在 ASP.NET 空间，注意组件供应商的收入大部分仍然来自 ASP.NET Web Forms 产品，因为公司只关注自己的业务，软件实际上是作为一种服务。只有业务场景改变(如存在扩展性问题或需要抓住新的机遇)时，公司才会认真考虑深度重构或重写应用程序。可扩展性是最被滥用的术语之一，尤其是涉及 ASP.NET 的时候。我并不认为每个公司都有可扩展性问题。我更愿意强调，良好的代码在默认情况下就能够比较好地扩展。因此，意识到存在可扩展性问题时，很可能是因为代码的质量不高。

16.1.3　greenfield 开发

greenfield 开发与 brownfield 开发相反，是在新软件系统开发不受任何约束时产生的。架构师可以自由做出最佳决策，不必妥协。在这种情况下，决定是否采用 ASP.NET Core 就完全成为技术问题。

稍后将总结采用 ASP.NET Core 时 ASP.NET 开发人员面临的技术挑战。这个总结展示了 ASP.NET Core 与 ASP.NET 框架老版本之间的差异，但没有 ASP.NET 开发经验的开发人员可能对这个总结不感兴趣。不过，在总结之前，了解.NET Standard 的发展过程很重要。

1. .NET Standard 规范

.NET Standard 规范试图解决在同一个应用程序的多个版本——移动、Web 和桌面——之间.NET 代码共享的问题。针对.NET Framework 指定版本的多个应用程序可共享相同的类库，并且不保证类库只调用框架支持的函数。

.NET Standard 为命名和版本化.NET Framework 的特定快照提供了一种极好的方式。因此，每个.NET Standard 版本都定义了.NET 的实现必须提供的 API。换句话说，一旦某个类库符合.NET Standard 的某个版本，那么针对与该.NET Standard 版本兼容的.NET Framework 版本的任何应用程序，都可以安全地使用这个类库。

.NET Standard 的最新版本是.NET Standard 2.0，与.NET Core 2.0 结合使用。对于涉及 ASP.NET Core 的新的 greenfield 开发，这应该是最低需求。.NET Standard 2.0 包含的类比以往任何版本都多(甚至还重新添加了 ADO.NET 类)。根据 Microsoft 公司提供的数据，70%以上的 NuGet 库只使用.NET Standard 2.0 的 API 部分。

下面是一个 ASP.NET Core 应用程序的 CSPROJ 文件的框架签名，这个应用程序针对的是 ASP.NET Core 2.0。

```
<PropertyGroup>
   <TargetFramework>netcoreapp2.0</TargetFramework>
</PropertyGroup>
```

下面是一个.NET Standard 类库的签名。

```
<PropertyGroup>
   <TargetFramework>netstandard2.0</TargetFramework>
</PropertyGroup>
```

注意，要创建一个.NET Standard 类库，需要在 Visual Studio 中一个与常规.NET Core 应用程序不同的节点选择指定的模板(如图 16-2 所示)。

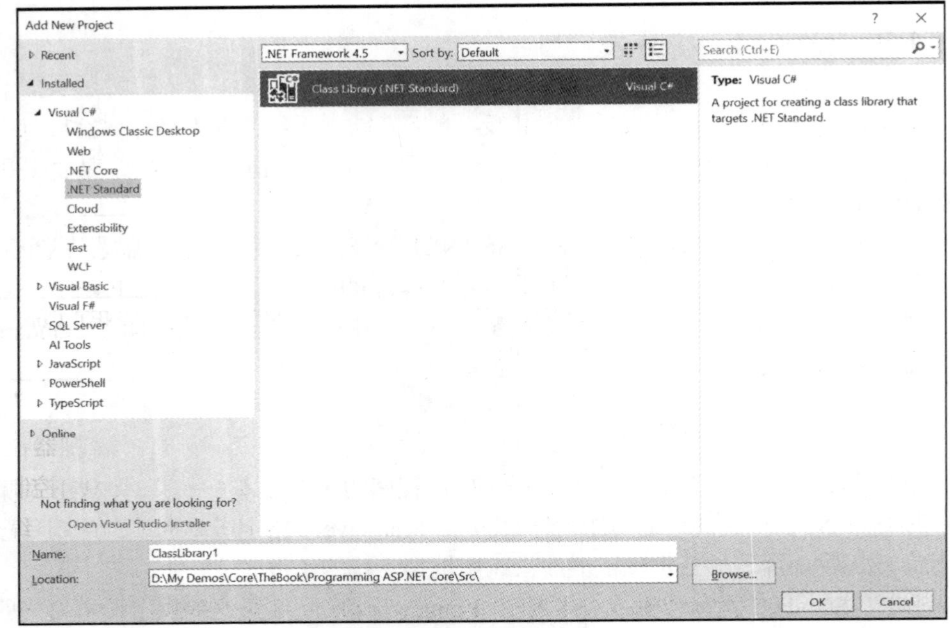

图 16-2　创建.NET Standard 类库

2. ASP.NET 开发人员面对的差异

在 ASP.NET Core 中，一些编程任务要求采用一种与老版本 ASP.NET 不同的方法，并且需要熟悉一套新的 API。表 16-1 列出了 ASP.NET Core 与 ASP.NET 的差异。

表 16-1　ASP.NET 中有不同的编程任务

任务	描述
启动应用程序	没有 global.asax 文件，也没有 web.config 文件。应用程序的初始配置在启动文件中进行，并且包含隐藏在 IIS 和 ASP.NET 设置中的任务(设置 Web 宿主)。应用程序由一组恰当配置的服务构成。此外，ASP.NET Core 框架引入了宿主环境的概念，这是一个对象，包含当前运行时环境的信息
提供静态文件	ASP.NET Core 应用程序直接提供静态文件，不需要 Web 服务器的协调。必须显式配置这种行为，但是配置十分灵活，允许从任何路径和数据源提供静态文件
传递依赖	大部分经典 ASP.NET 应用程序使用自己选择的 IoC 提供程序来传递依赖。ASP.NET Core 自带 DI 子系统，不能禁用这个 DI 子系统，但是可以把它替换为兼容的 IoC，而这个 IoC 必须已经移植到.NET Core，并且有一个专门的连接器来连接 ASP.NET Core 的 DI 系统

(续表)

任务	描述
读取配置数据	ASP.NET Core 不再用 web.config 文件来包含基本的应用程序设置。配置数据显示为分层对象模型，由各种数据提供程序(JSON、文本文件和数据库)填充。配置数据通过 DI 传递
身份验证	身份验证方案现在基于声明，而不再严格基于 cookie。身份和主体等概念依然存在，但是 API 不同(尽管在概念上仍然兼容)
授权	授权 API 的工作方式与在经典 ASP.NET 中相同，但是 ASP.NET Core 提供了一个很有用的扩展：授权策略。应该认真考虑使用策略

可以看到，大部分变化都在控制流进入控制器类所在的层之前应用。控制器在很大程度上是相同的，视图也一样。还有一些额外的功能和改进，但是 99%的控制器和视图代码通常可以直接用在 ASP.NET Core 中，或者只需要做很少的修改。编程技能也是如此。

3. 是否应该使用 ASP.NET Core

这里有一个关键的问题：对于 greenfield 开发，ASP.NET Core 2.x 是可行的选项吗？

我现在的答案是“是的”。在这个框架早期的 beta 测试阶段，我就预测过，到 2018 年年底，它会成为一个值得认真考虑的选项。2015 年年底的一个漫不经心的预测，如今似乎已经被业界的事实和情绪所证实，甚至超出了预期。不考虑 ASP.NET Core 的爱好者和营销人员的说辞，它的确是一个非常好的框架，但是对于现实世界的业务和物理预算，仅这样还是不够的。

2018 年，我期待 ASP.NET Core 这个基本框架，更重要的是它的一些附属框架，会达到一种更好的成熟度，特别是 Entity Framework Core 和 SignalR Core。

对于数据访问，如果觉得最新的 EF Core 有问题，那么如第 9 章所述，还有其他许多选项。micro O/RM 框架是一种很好的替代方案。至于 SignalR，从 ASP.NET Core 2.1 以来，它就是这个家族的官方组成部分。

还缺少什么东西吗？在 Microsoft 方面，我希望看到 OData(目前没有将来会支持 OData 的流言)，我还希望看到 EF Core 能够支持系统版本的表，就像 SQL Server 2016 及更新的版本那样。但是，需要检查自己的第三方依赖列表，确定哪些现在还不符合.NET Core，进而可能影响你采用 ASP.NET Core。

16.2 yellowfield 策略概述

假设想针对 ASP.NET Core 重写一个现有的应用程序。场景是这样的：业务线应用程序需要刷新，可能还需要一个新的架构。换句话说，在这种场景中，需要重写同一个业务线应用程序，使其能够满足相同的业务需求及其他需求。

我不会把这种开发分类为纯粹的 greenfield 开发或 brownfield 开发。这种开发介于二者之间，可以称为 yellowfield 开发。本质上，这是开发一个新的应用程序，没有架构上的约束，但是需要遵守一个非功能性需求：保留当前生产系统中尽可能多的代码和专业技能。

16.2.1 处理缺失的依赖

开始一个巨大的重写项目时，架构支柱可能不同，但是要用实际代码填充。可能希望尽可能重用老代码，以节省开发时间和保留已经做出的投入。只要成本合适，这么做是合理的。此时，可能遇到下面的情况。

- 要使用的一些 NuGet 包还没有被移植到.NET Core。
- 使用自己无法完全控制的自定义 DLL，并且这些 DLL 在.NET Core 中不可用。
- 代码层依赖于已经过时的 Microsoft 框架，包括 ASP.NET Web Forms、Entity Framework 6、ASP.NET SignalR、OData 和 Windows Foundation Services。
- 一部分纯 C#代码使用了不再支持的 API 调用。

对于这些问题，有两种选择：重用/调整源代码，或者在相同的表面行为下完全重写源代码。在本章剩余部分，将介绍两种可选的策略来重用/调整现有代码。不过，首先要做的是分析现有的代码。这就需要用到.NET Portability Analyzer 工具。

16.2.2 .NET Portability Analyzer

.NET Portability Analyzer 是 Visual Studio 的扩展，可从 Visual Studio 市场获得(参见 https://marketplace.visualstudio.com)。这个工具以程序集的名称(甚至当前解决方案的完整路径)作为输入，生成 Excel 文件格式的报告(如图 16-3 所示)。

报告让你能够了解使代码在.NET Core 中成功运行所需要的工作量。不过，准确来说，这个工具并不只用于.NET Core，还可以针对多种目标进行配置，包括.NET Framework 和.NET Standard 规范的多个版本(如图 16-4 所示)。

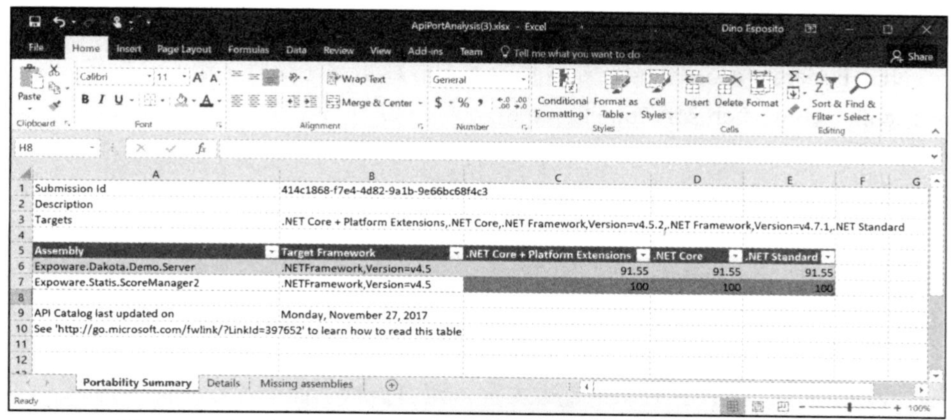

图 16-3　对一个. NET 4.5 解决方案进行.NET Core 可移植性分析的结果

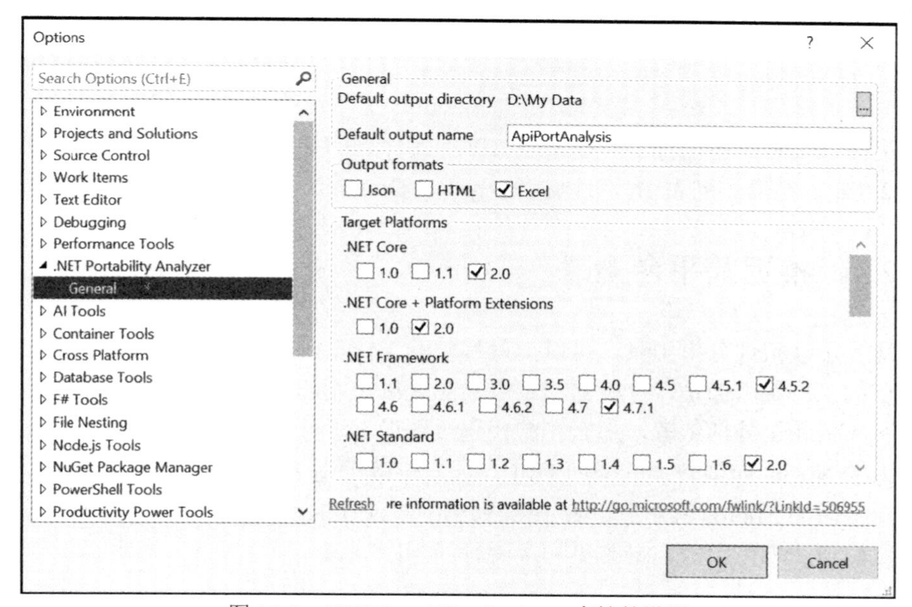

图 16-4　.NET Portability Analyzer 支持的设置

这个工具不只显示能够工作的代码的百分比，还会列出有问题的地方，甚至在有些情况下会建议如何修改。

一般来说，.NET Core 团队遵循两条关键的指导原则。首先，只包含了大部分开发人员真正使用的类。其次，对于每个必要的功能，只提供了一种实现。例如，在完整的.NET Framework 中，至少有 3 个不同的类可发出 HTTP 调用：WebClient、HttpWebRequest 和 HttpClient。只有 Http Client 类能够用在.NET Core 中。因此，如果一个程序集使用了 WebClient，分析器报告的百分比就会降低，不过修改这个问题十分简单。一般来说，如果.NET Analyzer 报告的兼容性级别在 70%以上，就非常好了。

注意：

.NET Portability Analyzer 也可以作为控制台应用程序使用，可从以下网址获得：https://github.com/Microsoft/dotnet-apiport。

16.2.3 Windows Compatibility Pack

Windows Compatibility Pack (WCP)是一个 NuGet 包，提供了对.NET Core 2.0 中没有包含的 20 000 多个 API 的访问。这些函数中至少有一半只能用在 Windows 上，它们用于加密、I/O 端口、注册表和一些低级诊断等领域。要检查代码当前是否在 Windows 平台上运行，并且调用是否安全，可以执行下面的操作。

```
if (RuntimeInformation.IsOSPlatform(OSPlatform.Windows))
{
    // Call some Windows-only function added with the WCP
    ...
}
```

另外，WCP 中还包含了一些新的 API，它们有跨平台实现，但还没有包含到.NET Core 2.0 中。在这个列表中，可以找到 System.Drawing、CodeDom API 和内存缓存。

16.2.4 推迟跨平台挑战

运行可移植性分析工具，可以衡量移植的工作量，或者至少用来大致估计移植所需要的工作量。但是，分析器的结果只对直接控制的代码组件有意义。如果现有应用程序依赖于外部依赖，那么在源代码级别做不了什么。常见的情形包括依赖于第三方的 NuGet 包或普通的类库 DLL，或者依赖于由于某种原因不能在.NET Core 中直接使用的 Microsoft 框架。表 16-2 列出了目前在.NET Core 中不可用的，或者至少其原始形式不可用的，最常见和最流行的.NET 框架。

表 16-2 .NET Core 中不直接支持的流行 Microsoft 框架

框架	前沿
Entity Framework 6.x 和更早版本	被 Entity Framework Core 2.0 和更新版本取代
ASP.NET SignalR	被 ASP.NET SignalR Core 取代
用于 Web API 的 OData 扩展	无计划
Windows Communication Foundation	ASP.NET Core 应用程序可通过一个额外的、专门的客户端库(https://github.com/dotnet/wcf)使用现有的 WCF 服务，但是不支持公开 WCF 服务。目前这种扩展正在观察中
Windows Workflow Foundation	无计划

如果维护其中某些框架或库的依赖至关重要，那么只有两种选择。一种是在对当前使用的非.NET Core 平台所做工作的基础上再接再厉。另一种是将前端移动到ASP.NET Core，但是推迟跨平台挑战(如图 16-5 所示)。

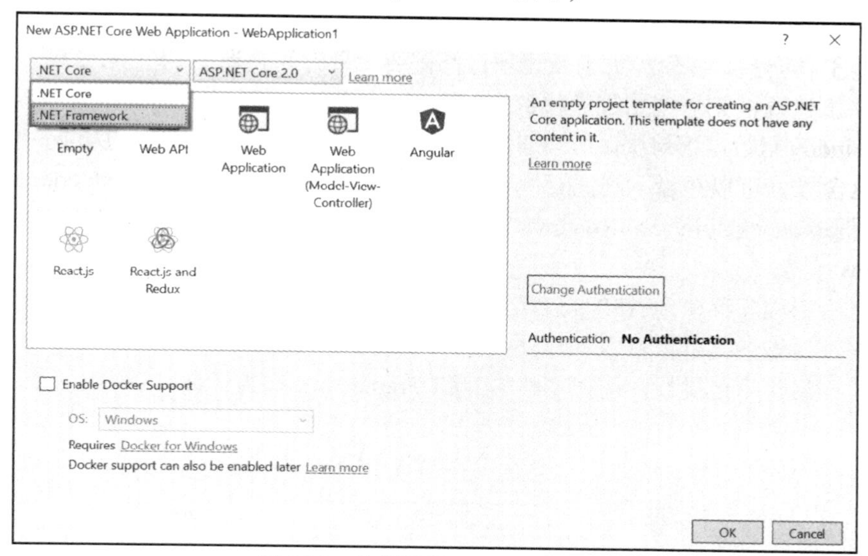

图 16-5　选择目标.NET Framework

创建 ASP.NET Core 项目时，可以选择针对.NET Core 框架或完整的.NET Framework。如果选择针对完整的.NET Framework，则将完整保留现有代码，至少是处理依赖的那部分代码。事实上，仍然需要重写应用程序的启动部分，弃用 global.asax 和 web.config，以及其他经典 ASP.NET 实践。

如果针对.NET Core 框架，则 ASP.NET Core 可以释放其真正的威力。一般建议只有必要的时候，才针对完整的.NET Framework。另一方面，如果有必要针对完整的.NET Framework，很可能不把代码移植到 ASP.NET Core，也能继续使用应用程序。

16.2.5　走向微服务架构

为了保留现有的关键代码，可以以完整的.NET Framework 为目标，也可以维护结果应用程序中的整体式结构。下面深入探讨一种非常具体的场景：保留对 EF6 数据访问代码付出的投入。

1. EF6 和限界上下文

Entity Framework Core 和 Entity Framework 6 看上去非常相似，但是两者在底层有着巨大的区别。最重要的一点是，不管怎样，不需要重新学习所有技能，因为这两个框架的目标是相同的。从我个人来讲，因为只使用 EF6 中非常有限的一些函数，所以每次把 EF6 代码放到 EF Core 项目中时，只需要做极小的调整，代码很快就能够工作。但是，我指的是 Code First 代码，没有延迟加载、没分组、没有基架和迁移，也没有事务，只有普通的查询和更新。

EF Core 正在稳步发展，但这是一个庞大的重写项目，你在自己的职业生涯中可能也已体会到，任何庞大的重写项目都需要大量时间。到了 EF Core 2.0，开发团队仍然不建议将 EF6 应用程序移到 EF Core，除非有非常合理的原因。建议使用 EF Core 从头重写数据访问层，每当遇到一个不存在或者工作方式不同的功能时，就寻找替代方法。可以在以下网址阅读 EF Core 最新的路线图：http://github.com/aspnet/EntityFrameworkCore/wiki/Roadmap。特别建议阅读 Backlog 部分的 Critical O/RM features 小节。

把应用程序移植到 ASP.NET Core 时，如何处理重要的 EF6 数据访问层？限界上下文在这种情况下很有用。图 16-6 显示了第一种方法。将应用程序作为一个整体保留，推迟跨平台挑战，选择完整的.NET Framework 作为目标。

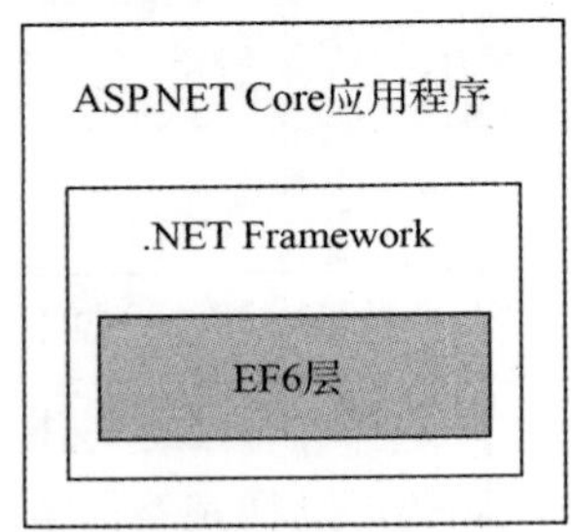

图 16-6　移动到 ASP.NET Core，但目标是.NET Framework，以保存 EF6 代码

还可能想把 EF6 数据访问层隔离到一个独立的 API，使其脱离主应用程序，这样可以为 ASP.NET Core 和.NET Core 框架开发主应用程序。在此过程中，还可以使用 EF Core 和 EF6 代码划分数据访问层的功能(如图 16-7 所示)。

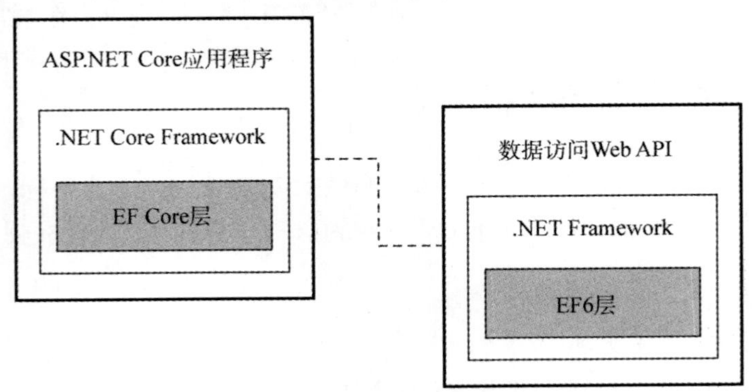

图 16-7　将主应用程序的上下文和 EF6 的上下文分隔开

可以随意使用这种模式。它最终形成了一个微服务架构，并且能在容器的术语

中找到其对应的术语。

2. 关于容器

把应用程序分割为更小的部分时，就开始有了一个微服务架构。如果业界能够就术语“微服务”的定义达成一致，不会与下面的定义有太多偏差：微服务是一个可独立部署的应用程序，以自治的方式运行，并使用自己的技术、语言和基础结构。独立部署的含义是，部署微服务不会影响应用程序的其余部分。可采用多种方式部署微服务，包括使用容器。

如今，容器通常用在微服务架构中。一般来说，可以使任何 Web 应用程序或 Web API 容器化，无论它们采用了什么架构和技术。在容器的眼中，所有技术都是平等的，但是不可避免的是，一些技术比其他技术更加“平等”。例如，可以容器化任何.NET Framework 应用程序，但这只能在 Windows 容器中进行。与之相反，.NET Core 应用程序可以在 Windows 和 Linux 上容器化。此外，.NET Core 容器镜像比非.NET Core 应用程序的容器镜像小得多。最后，因为.NET Core 应用程序是跨平台的，所以可以把镜像放到 Linux 容器中，也可以放到 Windows 容器中。

16.3　小结

不能因为 ASP.NET Core 是熟悉的 ASP.NET 框架的新版本，就使用 ASP.NET Core。相反，应该调查 ASP.NET Core 是否能够提供业务价值。ASP.NET Core 的主要价值在于其跨平台本质，这允许公司在更便宜的 Linux 服务器上托管应用程序(用于生产或测试)，从而节省成本。另外一个要考虑的因素是，ASP.NET Core 的运行时性能更好，并且 ASP.NET Core 框架高度模块化，使其非常适合用于可扩展程度高的应用程序。

虽然如此，如果当前没有遇到性能问题，并且近期不会大量扩展或修改架构，则不宜仅仅为了移植而移植。